EFFICIENT MECHANIZED TRANSPLANTING TECHNOLOGY OF RAPE BLANKET SEEDLING

油菜毯状苗机械化高效移栽技术

吴崇友 蒋兰 汤庆 吴俊 张敏 著

江苏大学出版社
JIANGSU UNIVERSITY PRESS
镇 江

图书在版编目(CIP)数据

油菜毯状苗机械化高效移栽技术 / 吴崇友等著. —
镇江 ：江苏大学出版社，2021.12
ISBN 978-7-5684-1710-5

Ⅰ. ①油… Ⅱ. ①吴… Ⅲ. ①油菜—机械化栽培
Ⅳ. ①S634.3

中国版本图书馆 CIP 数据核字(2021)第 260789 号

油菜毯状苗机械化高效移栽技术
Youcai Tanzhuangmiao Jixiehua Gaoxiao Yizai Jishu

著　　者/吴崇友　蒋　兰　汤　庆　吴　俊　张　敏
责任编辑/孙文婷
出版发行/江苏大学出版社
地　　址/江苏省镇江市梦溪园巷 30 号(邮编：212003)
电　　话/0511-84446464(传真)
网　　址/http://press.ujs.edu.cn
排　　版/镇江市江东印刷有限责任公司
印　　刷/镇江文苑制版印刷有限责任公司
开　　本/718 mm×1 000 mm　1/16
印　　张/14.5
字　　数/287 千字
版　　次/2021 年 12 月第 1 版
印　　次/2021 年 12 月第 1 次印刷
书　　号/ISBN 978-7-5684-1710-5
定　　价/50.00 元

如有印装质量问题请与本社营销部联系(电话:0511-84440882)

序言

中国是世界上最早栽培油菜的国家之一，其历史可追溯至两千多年前。油菜种植有两种方式，一是直接播种（简称直播），二是育苗移栽。显然，直播简单，但生育期长。育苗移栽是在客田或非田间育苗，然后移栽至本田，占用本田的时间短。我国人多地少，为了提高土地产出，充分利用土地、光热资源，在长江流域油菜主产区，采用水稻—油菜、水稻—水稻—油菜或水稻—再生稻—油菜轮作种植模式。多熟制、多种作物轮作，茬口衔接紧张，生育期不足普遍存在，在保证水稻正常生育期的前提下，育苗移栽是油菜种植的必然选择，也是提高产量的重要途径。

长江流域稻油轮作同时也是水旱轮作，水稻收获后立即移栽油菜，田间土壤含水率高、黏重以及秸秆还田，导致移栽极其困难。关键技术瓶颈有两个：一是国内外现有的旱地移栽机都是挖穴或开沟移栽，依靠落苗瞬间土壤回流立苗，而在黏重土壤条件下土壤没有流动性，挖穴或开沟后土壤不能回流，因此无法立苗；二是现有旱地移栽采用穴盘苗，苗与盘一体才能使苗呈稳定形态，移栽时必须带盘上机，方能自动取苗。取苗方式主要有前夹式和后顶式两种，取苗、送苗和投苗动作分别进行，完成一个周期历时长，取苗速度方向陡然变化，加速度大，不宜高速运动，严重限制了栽植频率，一般为 35~65 株（次）/（分・行）。对于小面积、低密度的蔬菜移栽来说，栽植频率高低不是最重要的，但对于大面积、高密度的油菜移栽来说，栽植频率至关重要，栽植频率低，作业效率必然低，而作业效率是机械化的最根本特征和优势，也是其生命力之所在。黏重土壤条件下立苗难和移栽效率低是阻碍油菜高效移栽的两大障碍，长期以来，多方探索，始终没有找到通往油菜机械高效移栽的成功之路。

针对生产的迫切需求和存在的技术障碍，我们自2010年开始探索油菜高效移栽技术途径。首先，改变育苗方式和苗的形态，由传统的苗床低密度育苗变为场地高密度育苗，由裸根苗或穴盘苗改为毯状苗，这样就为连续快速取苗，进而实现高速移栽创造了前提条件。经过多年的努力，在世界上首次培育出了满足机插要求的油菜毯状苗，现在该育苗技术已经实现规范化和本地化。其次，针对油菜毯状苗的形态特征和黏重土壤的移栽技术障碍，创新了移栽方式：切块取苗+对缝插栽。将苗块插到栽植缝里，栽植缝与苗块宽度匹配，这样就避免了现有移栽机开沟或挖穴移栽需依靠土壤回流立苗的问题，从而解决了黏重土壤移栽不立苗的难题。最后，突破了取-送-栽一体化栽植技术、切土推土式覆土镇压技术、全液压自动仿形栽植深度控制技术、基于前进速度的栽植频率控制技术以及旋耕灭茬、开沟作畦、压制栽植缝的苗床准备技术，创制了自走式高速全自动毯状苗移栽机和与拖拉机配套的耕整地移栽联合作业机，栽植频率达到300次/(分·行)，整机作业效率达到5~6亩/小时，实现了黏重土壤、秸秆还田条件下的油菜毯状苗高效率、高密度移栽。

油菜毯状苗在场地或客田育苗30天以上，有效解决了稻油轮作油菜生育期不足的问题，移栽密度达到12 000株/亩，是人工移栽密度的2~3倍，比同期迟播油菜增产30%以上。该技术虽然增加了一些育苗成本，但由于产量和效率高，综合经济效益远高于同期迟播和人工移栽。该技术具有很强的适应性，不仅适应黏重土壤，也适应壤土、轻壤土、沙土；不仅适合油菜移栽，还适合其他多种作物移栽，已在青菜、芹菜、芥菜、辣椒、甜叶菊、羊草等作物移栽方面取得成功。该技术入选了2018年农业农村部“十大引领性技术”，并多次入选农业农村部“主推技术”。目前该技术已在我国油菜主产区广泛应用，为我国提高油菜单产、扩增油菜种植面积，特别是利用冬闲田发展油菜移栽提供了新的有效技术途径，推广应用前景广阔。

本书坚持“当栽则栽，宜播则播”的原则，采用“苗-机-田”三者协同的创新思维方式，从育苗方式、移栽方式到移栽机械全面创新，对于移栽机械以及其他农业机械的研发和应用具有一定的参考价值。

著　者

2021年8月27日

目　录

第1章 导论

1.1 油菜种植机械化

1.1.1 油菜种植情况概述

油菜属于十字花科芸薹属植物，是全球四大油料作物（大豆、油菜、向日葵、花生）之一。由于油菜品种较多、适应性较强，在全球油料作物中，油菜的年均总产量仅略低于大豆，比花生和向日葵的产量高出许多。油菜还具有菜用、饲用、蜜用、花用和肥用等多元化利用的独特优势。

油菜是当今全球范围内种植推广较好的经济作物之一，其种植历史可追溯至2 000多年前，中国和印度是世界上最早开始栽培油菜的国家。2011—2020年全球主要油菜籽生产地区产量见表1-1，从表中数据可以看出，全球的油菜籽产量持续增长，且增长趋势较为稳定。2018年之前，欧盟一直是全球油菜籽产量最大的地区，占比约30%，中国油菜籽产量占全球总产量的20%左右。

表1-1 全球主要油菜籽生产地区产量统计（2011—2020） 万t

地区	2011	2012	2013	2014	2015	2016	2017	2018	2019	2020
全球	6 157	6 369	7 182	7 145	7 005	6 950	7 515	7 302	6 943	7 082
欧盟	1 924	1 956	2 130	2 459	2 200	2 054	2 218	2 006	1 699	1 720
加拿大	1 461	1 387	1 855	1 641	1 838	1 960	2 146	2 072	1 961	1 900
中国	1 343	1 401	1 446	1 477	1 493	1 313	1 327	1 328	1 349	1 320
印度	620	680	730	508	592	662	710	800	770	850

油菜是我国最主要的油料作物之一，已成为重要的优质食用油来源。发展油菜生产对保障我国食用植物油脂的安全供应、保证饲用蛋白质的有效供给、改善食物结构、改良土壤等诸多方面均有重要影响。油菜具有植株生物量大的特点，在油菜种植过程中会有大量的落叶还田，有效提高了土壤有机质的含量。油菜与粮食作物进行合理轮作，有利于促进农业的可持续发展，可以控制土壤病虫害的发生、传播，保护甚至提高土壤的肥力，对土壤的改良起到积极的作用。我国主要的油料

作物除油菜外，其他都是夏季生长，与水稻、玉米等主要粮食作物同季生长，相互之间存在争地矛盾，并且矛盾日益突出。在人均耕地面积小而又要确保粮食安全供应的大背景下，发展其他油料作物增加食用植物油脂供给的空间有限，而发展油菜尚有很大潜力。

（1）油菜种植发展历程

油菜种植区主要分布在亚洲、北美洲和欧洲，其中亚洲的产量约占世界总产量的45%，北美洲的产量约占世界总产量的24%，欧洲的产量约占世界总产量的27%，其余少部分分布在非洲、南美洲及大洋洲。根据联合国粮农组织的统计，世界油菜生产自20世纪70年代以来迅速发展。其中，1971—1980年，世界油菜生产面积由846.7万 hm^2 扩大到1 166.7万 hm^2，面积增加了37.8%；油菜籽产量由660万t增加到1 057.4万t，增长了60.2%。1981—1990年，世界油菜生产面积由1 166.7万 hm^2 扩大到1 740万 hm^2，面积增加了49.1%；油菜籽产量由1 057.4万t增加到2 449.2万t，增长了131.6%。1995年，世界油菜种植面积达到2 393.3万 hm^2，油菜籽产量为3 431.6万t。1999年，世界油菜生产创历史新高，种植面积为2 753.3万 hm^2，产量达到4 242.2万t。2000年，世界油菜籽收获面积2 572.14万 hm^2，总产菜籽3 951.64万t，平均产量为1 536.3 kg/hm^2。2001年，世界油菜籽收获面积2 396.13万 hm^2，总产菜籽3 621.60万t，平均产量为1 511.4 kg/hm^2。2001年，全世界菜籽油产量达到1 250.31万t。

欧洲油菜生产大国为德、法、英三国，其中以英国油菜的发展最为突出，油菜籽产量由1970年的0.8万t增加到1994年的132.3万t，增长了164倍。波兰原是欧洲油菜生产大国，但自东欧剧变后油菜籽产量大幅度下降。美国由于一度禁止食用高芥酸菜籽油，所以在世界油菜市场上影响力较小，1988年之前美国油菜籽年产量仅有1 000 t，但自20世纪90年代以后，美国油菜生产迅速发展，在世界油菜生产中所占比例越来越大。加拿大是世界第二大油菜生产国，1943年油菜籽总产量为913 t，1993年增加到540万t，1994年达到718.7万t。1993年，加拿大的油菜籽出口量达254万t，占世界出口总量的53.9%，居世界首位；菜籽油出口量达86.16万t，占世界出口总量的23.9%，居世界第二位。加拿大成为世界优质油菜生产的重要基地，在世界油菜贸易中占有重要地位。

在我国，油菜的分布区域广、种植面积大，约占油料种植总面积的50%。我国油菜种植起源于北方，至明代，油菜种植已经扩展到全国范围内，主要的种植区域也由北方逐渐转移到长江流域一带。我国的油菜生产主要经历了4个发展阶段。第一个阶段为1949—1979年，这一时期我国的油菜生产处于徘徊阶段，油菜种植面积在250万 hm^2 以下，年产量为400～700 kg/hm^2。第二个阶段为1980—1989年，这一阶段油菜种植面积提高到350万～500万 hm^2，同时产量水平也有了显著的提升，达到1 100～1 200 kg/hm^2。第三个阶段为1990—2000年，这一阶段油菜种植面积达到530万～690万hm^2，产量水平也达到1 200～1 400 kg/hm^2，这时油菜已经成为我国第一大油料生产作物，油菜籽产量已经占全国油料作物产量的50%以上。第四个阶段为2001年到现在，在我国加入WTO以后，油菜的生产就受到国外市场和国内供给的双重影响，油菜籽年产量一度在1 000万t左右波动。但在2004年时，我国油菜的种植面积和油菜籽的产量均创造了历史最高纪录。在国家大力推进油料作物生产的同时，油菜籽产量也有了大幅度增长。

(2) 我国油菜种植分布情况

油菜原产于北温带，喜冷凉或较温暖的气候，由于种植历史悠久，种植区域逐渐南进北移，由此形成了适应各地区自然条件的不同类型品种，分布范围逐步扩大，遍及世界各地。我国种植的油菜主要有3种类型，分别是白菜型、芥菜型和甘蓝型。中国是白菜型和芥菜型油菜的起源地之一，白菜型油菜原产于中国北部和西北部地区，曾是中国历史上主要种植的油菜品种；芥菜型油菜则少量分布于中国西北部及南方部分省份。白菜型油菜的生育期较短，芥菜型油菜比较耐旱，但两种类型的单产都比较低。甘蓝型油菜起源于欧洲地中海地区，20世纪30年代从朝鲜、日本和英国引入中国，由于具有高产抗逆等特性，其已成为目前中国主要的种植品种，现已遍布全国各地。3种类型油菜的主要性状如表1-2所示。

表1-2 三大类型油菜主要性状比较

类型		白菜型	芥菜型	甘蓝型
来源		基本种	复合种 （黑芥与白菜型杂交）	复合种 （甘蓝与白菜型杂交）
特性	植株	株型一般较矮小，分枝少或中等，分枝部位较低	株型高大、松散，分枝性强，分枝部位较高	株型中等，分枝性中等，分枝较粗壮
	根系	不发达	主根发达，根系木质化早，木质化程度高	发育中等，支细根发达
	叶	叶椭圆，多或少刺毛，薄被蜡粉，有明显缺刻，薹茎叶抱茎着生	叶片较大，粗糙有茸毛，密被蜡粉，叶缘锯齿状，薹茎叶有明显叶柄	叶期叶色较深，叶面被蜡粉，缺刻明显，薹茎叶半抱茎着生
	花	刚开的花朵高于花蕾，花药外向开裂，花瓣重叠或呈覆瓦状	花较小，花瓣平展分离，花药内向开裂	花较大，刚开时花朵低于花蕾，花瓣平滑、侧叠，花药内向开裂

续表

类型		白菜型	芥菜型	甘蓝型
特性	角果	较肥大,与果轴夹角中等	细而短,与果轴夹角小	长,多与果轴垂直
	籽粒	大小不一,千粒重 2~4 g,种皮表面网纹较浅	较小,千粒重 2.5~3.5 g,种皮表面网纹明显,有辛辣味	较大,千粒重 3.0~4.5 g,种皮表面网纹浅
农艺性状	生育期	60~80 d	80~110 d	90~260 d
	抗逆性	耐霜冻、耐湿,但耐旱性、抗(耐)病性较差	耐寒、耐旱、耐瘠性都较强,抗(耐)病性居中	耐寒、耐湿、耐肥、抗(耐)病性较强
	裂果性	抗裂果性较强,不易裂果	抗裂果性强,不易裂果	抗裂果性不强,易裂果
	倒伏性	易倒伏	抗倒伏	多数品种抗倒伏

我国油菜分为冬油菜区和春油菜区,其分界线为自山海关经河套、六盘山、白龙江上游、四川盆地西沿至雅鲁藏布江下游一线,此线以西、以北的广大地区为春油菜区,以南、以东为冬油菜区。我国油菜种植区主要分布于长江流域、西北、黄淮平原等的 19 个省份,按照品种和区域可大致分为四大区域。一是长江流域,是我国油菜生产的主要区域,油菜面积和产量超过全国的 85%,是国内油菜第一大产区,同时也是世界上甘蓝型油菜的三大主要产区之一,主要包括上海、浙江、江苏、安徽、湖北、江西、湖南、四川、贵州、云南、重庆、河南信阳、陕西汉中等 13 个省市。二是北方区,是我国近年来着力建设的高原春油菜特色农业区域,主要包括青海、甘肃、内蒙古、新疆 4 个省区。三是黄淮平原,是我国油菜单产水平最高的区域,主要包括陕西、河南(不包括汉中和信阳)。四是其他区域,种植面积不大,主要包括广西和西藏等地。

2018 年我国主要地区的油菜播种面积、总产量、单位面积产量(即单产)见表 1-3,从表中数据可以看出,2018 年我国油菜种植产量居前六位的省份是四川、湖北、湖南、贵州、江西和安徽,其油菜播种面积都在 500 万亩以上。其中,湖南省的油菜播种面积达到 1 833.33 万亩,占全国总播种面积的 18.80%,位居全国之首;四川省仅次于湖南省,油菜播种面积为 1 827.74 万亩,位居全国第二。2018 年四川省的油菜籽总产量为 292.20 万 t,占全国油菜籽总产量的 22.19%,位居全国第一。单产水平最高的省份是江苏省,2018 年亩产达 191.52 kg。

表 1-3 2018 年我国主要地区的油菜种植情况

地区	播种面积		总产量		单位面积产量
	数值/万亩	占比/%	数值/万 t	占比/%	数值/(kg·亩$^{-1}$)
全国	9 753.06	100.00	1 316.58	100.00	135.16
河北	29.13	0.30	3.40	0.26	116.81
山西	37.91	0.39	2.37	0.18	62.53
内蒙古	369.36	3.79	39.77	3.02	107.67
江苏	238.62	2.44	45.70	3.47	191.52
浙江	157.31	1.61	23.34	1.77	148.35
安徽	535.53	5.49	84.30	6.40	157.41
江西	724.50	7.43	69.08	5.25	95.35
河南	217.53	2.23	38.97	2.96	179.13
湖北	1 399.46	14.35	205.31	15.59	146.71
湖南	1 833.33	18.80	204.17	15.51	111.37
广西	36.65	0.38	2.34	0.18	63.85
重庆	375.23	3.85	48.60	3.69	129.53
四川	1 827.74	18.74	292.20	22.19	159.87
贵州	746.52	7.65	86.22	6.55	115.49
云南	384.21	3.94	52.52	3.99	136.69
陕西	263.84	2.71	36.91	2.80	139.91
甘肃	262.37	2.69	35.53	2.70	135.41
青海	218.64	2.24	28.13	2.14	128.66
新疆	95.18	0.97	17.72	1.35	186.22

2011—2020 年我国油菜播种面积和产量情况见表 1-4,从表中可以看出,我国油菜播种面积总体趋势稳定,油菜籽产量整体变化幅度不大。近 10 年,我国油菜种植面积都在 9 000 万亩以上,产量基本稳定在 1 300 万 t 以上。

表 1-4　2011—2020 年我国油菜种植情况

年份	油菜播种面积/万亩	油菜籽产量/万 t	单位面积产量/($kg \cdot hm^{-2}$)
2011	10 787.96	1 313.72	1 826.67
2012	10 779.98	1 340.16	1 864.78
2013	10 790.24	1 363.60	1 895.64
2014	10 737.18	1 391.44	1 943.86
2015	10 541.49	1 385.92	1 972.09
2016	9 934.23	1 312.80	1 982.25
2017	9 979.53	1 327.39	1 995.21
2018	9 825.90	1 328.13	2 027.47
2019	9 874.64	1 348.47	2 048.39
2020	10 147.08	1 404.91	2 076.82

(3) 影响我国油菜种植面积的主要因素

2015 年我国油菜籽临储收购政策取消以后，油菜籽价格持续下跌，油菜种植面积减少。全国油菜种植面积从 2010 年的 10 973. 96 万亩减少到 2018 年的 9 825. 90 万亩，降幅达到了 10. 46%。稳定油菜种植面积已经引起农业主管部门的高度重视，2016 年农业部发布的《全国种植业结构调整规划(2016—2020 年)》中明确要求“稳定长江流域油菜、花生面积”。在 2019 年的中央 1 号文件中更是明确提出“支持长江流域油菜生产，推进新品种新技术示范推广和全程机械化”。

相关专家学者于 2017 年 6—7 月在湖北省当阳市和枝江市调查研究了油菜种植的成本收益因素、机械化和技术推广因素、多功能用途开发因素以及气象风险因素 4 个方面对农户种植决策产生的影响。调查研究结果表明：

① 在成本收益因素方面，从《全国农产品成本收益资料汇编 2017》的数据来看，2016 年湖北省小麦的净现金收益为 6 834. 15 元/hm^2，油菜为 5 229. 45 元/hm^2，从 2014 年开始小麦收益一直比油菜高 1 500 元左右，理性的农户理当选择种植小麦。但大量农户仍然选择种植油菜，并不是这些农户不理性，而是有着深层次的原因。据调查获取的信息可知，一是受耕地类型限制，种植油菜的农户，其耕地以水田为主，种植小麦容易产生病虫害，选择种植油菜有一种“两害相权取其轻”的意味；二是尽管小麦收益比油菜高，但二者的收益水平总体不高，仅相当于水稻的一半，相当一部分农民主要看中的是夏秋季水稻收益，对种植冬春作物持一种可有可无的态度；三是小麦秸秆还田不易腐烂，会影响夏秋季插秧成活率和后期长势，使秋粮减产。

② 在机械化和技术推广因素方面,农户种植油菜的决策行为与机械化水平显著正相关,在油菜技术推广力度大的地区,农户种植油菜的比例显著提高。我国油菜生产机械化程度低,适合机收的品种和先进适用的机具尚处于研究阶段,油菜籽机收水平低,收获主要靠人工,劳动强度大,生产成本高。另外,目前还缺乏早熟、高产品种及配套栽培技术。现有主栽品种生育期在220 d左右,而双季稻区晚稻收获和早稻插秧间隔只有180 d,茬口紧张,油菜籽生育期不足,单产较低,冬闲田利用率低。

③ 在多功能用途开发因素方面,虽说除了销售油菜籽获得收益外,还可以开发油菜的景观旅游等功能,但从农户那里调查得知,通过菜花旅游获得直接收益的农户并不多,菜花旅游的获益面很窄,并不足以稳定油菜种植面积。其中主要面临着两个突出问题:一是吸引物和旅游产品同质化,大多限于观花拍照、吃农家饭、购买蜂蜜和菜油,游客停留时间短,旅游收益有限;二是各地纷纷发展菜花旅游,游客分流的现象已经出现,难免会削弱潜在的旅游经济收益。因此,借助菜花旅游来稳定油菜种植面积,还需要在深度旅游开发上寻求突破,丰富旅游产品和活动,延长游客逗留时间,提升旅游收益。相反,选择榨油自用的农户,油菜种植面积占耕地面积之比相对较高。农民榨油吃的习惯对油菜种植的影响显著,尽管媒体多次报道了乡村小作坊榨油可能存在的质量安全隐患,但这仍是当前一些地区维持油菜种植面积的重要力量之一。

④ 在气象风险因素方面,油菜籽播种、移栽、越冬和收获期易发生干旱、渍害和冻害等气象灾害,直接影响产量。那些认为当地种植油菜的气象风险高于小麦的农户,会降低油菜种植的比例。大部分农户认为种植油菜的气象风险与种植小麦的气象风险程度相差无几,但经历过某种气象灾害的农户在一定时期内会形成固化思想,进而对种植决策产生很大的影响。

(4)我国油菜产业发展的优势

1)油菜生产有利于优化调整种植结构

油菜是良好的用地养地作物,秸秆可完全还田,菜籽饼又是优质饲料和有机肥料,种植油菜既能减少化肥使用量,又能改善土壤结构,提高土壤肥力。有研究表明,油菜、小麦收获后秸秆全量还田,在同等施肥管理条件下种植水稻,油菜较小麦茬口单季稻产量增加达显著水平。同时,油菜比小麦成熟早、让茬早,有利于下茬水稻提前播栽。因此,油菜生产有利于调整现有的稻—麦栽培模式,优化种植业结构。

2)油菜多用途为其产业发展奠定了基础

油菜除用来榨油外,还可以作观光、蔬菜、绿肥和饲料用,具有多种用途,有利于油菜产业发展。① 油菜作观光用。油菜花号称"春天第一花",花期长达一个多月，有利于当地发展旅游业。如安徽省不少地区在城郊和风景区大力推广以油菜花为载体的观光旅游农业，拓宽了旅游内涵，实现农业、旅游双丰收。绩溪县油菜花已成为该县的一大品牌，给乡村旅游业带来了巨大的效益。② 油菜作蔬菜用。在城郊接合部种植菜、油两用油菜，先收获菜薹，再收获菜籽，延长了油菜产业链,通过提供独具特色的无公害时令菜肴，经济效益非常可观。③ 油菜作绿肥和饲料用。油菜作绿肥是在油菜盛花期翻压还田，已有很多研究报道。傅廷栋院士将油菜作为绿肥的优势总结为具有广阔的种植地域；具有较强适应性和抗逆性；播栽期宽松且生育期短；鲜草和干物质产量高；栽培成本低，省工省时；具有更高的营养成分。另外，油菜还可以作饲料，近几年在湖北省等多个地区开展试验已取得初步成功，为饲料油菜的生产提供了很好的借鉴。

3）冬闲田面积增加为扩大油菜生产提供了可能

随着城乡统筹步伐的加快，农村劳动力大量外出、劳动力资源缺乏、农业比较效益低，冬季弃耕现象越来越突出。目前长江流域冬闲田约 1 亿亩,适宜种植油菜的约 6 400 万亩,主要集中在长江上中游地区,即湖南、江西、湖北、安徽、贵州、重庆、四川、云南等,可开发种植油菜。开发利用南方冬闲田种植冬油菜为油菜生产恢复发展提供了可能。

1.1.2 我国油菜的主要种植方式

（1）我国油菜种植方式的发展

种植方式是指在一定自然和社会经济条件下形成的规范化作物栽培形式。作为栽培措施的重要环节,种植方式对作物生长发育进程、群体结构、产量形成等均有重要影响。种植方式通常随作物品种、环境条件和生产水平的变化而改变。

油菜的种植方式按动力方式可分为人工种植和机械种植,按栽培过程可分为直播种植和育苗移栽种植,按是否耕地可分为免耕种植和翻耕种植。其中,直播种植又包括撒播、条播、穴播等不同方式,育苗移栽种植则包括穴栽、沟栽、摆栽及毯状苗栽插等方式。另外,与水稻、棉花等作物进行轮作时还可进行套播或套栽。

我国春油菜区采用的种植制度是一年一熟制,不存在茬口紧张、作物争地的问题,该地区长期以油菜直播的种植方式为主。我国冬油菜区的种植方式在不同历史时期随着生长状况和生产力条件的变化不断发展和转变,主要分为 3 个阶段:一是历史上长期以直播为主要种植方式阶段;二是 20 世纪中后期开始全面移栽种植阶段;三是近 10 年来直播和移栽种植方式共存发展阶段。长江流域历史上油菜栽培品种主要以白菜型为主,大都采用撒种直播。1949 年后,长江流域油菜的栽培方式仍以直播为主,但生产中受品种、栽培技术和养分管理的制约,单产水平较低。1960 年至今的 60 余年间,几代油菜科技工作者通过品种变革和技术创新,实现了中国油菜从低产到中产、从中产到高产、从高产到优质高产的3次飞跃。

我国油菜育苗移栽种植方式的研究与应用始于20世纪50年代后期。1958年,湖北省孝感市开始大力推广育苗移栽种植方式,并初步总结了播种育苗、苗床管理、整地、移栽和栽后管理等方面的技术要点。1965年,上海市农业科学院对胜利油菜的免耕移栽技术进行了总结,并系统提出了相关的高产栽培技术。20世纪70年代,为实现单位耕地面积作物的高产以增加粮食总产量,我国南方地区开始大力发展和推广三熟轮作制,尤其以油—稻—稻轮作的发展最为迅速。在此阶段,油菜的种植开始大规模地由直播方式转向移栽方式,随之兴起对移栽冬油菜相关栽培技术的研究热潮,逐步发展出整地移栽、免耕移栽、宽窄行半免耕移栽等不同的移栽技术。其中,最为突出的就是湖北省油料作物研究所油菜系栽培组进行的"三熟油菜大壮苗移栽技术"系列研究。"大壮苗移栽技术"强调通过精细的苗床管理来培育大苗、壮苗,其标准为6~7片叶,6~7寸高,青绿色,叶柄短,根颈粗,无高脚。采用大壮苗有利于缩短冬油菜的缓苗期,可使植株在栽后快速生根返青。随着移栽冬油菜推广面积的扩大,与其相关的栽培理论和技术也有长足进步,尤其是"冬发"栽培理论的发展和实践运用。同时,以移栽冬油菜为对象的油菜氮、磷、钾、硼肥施用效果及施用方法探索研究也开始起步。移栽冬油菜蓬勃发展期间,有小部分地区依然保留着直播的种植方式,也发展出一些相应的高产栽培技术。但总体来看,20世纪中后期的30年间我国长江流域基本形成了以移栽方式为主的冬油菜种植格局,极大地推动了冬油菜种植面积的增加和单产水平的提高。

进入21世纪,随着我国社会经济的发展和农村劳动力的转移,冬油菜移栽种植方式下较高的劳动力需求导致其生产成本上升而收益减小,农民种植积极性下降,南方很多地区出现大面积冬闲田。另外,由于国家对冬小麦种植给予补贴,并在2006年开始实行最低保护价,进一步打击了农民种植油菜的积极性。2006—2008年的3年中,我国油菜播种面积和总产量出现了连续的大幅下滑。在此情况下,以直播种植为代表的轻简化栽培方式再次获得关注。直播冬油菜的快速发展和推广不仅弥补了一些地区油菜种植面积的下降,而且在很多地区已替代育苗移栽成为主要的冬油菜种植方式。至2010/2011年度,长江流域冬油菜产区直播和育苗移栽种植方式的采用比例已基本各占一半,形成两种种植方式并存发展的冬油菜种植局面。

(2)我国油菜种植方式的影响因素

在我国油菜极其广泛的种植区域内,各地自然条件差别很大,油菜播种期和收获期都有很大不同,3—10月均有油菜播种和收获,一年四季都有油菜在田里生长,从而形成了多样化的油菜种植方式。我国的油菜产区主要有冬油菜区和春油菜区。冬油菜种植面积约占全国油菜种植总面积的90%。冬油菜区的种植形式主要有 4 种:① 水稻、油菜两熟制,包括中稻—油菜两熟和晚稻—油菜两熟两种方式;② 双季稻、油菜三熟制;③ 一水一旱、油菜(或一旱一水、油菜)三熟制;④ 旱作棉花(或玉米、高粱、甘蔗、烟草等)、油菜两熟制。春油菜种植面积约占全国油菜种植总面积的 10%。春油菜种植制度一般为一年一熟制。

茬口问题和气候问题是影响我国油菜种植方式最主要的因素。长江流域油菜种植面积占全国油菜种植总面积的 85%,是我国冬油菜主产区。该区域 30%~40%的油菜因前茬水稻收获迟,冬前生长时间短,或因种植期间多雨或干旱等影响,不能直接播种,必须育苗移栽。尽管直播方式节省生产成本,但由于长江流域为一年两熟或三熟稻(麦)油轮作制,既是油菜主产区,也是水稻主产区,茬口矛盾突出,水稻、油菜争地争时,生产季节紧张。由于长江流域大部分地区的稻后油菜在冬前生长期不足,不得不采用育苗移栽的方式。而春油菜区一般不存在两季作物争地的问题,该地区油菜的种植方式以直播为主。

机械直播作业的效率高,一般是机械移栽的 4~6 倍,并且直播机具结构相对简单,农民容易接受。但我国长江流域大部分地区由于复种,生长季节短,目前大多数高产品种不能满足直播生长期长的要求。特别是随着气候变暖和人们越来越注重稻品米质,晚粳稻种植面积逐步扩大,水稻收获期越来越迟。在江苏地区,晚粳稻收获期延至 10 月底甚至 11 月上旬,此后采用直播种植油菜,冬前已很难生长到足够大的个体,越冬安全性降低,油菜籽产量大幅度下降。农业部油菜机械化专家组的调查表明:2008 年雪灾中,浙江、江苏在 11 月上旬直播的油菜受到不同程度的冻害,影响产量较大。播期与产量有密切关系,长江中下游地区 10 月 20 日以前播种产量不降低,10 月 20 日以后播种往往影响产量较大,10 月 30 日以后直播不仅影响产量,而且遭遇冻害的风险增大。机械移栽对茬口、季节适应性强,以江苏、安徽南部为例,即便 11 月中旬移栽,也可以获得较高的产量。

(3) 我国油菜种植方式的特点与差异

直播和育苗移栽作为我国最主要的两种油菜种植方式,其栽培特点存在显著差异,主要体现在生育期、种植密度、群体结构与个体形态等方面。

1) 生育期

在长江流域冬油菜产区,油菜一般与水稻、棉花等作物进行轮作。在当前的种植习惯下,冬油菜在长江上游地区(重庆市、四川省、贵州省和云南省)、下游地区(江苏省和浙江省)和中游北部地区(湖北省西北部和安徽省)主要参与两熟制轮作,在中游南部地区(湖南省、江西省和湖北省东南部)则主要参与三熟制轮作。查阅近 20 年的相关文献资料,对直播和育苗移栽油菜的生育期进行总结,如表 1-5 所示。长江上游和中游两熟制地区油菜的播种、收获时间较为接近,直播油菜大多在 9 月下旬至 10 月中旬播种,次年 5 月上中旬收获,生育期平均分别为 215.6 d 和

216. 8 d;而育苗移栽油菜大多在 9 月中下旬播种育苗,次年 5 月中旬收获,生育期平均分别为 233. 8 d 和 236. 3 d。长江下游地区油菜播种和收获时间均相对较晚,直播油菜一般在 10 月播种,而育苗移栽油菜一般在 9 月下旬播种育苗,收获时间均在次年 5 月中下旬,生育期平均分别为 223. 0 d 和 242. 5 d。长江中游三熟制地区,直播油菜通常于 9 月下旬至 10 月中旬播种,而育苗移栽油菜通常于 9 月下旬至 10 月初播种育苗,两种栽培方式均在次年 4 月底至 5 月上旬收获,生育期平均分别为 203. 2 d 和 221. 8 d。可见,长江流域三熟制地区油菜的生育期明显短于两熟制地区。

表 1-5 长江流域直播和育苗移栽油菜的生育期

地区	栽培方式	播种日期	收获日期	生育期/d		来源
				范围	平均值	
长江上游地区(重庆、四川、贵州、云南)	直播	09. 22—10. 12	05. 05—05. 20	207~232	215. 6	[24-28]
	育苗移栽	09. 02—09. 24	05. 01—05. 22	225~249	233. 8	[24,28-31]
长江中游两熟制地区(湖北西北部、安徽)	直播	09. 23—10. 20	05. 04—05. 18	196~233	216. 8	[17,22,32-36]
	育苗移栽	09. 05—10. 15	05. 10—05. 18	209~255	236. 3	[22,35-39]
长江中游三熟制地区(湖南、江西、湖北东南部)	直播	09. 19—10. 23	04. 25—05. 11	187~224	203. 2	[15,23,40-42]
	育苗移栽	09. 20—10. 03	04. 27—05. 10	214~229	221. 8	[23,43-46]
长江下游地区(江苏、浙江)	直播	10. 05—10. 30	05. 20—06. 06	202~245	223. 0	[47-50]
	育苗移栽	09. 14—10. 01	05. 17—05. 26	234~251	242. 5	[51-54]

与育苗移栽油菜相比,长江流域直播油菜的播种时间通常较晚,而收获时间又相对略早,因此整个生育期较育苗移栽油菜平均短 15~20 d。三熟制地区的晚稻收获导致油菜难以早播,而早稻种植又通常要求油菜提前收获,因此该地区直播油菜的生育期相对更短。马霓等和帅海洪等的研究显示,直播油菜营养生长阶段(苗期+薹期)明显短于育苗移栽油菜,而花期和角果期则基本一致(表 1-6),这说明直播油菜生育期较短主要是由于前期营养生长阶段的缩短。

表 1-6 直播和育苗移栽油菜各生育阶段的时间

地区	栽培方式	苗期+薹期/d	花期/d	角果期/d	总生育期/d	来源
湖北宜昌	直播	173	29	31	233	[22]
	育苗移栽	194	30	31	255	
湖南醴陵	直播	120	29	39	187	[23]
	育苗移栽	145	31	38	214	

2）种植密度

育苗移栽油菜的播期由于不受前茬作物收获影响，一般可较早进行播种，苗床培育过程中秧苗的干物质及养分累积有助于增强其植株的抗逆性，因而移栽后对大田环境有较强的适应能力。另外，移栽油菜经过育苗阶段促进了植株的健壮，细胞生理生化水平较高，越冬和抗病能力也较强，有利于后期的角果生长和产量形成。由于受前茬作物收获时间限制，直播油菜的播种通常较晚，而此时的光温条件相比移栽油菜播种育苗时已明显下降。而且，油菜种子直接播入大田，其萌发出苗及苗期生长过程都会受到田间环境的较大影响，个体植株的发育通常相对较弱且抗逆能力较差，易导致其后期发育不良，单株产量偏低。在此情况下，直播油菜一般需要增加播种量以提高植株数量，发挥群体优势而获得高产。国外油菜直播种植密度一般在 40~80 株/m^2，当前国内有关直播油菜的研究表明，推荐播种量在 3.75~4.50 kg/hm^2，收获密度一般以 30 万~45 万株/hm^2（即每亩 2 万~3 万株）为宜。对于育苗移栽油菜，大多数研究的结果表明，其种植密度控制在 9 万~12 万株/hm^2（即每亩 6 000~8 000 株）为宜。

3）群体结构与个体形态

种植密度和生育期的差异导致直播和育苗移栽油菜形成显著不同的地上部群体结构及个体形态，如图 1-1 所示。育苗移栽油菜在低密种植条件下个体空间较大，植株生长健壮，茎秆较粗且叶片较多，成熟期产生大量分枝和角果，单株产量水平高；相比育苗移栽，直播油菜个体生长发育较弱，高密条件下更加剧植株对空间和资源的竞争，茎秆纤细且叶片较少，成熟期分枝和角果较少，单株产量水平偏低。但直播油菜较少的分枝有利于提高植株成熟整齐度，且茎秆机械阻力小，因而较育苗移栽油菜更适合机械收获。不同的群体结构和个体形态决定了直播和育苗移栽油菜的产量构成也显著不同。育苗移栽油菜主要发挥个体优势，可通过培育壮苗增加分枝和角果而形成高产；直播油菜在单株产量较低的情况下，则需要保证较高的收获密度以发挥群体优势而获得高产。直播油菜的密度也并非越高越好，构建适宜的植株密度有助于协调其群体和个体矛盾，发挥主序产量优势，从而增加单位面积的角果和籽粒数量，最终提高产量。

除地上部差异，直播和育苗移栽油菜的根系形态及分布也显著不同（图 1-1）。育苗移栽油菜的主根在移栽过程中一般会被扯断，一半以上根系会受损，应激发育导致其在主根断裂处形成大量分根，但整个根系分布一般较浅且相对集中。因此，育苗移栽油菜的根冠比小，耐旱及抗倒伏能力较差。与育苗移栽油菜不同，直播油菜的主根完整可下扎较深，单株侧根较少但扩展范围相对较广。另外，直播油菜在高密种植条件下整个根系在土壤中的横向和纵向分布范围远大于育苗移栽油菜，形成庞大的根群结构。因此，直播油菜对深层土壤水分和养分的吸收利用能力较强，抗旱和抗倒伏能力相对较强。

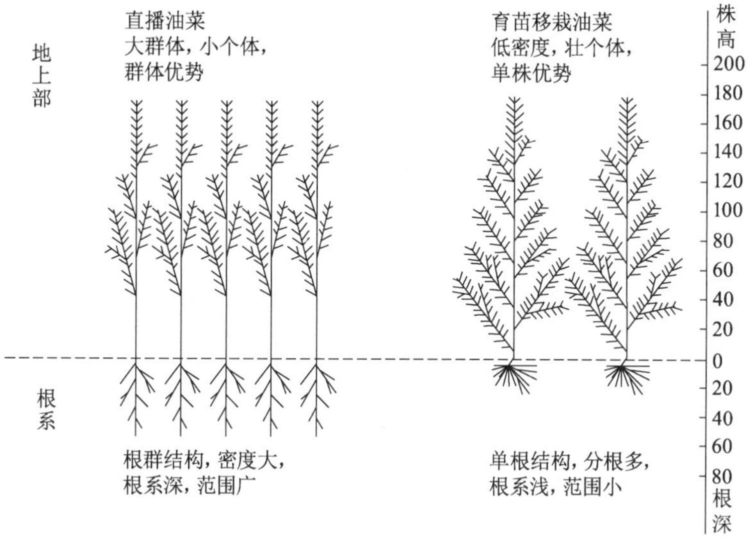

图 1-1 直播和育苗移栽油菜的地上部和根系表现示意图

（4）我国油菜种植方式的优缺点比较

1）直播

油菜直播种植方式的优点：① 直播种植相比移栽种植省去育苗、拔苗、栽苗及浇定根水等环节，且不存在缓苗期，种植过程简单，操作简便，用工少，效率高，成本支出较低而相对效益较好；② 直播油菜的主根相对发达，下扎能力强，对深层土壤水、肥的吸收利用能力高，且倒伏风险较小；③ 直播油菜的成熟度相对整齐，茎秆较细，机械阻力较小，更适合机械收获。

油菜直播种植方式的缺点：① 直播油菜的播期受前茬作物收获时间影响，难以适时播种；②直播油菜大田出苗风险较大，晚播条件下极易受到不利气候和环境条件的影响，导致基本苗不足，并影响秧苗质量；③ 直播油菜用种量较大，高密条件下个体偏弱，抗病抗灾能力差，遇暖冬年份极易出现早薹早花，低温干旱则个体易死亡，从而影响群体密度；④ 直播油菜田易出现大规模杂草侵袭，与油菜争水、争肥，影响油菜生长和产量；⑤ 直播油菜的产量水平一般低于移栽油菜，且对外界因素影响更为敏感。

2）育苗移栽

油菜育苗移栽种植方式的优点：① 育苗移栽种植可解决轮作条件下前后季作物的茬口问题，缩短每季作物大田时间，提升对时间、光温和耕地的利用效率，增加油菜籽产量，如在中稻收割后可以种植秋粮，或者在短期绿肥之后开始种植油菜，以一年三熟制为主，达到油菜高产的目的；②育苗移栽便于苗期管理，有助于秧苗整齐，培育壮苗；③ 移栽油菜个体健壮，抗病抗灾能力强，有利于安全越冬，可保证高产和稳产。

油菜育苗移栽种植方式的缺点：① 育苗移栽过程繁杂，用工较多而劳动效率低，成本高，效益低；② 移栽油菜分枝较多，不同分枝位角果的成熟度通常不一致；③ 移栽油菜植株庞大，根冠比相对较小，根系无主根且下扎浅，不耐旱，倒伏风险较大。

1.1.3 我国油菜种植机械化现状及面临的问题

(1)我国油菜种植机械化现状

一方面，自 2015 年国家发改委下发了关于调整完善油菜籽收购政策的通知后，国内油菜籽收购价格大幅度下降，虽然后期价格有所上涨，但仍然低于政改之前，农民的收益减少，种植积极性大大降低，从而导致种植面积下降，油菜籽产量难以提高。另一方面，我国油菜种植机械化程度偏低，劳动强度大。我国油菜种植，无论是长江流域的冬油菜还是北方地区的春油菜，都面临着机械化作业程度的制约。据测算，我国油菜生产成本中的劳动力成本占 60%~70%，每公顷油菜生产需耗工 150~180 个，而发达国家油菜主要生产国（如加拿大、德国等）油菜生产已全面实现机械化作业，如加拿大每公顷油菜生产仅用工 9 个左右，他们的油菜生产成本约为 0.90 元/kg，远低于我国水平。我国油菜种植多数为小规模、高度分散的土地经营规模，降低了油菜种植户对油菜生产机械化的需求，因此产生了油菜生产机械化水平与油菜种植规模相互制约的矛盾，该矛盾是导致油菜产业发展停滞不前的主要原因。此外，油菜的种植效益低。由于我国油菜生产机械化程度低，同时油菜生产又费时费工，劳动力需求量大，人工成本高，2012 年油菜种植的净利润已成负值。在冬油菜种植区，小麦是能够替代油菜的冬季作物，至 2012 年两者的人工成本差距已达到每公顷约 1 080 元，这也是农民不愿种植油菜的重要原因。

图 1-2 为 2013—2018 年全国油菜生产机械化水平。从图中可以看出，我国油菜生产机械化水平从 2013 年至 2018 年基本呈上升趋势，其中，耕种收综合机械化水平增长了近 15 个百分点，机耕水平增长了近 12 个百分点，机播水平增长了近 14 个百分点，机收水平增长了近 20 个百分点。但与意大利、德国、法国等发达国家相比仍具有明显的差距，我国油菜生产机械化水平整体偏低。法国的油菜生产机械化水平比较高，20 世纪 30 年代就开始使用一些农机具进行油菜的播种、移栽、收获，到了 70 年代基本实现了油菜生产机械化，80 年代已经达到了油菜种植、收获、清选、加工等环节的全程机械化水平，并已逐渐开始利用遥感（RS）、地理信息系统（GIS）、全球导航卫星系统（GNSS）等技术实现对农作物、土壤从宏观到微观的实

时监测与精准作业管理。图 1-2 中显示，截至 2018 年，全国油菜种植综合机械化水平达到 53. 94%，机耕、机播、机收水平分别达到 82. 30%、29. 82%、40. 25%。可以看出，在油菜的生产环节中，种植环节的机械化水平极低，是制约油菜机械化发展的最主要环节。

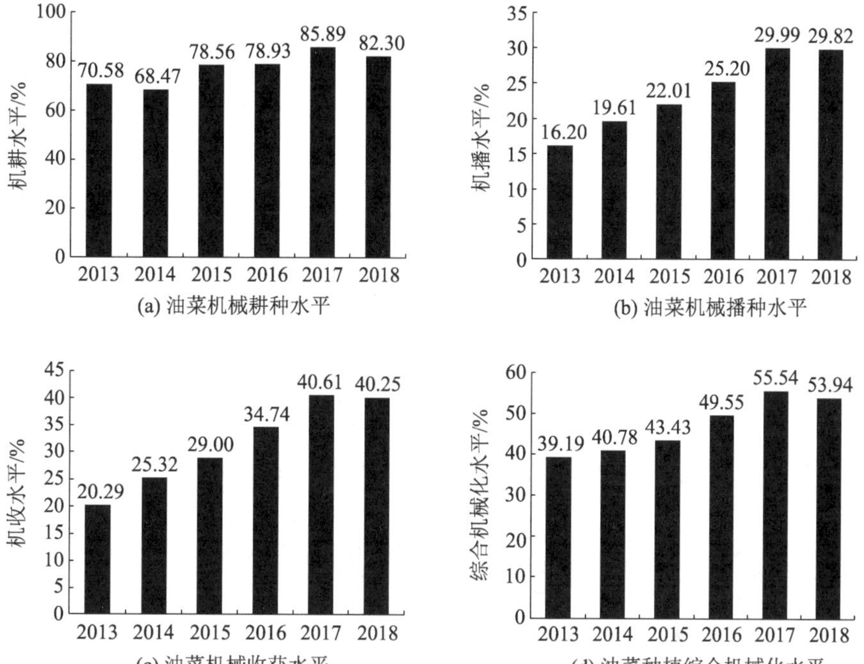

(a) 油菜机械耕种水平　(b) 油菜机械播种水平

(c) 油菜机械收获水平　(d) 油菜种植综合机械化水平

图 1-2　2013—2018 年全国油菜生产机械化水平

近年来，国内对油菜种植机械化技术开展了广泛的研究，研制出了多种符合国情的油菜机械化种植装备。

在油菜直播机械方面，主要有农业农村部南京农业机械化研究所研制的 2BKY-3 型复式作业油菜直播机、华中农业大学研制的 2BFQ 系列油菜精量联合直播机、上海市农业机械研究所研制的 2BGKF-6 型油菜施肥播种机、湖南农业大学研制的 2BYF-6 型油菜免耕直播联合播种机和 2BG-6B 型条播机等。我国常用的油菜直播机及其工作参数见表 1-7。这些集开沟、播种、施肥等功能于一体的机械式或气力式油菜直播机具有效率高、工耗少、节约农时等优点，但普遍存在整机结构复杂等问题，与国外比较成熟且趋于智能化的机型相比，还有一定的差距。

表 1-7　我国常用的油菜直播机及其工作参数

主要参数	2BKY-3 复式作业油菜直播机	2BGKF-6 型油菜施肥播种机	2BYF-6 型油菜免耕直播联合播种机	2BG-6B 型条播机	2BFQ-6 型油菜少耕精量联合直播机
配套动力	36.78 kW 以上拖拉机	36.76 kW 以上中型拖拉机	东风-12 型手扶拖拉机	东风-12 型手扶拖拉机	44 kW 轮式拖拉机
播种行数	6	6	6	6	6
播种量/($kg \cdot hm^{-2}$)	1.5~4.5	2.25~7.50	1.5~4.5	1.5~4.5	≤3.0
播种形式	条播	条播	条播	条播	精量播种
开沟规格/mm	无	深 180 (200) 上 160 (260) 下 100 (120)	深 200 宽 240	无	200
施肥量/($kg \cdot 亩^{-1}$)	0~30	0~30	0~30	0~45	0~30
生产效率/($hm^2 \cdot h^{-1}$)	0.30~0.35	0.33~0.53	0.13~0.20	0.08	0.42~0.72
功能	旋耕、灭茬、播种、施肥、开沟、覆土	浅耕、灭茬、开沟、作畦、播种、施肥	浅耕、灭茬、播种、施肥、开沟、覆土	旋耕、播种、施肥	开沟、全旋灭茬、精量播种、施肥、覆土、仿形驱动
田地要求	割茬＜15 cm；土壤含水率<30%	割茬＜15 cm；土壤含水率<30%	割茬＜15 cm；土壤含水率 20%~30%	割茬＜15 cm；土壤含水率<30%	未耕地或有作物秸秆残茬覆盖地
操作人数	1	1	1	1	1

在油菜移栽机械方面，主要有农业农村部南京农业机械化研究所研制的 2ZY-2 型钳夹式油菜移栽机、山西省农机所研制的 2ZYB-2 型吊篮式移栽机、黑龙江农垦科学院研制的 2ZY-4 型杯式移栽机、南通富来威农业装备有限公司研制的 2ZQ-4 型链夹式油菜移栽机和 2ZBX-4 型吊杯移栽机、湖北省东风井关农业机械有限公司研制的 PVHR2-E18 型鸭嘴式垄上移栽机等。国内市场上常用的油菜移栽机及其性能参数见表 1-8。这些移栽机均是人工投苗的半自动型移栽机，主要通过对传统的旱地移栽机进行改进而来，对移栽土壤的条件要求较高，只能在疏松的土壤上进行移栽，无法适用于水稻茬黏重土壤环境。于是，有人针对黏重土壤条件提出了机械打穴（打孔）的油菜栽植方式，这种栽植机械对稻板田、翻耕田均有良好的适应性，但用工量大，移栽效率很低，且这种移栽技术还不成熟，机具的作业质量不稳定。为了改善油菜移栽现状，农业农村部南京农业机械化研究所设计研制了适合移栽油菜毯状苗的全自动移栽机，该技术主要攻克了稻茬田油菜移栽的适应性差、作业效率低两大技术难题，经过不断改进、推广、实践，机具各项性能指标

已达到生产应用水平。

表 1-8 国内市场上常用的油菜移栽机及其性能参数

主要参数	2ZY-2 型钳夹式油菜移栽机	2ZQ-4 型链夹式油菜移栽机	2ZBX-4 型吊杯移栽机	PVHR2-E18 型鸭嘴式垄上移栽机
配套动力	中马力轮式拖拉机	20~50 Ps 拖拉机(36.8 kW)	29 kW	自走式 1.5 kW
栽植方式	钳夹式	链夹式	吊杯	鸭嘴式
栽植行数	2	4	4	2
栽植深度	40~100 mm	40~100 mm	40~100 mm	适用垄高 10~33 cm
立苗率	≥90%	95%	—	95%
成活率	≥90%	90%	—	90%
移栽效率	0.10~0.16 hm^2/h	0.10~0.16 hm^2/h	35 株/(分·行)	30 株/(分·行)
秧苗要求	苗高 200 mm 左右,裸苗、钵苗	苗高 200 mm 左右,裸苗、钵苗	钵苗	钵苗
移栽苗龄	≥30 d	≥30 d	≥30 d	<30 d
田地要求	翻耕且土壤含水率较低	翻耕且土壤含水率较低	翻耕且土壤含水率较低	翻耕起垄且土壤含水率较低
功能	开沟、栽植、覆土、镇压、浇水、施肥	开沟、栽植、覆土、镇压、浇水、施肥	栽植	栽植
操作人数	3	5	5	2

(2) 我国油菜种植机械化发展历程

1) 机械化播种

油菜机械化播种经历了机械排种技术、气力式单体排种技术和集中排种技术的发展历程,具体见表 1-9。

表 1-9 油菜机械化播种的发展历程

阶段	典型排种器	播种类型	特点
机械排种技术	机械撒播	撒播	结构简单,成本低,播种量大,均匀性差
	外槽轮式排种器	条播	种子破损率高
	窝眼轮式排种器	穴播	
气力式单体排种技术	气吸式排种器 正负气压组合式排种器	单粒精密播种	播种精量,伤种率低,适应速度较低

续表

阶段	典型排种器	播种类型	特点
集中排种技术	机械离心式集排器	精量条播	高速、宽幅,启停同步性较差
	气力滚筒式集排器	精量播种	排种精量,高速受限
	气送式集排器	精量条播	高速、宽幅、高效,适应种子范围广

20 世纪 70 年代,上海市开始了稻茬田直播油菜栽培方式的尝试,开发了与手扶拖拉机配套的上海-230U 油菜直播机。江苏、浙江、安徽等地采用稻麦条播机改装小槽轮式排种器调整行距后播种油菜。甘肃、青海等北方地区应用铺膜播种机进行穴播油菜,这些油菜直播机的排种部件主要还是外槽轮式和窝眼轮式。

1985 年以后,黑龙江省春油菜生产发展较快,年播种面积在 67 khm^2 以上,且 90%以上集中在国营农场。油菜种植参照小麦、大豆成熟的机械化栽培技术起步,逐步改革、完善,形成了以保苗、灭草、收获为主要内容的一整套较为完整的机械化直播栽培生产方式。麦茬地伏秋采取耕翻或深松耙茬,禁忌春翻,尽量减少春整地次数以保墒。干旱时播前镇压以提墒。播种时利用多行谷物播种机条播,播深 2.0~2.5 cm,窄行距密植,行距 15~30 cm。播种、施种肥(种子下 6~8 cm)、播后镇压同时进行。

2006 年上海市农业机械研究所承担"十五"国家科技攻关项目,研制成功 2BGKF-6 型油菜施肥播种机,其技术特点在于机具集浅耕、灭茬、开沟、施肥、播种等工序一体化作业,可实现秸秆还田。其创新点在于适合油菜直播的镶嵌组合式排种器技术,与施肥、旋耕和开沟机械技术组合集成,可播种油菜、小麦等多种作物,实现多功能联合作业。该产品已由上海浦东张桥农机有限公司批量生产。与此同期,2BCY-3 型油菜精量直播机是农业农村部南京农业机械化研究所与东台食品机械厂共同承担江苏省科技攻关项目的成果。该产品与 8.82~13.24 kW 手扶拖拉机配套,集旋耕、播种、覆土镇压功能于一体,采用自主研发的异型孔窝眼轮排种器,对种子形状和粒径适应性强,不伤种,播种量 2.25~3.00 kg/hm^2(种子不需分级),播种均匀度高,实现了精密条播,适合江苏及全国适宜地区使用。华中农业大学与武汉黄鹤拖拉机公司联合承担国家"十一五"科技支撑计划项目,研制了 2BFQ-6 型油菜少耕精量联合直播机新产品,可实现条带旋耕、开沟、播种、施肥复式作业,创新了气力式油菜籽精量排种技术,实现精量播种。

从油菜机械化播种的发展趋势来看,油菜播种初始阶段主要使用改进的小麦等外槽轮式、窝眼轮式机械排种器。为降低种子破损率和实现精量播种,采用气吸式和正负气压组合式排种器。随着农机与农艺技术深度融合，傅廷栋院士提出因地、因时增加种植密度，可达到“以密增产、以密补迟、以密省肥、以密控草、以密适机”的效果。为满足规模化种植和适度增密的需要，进一步提高播种效率和简化整机结构，机械离心式、气力滚筒式和气送式等集排技术得以快速发展。综合来看，油菜播种机械经历了撒播—条播—精量播种—单粒精密播种的过程。由于区域性多样化种植制度及农业机械化水平差异，目前油菜机械化播种处于单体式和集中式排种等多种方式并存的状态。

2）机械化育苗移栽

我国在旱地栽植机械方面的研究开发工作始于20世纪60年代，主要针对玉米、棉花、甜菜的钵苗移栽，部分机型已投入小批量生产。机型按栽植器类型主要分为5种：钳夹式、导苗管式、吊篮式、输送带式和挠性圆盘式。这部分机型改造后可用于油菜钵苗移栽，但因机具复杂，成本较高，且工厂化培育油菜钵苗投资大、用工多，未能达到实用要求。江苏省曾引进日本井关蔬菜穴盘苗自动移栽机，改进后用于油菜移栽试验。该机具较复杂，单行移栽效率低，成本较高，对“稻板田”的适应性也不理想。相比于钵体苗和穴盘苗，苗床培育油菜裸根苗较简便。

1979年，四川省温江地区农机所研制出2ZYS-4型钳夹式油菜蔬菜栽植机。1980年以来，国内多家研、学、推单位都对油菜裸苗移栽机做过尝试，部分产品也获得了专利，但因油菜苗不易直立的特殊性状，以及机具结构复杂、可靠性差、价格昂贵等，也未能达到实用要求。

2007年10月试验成功的2ZY-2型油菜移栽机是农业农村部南京农业机械化研究所和溧阳正昌干燥设备有限公司在引进、消化、吸收意大利Checchi & Magli公司生产的OTMA栽植机技术的基础上，结合我国国情研制的二行链夹式半自动移栽机。其与中马力拖拉机配套，一次完成开沟、移栽、覆土等工序，可用于油菜、棉花、烟草、蔬菜等作物的裸苗和小钵体苗移栽。

2008年8月，南通富来威农业装备有限公司与南京农业大学、江苏省农业机械化技术推广站等单位合作，在研学国外样机的基础上开发成功2ZQ-4型油菜移栽机并实现产品化。该机具采用链夹式栽植器，可一次完成开沟、移栽、覆土、镇压、浇水和施肥等作业，具有伤苗率低、直立度好、成活率高等特点。2009年富来威2ZQ-4油菜移栽机入选10省区市《非通用类农业机械产品购置补贴目录》。

2010年以来，农业农村部南京农业机械化研究所等单位针对油菜移栽技术的发展瓶颈，在水稻插秧技术的启发下，走农机与农艺相结合的技术路线，变培育大苗为小苗，变裸苗为规格化的毯状苗，变落苗回土移栽为切块取苗对缝插栽，研制出了油菜毯状苗机械高效移栽技术和配套装备。

1.1.4 油菜机械化种植的关键技术

油菜种植是油菜生产全程机械化的重要环节，包括耕整地、灭茬、开沟、播种、施肥、覆土、镇压等多个工序，油菜种植机械通常包括耕整地、播种和移栽机械，其中播种机械也可以与耕整地机械集成为复式或联合播种机械。

（1）油菜种植农艺要求

1）油菜耕整地要求

耕整地是油菜生产全程机械化的第一个环节，其目的是疏松土壤，恢复土壤的团粒结构，改善土壤通透性，翻埋秸秆、杂草、肥料，防止病虫害，排水排涝，为油菜生长提供良好的条件，并创造播种与栽植的苗床。油菜耕整地工艺主要包括秸秆根茬处理、深耕细作、作畦开沟、镇压保墒等，根据不同区域油菜栽培制度与种植方式的需要，常采用不同的耕整地工艺与技术装备，如表 1-10 所示。

表 1-10　不同区域油菜栽培制度与种植方式及其常用耕整方式

栽培制度		分布区域	种植方式	常用耕整方式
冬油菜	水稻、油菜两熟制	华东、华中、华南、西南、华北及西北的陕西等地	直播或移栽	翻耕—旋耕、旋耕埋草/秸秆还田、免少耕、联合耕整
	双季稻、油菜三熟制			
	一水两旱三熟制，如早稻—秋大豆—冬油菜			旋耕/耙耕/秸秆还田—齿耙平整、免少耕、联合耕整
	油菜与其他旱作物一年两熟制，如冬油菜—夏棉花（大豆、芝麻、花生、烟叶）—冬小麦等			
	春棉（烟草、旱粮）—油菜两熟制			
春油菜	一年一熟制，如春油菜与青稞、春小麦轮作	西北、东北各省	直播	旋耕/耙耕/秸秆还田—齿耙平整/镇压、免少耕、联合耕整
	一年两熟制，春油菜—玉米（大豆、谷子、高粱、马铃薯等）			

油菜根系发达，主根长，入土深，分布广，要求土层深厚、疏松、肥沃，因此油菜耕整应深耕细作，精细整地，土壤细碎平实有利于油菜种子出苗和幼苗发育。通过深耕加深耕层，增加土壤孔隙度，打破犁底层，使油菜根系充分向纵深发展，扩大根系对土壤养分和水分的吸收范围，促进植株发育，同时，还有利于蓄水保墒，减轻病虫草害。在北方干旱地区，为提高种子的萌发率，往往辅以镇压，以达到保墒的效果。油菜耕整地主要包括秸秆根茬处理、深耕细作、作畦开沟、镇压保墒 4 个环节。

秸秆根茬处理：稻—油、棉—油、稻—稻—油等冬油菜一年两熟、三熟制，春油菜—其他作物轮作制及春油菜—玉米两熟制，均需通过灭茬对前茬秸秆根茬进行粉碎、埋覆处理，以利于秸秆腐烂肥化，并为后续土壤耕整做准备。

深耕细作：深耕的时间越早越好，即在前作收获之后立即抢时耕翻。早耕晒垡灭草时间长，有利于接纳较多的雨水，增强蓄墒效果。耕深一般应在20 cm以上。耕前施入腐熟有机肥，并按比例施入部分氮、磷、钾肥。掌握好土壤的适耕期，黏土地适耕期短，要争取在适耕期耕作。稻区在水稻蜡熟期排水晒田，待水稻收获后，土壤干湿适度时及时耕作。秋旱地区土质坚硬，可引水入田，猛灌急排，使土壤膨胀，以利整地。耕后应立即耙耱碎土，填补孔隙，使土壤上虚下实，土碎地平，以利保墒播种。

作畦开沟：对于一年两熟和一年三熟制地区，由于稻田前期淹水时间较长，土壤透水通气性差，应严格“三沟”（厢沟、腰沟、围沟）配套。作业厢宽一般为1.8~2.0 m，厢沟宽15~20 cm、深18~20 cm，腰沟、围沟宽20 cm、深30 cm，以利排水。如土壤含水量及地下水位高，还应适当减小厢宽。前茬水稻应提前10~15 d排水晒田，收获时留茬高度控制在18 cm以内，并将秸秆粉碎均匀还田。

镇压保墒：我国春油菜区气候冷凉、降雨量少，春旱较为严重，严重影响春油菜的出苗率并最终导致缺苗和减产。播种后镇压技术具有保水保墒的作用。通过在播种行附近铺设滴灌带进行实时滴灌是北方干旱地区油菜种床准备的一种有效方法。

2）*油菜直播要求*

油菜直播即不经过育苗阶段，直接将油菜籽播入地里，省时省力。油菜的直播方式主要分为撒播、条播和精量播种。通常情况下，均匀直播的油菜主根粗长，根系入土深，抗旱抗倒伏能力强；直播油菜没有移栽造成的生育停滞阶段，耐寒抗冻能力较强；在干旱、贫瘠或低涝地区，特别是在土壤黏重的田块，直播油菜的根系与土壤接触良好，成活率高，可以提早苗期生长发育。

油菜的播种期一般在9月下旬至10月上中旬，提倡早播。播种行距25~30 cm，播种量3.0~4.5 kg/hm^2，播种深度5~25 mm，油菜出苗株数应不少于37.5万株/hm^2。播种期推迟时应适当加大播种量。

在播种机具选择上，应根据土壤墒情、前茬作物品种以及当地播种机使用情况，选择能够一次完成浅耕灭茬、开沟作畦、播种、施肥等多个工序的联合直播机，或少耕、免耕精量油菜直播机等。机械化精量直播通过精量排种装置实现均匀播种，使植株分布均匀、合理密植，以克服苗株分布不均匀产生的争肥、争水和争光的弊端。集耕整地、施肥、精量播种、覆土、开畦沟等多道工序于一体的精量联合直播机可以一次性完成多道种植工序，省力省工、节本增效优势明显。在北方一年一熟制地区，直播是油菜种植最普遍的一种方式。

3）油菜移栽要求

育苗移栽即在苗床上提前播种育苗再移栽至大田，是一项油菜高产种植技术。油菜一般在育苗播种 25~35 d 后进行机械移栽。长江中上游移栽期为 11 月上旬以前，长江下游移栽期为 11 月下旬以前。移栽密度一般不少于 12 万株/hm^2、行距 30~40 cm，移栽时土壤湿度应不大于 30%。油菜移栽按照移栽对象不同一般可分为裸苗移栽、钵苗移栽和毯状苗移栽。人工栽植以裸苗移栽为主，人工辅助分苗的半机械化栽植以裸苗和钵苗移栽为主。油菜裸苗移栽时，苗高在 20~25 cm，叶龄在 4 叶 1 芯~5 叶 1 芯。采用钵苗移栽方式，制钵机制取营养钵时，需按要求先配置好营养土。钵苗移栽时，钵体直径小于 2.5 cm 或边长小于 2.5 cm，苗茎直径小于 2.5 mm，苗高在 15~20 cm，叶龄在 3 叶 1 芯~4 叶 1 芯。

毯状苗移栽是近几年出现的一种全自动机械化移栽技术，特别是在我国长江流域的冬油菜区，油菜育苗移栽能较好地解决季节矛盾，在前茬作物成熟前于苗床育苗，适时早播，有利于充分利用冬前的光温条件，弥补全年复种作物生长期的不足，充分利用土地资源，提高复种指数，增产增收。双季稻、再生稻的种植模式，使作物种植季节矛盾更加突出。因此，在相当长的时间内，油菜育苗移栽仍是我国油菜种植的重要方式。此外，随着人们生活水平的提高，对稻米品质和口感的要求也在提高。有文献表明，稻米的品质和口感与水稻生育期长短及成熟期气候条件有密切关系，生育期长、成熟期气温低且昼夜温差大，有利于促进稻米品质和口感的提高。因此，单季晚稻收获期越来越迟，在长江中下游地区目前已推迟到 10 月底甚至 11 月上中旬收获，严重挤占了油菜的正常播种期，导致油菜播种期不断推迟。图 1-3 统计了长江中下游地区不同种植期的直播与移栽油菜的菜籽产量，从图中可以看出，随着播种期推迟，油菜籽的产量下降，播种期越迟，产量下降幅度越大。长江下游直播油菜适宜播种期在 10 月 1—15 日，10 月 15 日之后每推迟 1 d 产量下降5~7 kg，到 11 月初产量降到 100 kg/亩以下，甚至因冻害而绝收，显然晚稻收获后已错过适宜直播期。

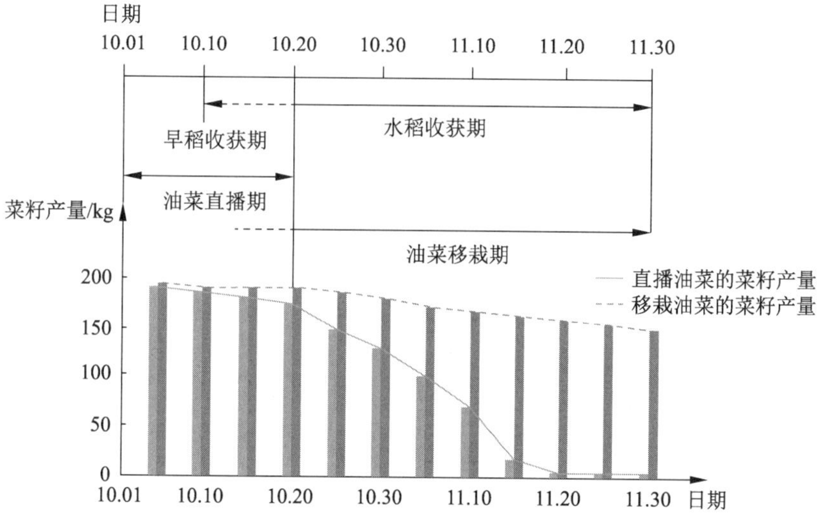

图 1-3 长江中下游地区不同种植期的直播与移栽油菜的菜籽产量

(2) 油菜高效移栽技术

长江流域稻油轮作区,油菜生产受晚稻收割较迟的影响,有 30%~40%的油菜需要通过育苗移栽来解决茬口矛盾。油菜机械化育苗移栽技术是在前茬作物(晚稻)收获后,先对大田进行机械耕作,然后在适宜移栽期内将预先培育好的油菜秧苗用移栽机械移栽到大田中的一种轻型种植方式。油菜机械化移栽一般可比人工移栽提高 3~5 倍工效。移栽油菜一般比直播油菜早播 25~30 d,油菜籽产量可提高 20%~30%,且稳产性好。

油菜移栽包括育苗、输送、取苗、送苗、分苗、开沟、栽植、覆土、镇压、浇水、施肥等工序。整个系统实现生产机械化包含 3 个方面:育苗技术、整地技术和移栽技术。其中,育苗和移栽环节是关键,其他田间管理措施如施肥、防治病虫草害等,与常规油菜种植的田间管理基本相同。在育苗环节,首先需要选用适宜机械化收获的矮秆、株形紧凑、二次分枝较少、结角相对集中、成熟期基本一致、角果相对不易炸裂、生育期适合当地种植的双低优质、高产油菜品种。根据移栽机的要求采用苗床育苗、营养钵育苗和穴盘育苗 3 种形式。半自动移栽机一般采用苗床育苗,即将油菜种子直接播撒在平整好的苗床上,在秧苗 2~3 叶期做好间苗定苗,待秧苗长到15~20 cm 高度时拔出秧苗进行移栽。生产上一般先选大苗移栽,小苗补肥后过 2~3 d 再移。全自动移栽机则需要营养钵育苗和穴盘育苗。在移栽环节中,机械化移栽装备按自动化程度可分为手动移栽机、半自动移栽机和全自动移栽机;按栽植器形式可分为钳夹式、吊篮式、挠性圆盘式、导苗管式和鸭嘴式。油菜机械化移栽技术按苗形态分类主要有两种:一种是裸苗移栽,即将适龄苗从苗床取出,裸露根部,移栽入土,此方法育苗较为简单,但栽植后缓苗期较长;另一种是营养钵育苗移栽,包括单钵式和育苗盘式营养钵育苗,移栽时将整个营养钵一起取出移栽到大田中,此方法对苗体损伤较小,移栽后基本不缓苗,但育苗相对复杂。无论是裸苗移栽还是钵苗移栽,由于其工作的对象为具有生物特征的幼苗,幼苗本身的柔嫩性、娇弱性以及移栽过程动作复杂等,油菜移栽机械相对于其他农业机械发展较晚,主要技术都是在蔬菜、花卉、烟草等经济作物的移栽技术基础上改进而来的。

高效油菜移栽技术的关键是解决好“机-田-苗”三者的相互适应问题。采用田间育苗,降低育苗成本,从品种、苗龄、大小形态等方面入手,提高秧苗对机械的适应性。针对我国农村的现实条件,应以裸苗和小钵体苗为移栽对象,研究开发中小型、多功能、半自动裸苗与小钵体苗兼用移栽机械,提高机具对秧苗形式和作物种类的适应性,在机具的开沟和覆土部件设计上力求降低对整地质量的要求,提高机具对田块和土壤的适应性。

1.2 油菜毯状苗移栽技术

直播油菜虽然省工节本,劳动强度相对较小,但产量不能保证。育苗移栽虽然产量稳定,但劳动强度大,随着农村劳动力涌入城市,育苗移栽这种劳动密集型的栽培模式费时费工的弊端逐渐显露,农民种植油菜的积极性大大降低。因此,机械化移栽已成为农民的迫切需求。我国从 20 世纪 80 年代就开始研究移栽机,这些移栽机虽然在某些方面表现出色,但也存在一些严重的不足,移栽的效率和质量也不尽如人意。截至 2011 年,油菜机械化移栽作业水平几乎为零。其根本原因:一是对黏重土壤、秸秆还田的田间条件不适应;二是移栽机作业效率低,替代人工效果不明显。农业农村部南京农业机械化研究所与扬州大学历经 10 年的研究,创新了油菜毯状苗移栽方式,形成了一套适合机械移栽的油菜育苗技术——油菜毯状苗培育技术,创制了毯状苗高效移栽机械。本节首先对油菜机械化移栽技术的发展现状、存在的问题进行介绍,然后重点提出油菜毯状苗移栽技术的应用概况、创新性与优势。

1.2.1 油菜机械化移栽现状及存在的问题

在我国长江流域有 30%~40%的直播油菜因前茬水稻收获迟,冬前生长时间短,或因种植期间降雨多等影响,产量水平迅速下降,因此必须通过育苗移栽来解决茬口矛盾问题。但是我国油菜移栽机械化水平极低,机械化移栽技术与配套的农艺技术都缺乏成熟的模式。常规育苗方式培育的菜苗个体偏大、株高过高,机械移栽时易导致机械夹苗使秧苗损伤较重,同时伴有缺棵、断垄等现象,影响栽后油菜正常生长,造成产量下降。

目前国内油菜移栽机械主要为裸苗移栽,移栽机具较为复杂,多为半自动移栽,占用人力较多,且移栽机功能单一,通用性差;不同品种的植株发育形态、适栽苗龄不同也给机械化移栽带来困难。在半自动移栽过程中,首先由人工将秧苗喂入移栽机,再由机具完成开沟、放苗、扶苗、覆土和镇压等工作,其栽植速度受到人工喂苗速度的限制,一般在40~50株/min。对链夹式移栽机人工喂苗效率的测试显示,在秧苗形态比较适合人工分拣的情况下,在短时间内达到60株/min已经是人工分拣的极限速度。全自动移栽机是用机械取苗代替人工分拣苗,在一定程度上提高了作业效率,但取苗、投苗和栽植需要3个机构分别动作,动作环节多,特别是包含了不能控制的自由落苗过程,费时多,机构复杂,机器成本高,可靠性不高。

除了移栽效率问题以外,国内外油菜机械化移栽机械方面的研究针对的都是含水率低的经过耕整可以达到细碎、疏松的土壤条件,秧苗保持直立(稳苗)需要依靠土壤流动回填完成。因此,土壤良好的流动性是油菜移栽的前提条件,传统的旱地移栽机对于流动性差的黏重土壤难以适应。湖南农业大学针对鸭嘴式栽植器在黏重土壤环境中张开放苗困难的问题,提出了打孔式栽植器,利用在履带行走系的履带与地面相对静止段上安装垂直打孔机构形成栽植孔,然后通过取苗机构将幼苗投入栽植孔中完成幼苗移栽,但在黏重土壤环境下长时间作业难以保证孔穴大小和成型质量满足要求,栽植质量不稳定,技术也不够成熟。

总体来说,国内油菜移栽机械技术和装备都不太成熟,在农业生产中大量应用机械化移栽油菜的并不多,还没有形成市场规模。

油菜机械化移栽主要存在以下几个问题:

1) 农艺与农机的设计联系不紧密

国内现有油菜移栽机还不能真正满足油菜生长的农艺要求。如目前的导苗管式油菜移栽机对油菜移栽时的苗高有限制,一般要求苗高小于株距,若苗高大于株距,则容易堵塞导苗管,苗冠太大也容易被挂在苗杯上,无法投苗。要想达到更好的移栽效果,一方面,移栽机械必须符合油菜移栽的农艺要求,株距与行距的确定、入土深度与直立度等都是移栽机械研发需要考虑的关键因素,这些因素都与油菜移栽的农艺密切相关;另一方面,需要培养适合移栽的幼苗,提高油菜幼苗的存活能力,减少外界因素对幼苗生长的影响,使幼苗能够适应未来高速化移栽的需求。

2) 移栽机作业效率难以提升

目前,我国的油菜移栽机械仍以半自动化为主,分拣苗需要人工完成,用工多,劳动强度大,移栽效率低。全自动移栽机的取苗、送苗、投苗过程一般需要独立的机构完成,整个移栽过程有多个机构交接,中间存在秧苗不可控阶段,如在导苗管栽植器中秧苗需要依靠重力自由落体来进行投苗,限制了移栽效率的提升。

3）稻板田黏重土壤条件不适应

我国油菜种植约85%集中在长江流域稻油轮作区，该区域的田间土壤含水率高、黏重板结且多杂草和稻茬。一方面，目前市面上的油菜移栽机只能适应在松软土壤环境下作业，移栽过程中需要依靠土壤的及时回流将秧苗直立固定，而黏重土壤黏度大，流动性差，土壤无法及时回流到秧苗周围，秧苗在没有周围土壤支撑的情况下就会倒在沟内，无法移栽。另一方面，稻板田中有较多的杂草、稻草，传统旱地移栽机上采用的靴式开沟器作业过程中容易缠草、拥堵；由于土壤板结、黏度较大，开沟器的工作阻力比较大，不适用于稻板田油菜移栽。

1.2.2 油菜毯状苗机械化移栽技术

我国长江流域油菜主产区近4 000万亩油菜必须育苗移栽。然而现有的国内外移栽装备均不适应稻茬田油菜移栽要求，主要存在两大问题：一是对黏重土壤、秸秆还田的田间条件不适应；二是移栽机作业效率低，替代人工效果不明显。2010年以来，农业农村部南京农业机械化研究所联合扬州大学针对油菜移栽技术的发展瓶颈，创新提出了油菜毯状苗机械化移栽技术，创制了毯状苗高效移栽机。在此之前，世界上任何一款移栽机均不能适应水稻茬高湿黏重、秸秆根茬多的土壤环境，且现有的旱地移栽机从取苗到投苗过程复杂，依靠秧苗自重下落投苗，栽植频率很难提高。

油菜毯状苗移栽是一种全新的油菜移栽技术。该技术的核心是变培育大苗为小苗，提高机器携带菜苗的方便性；变裸苗为规格化的毯状苗，提高苗与机器的协调性；变落苗回土移栽为切块取苗对缝插栽。该技术创造了毯状苗切块取苗+对缝插栽的新的移栽方式、毯状苗育苗技术和高效全自动移栽机，攻克了油菜移栽机作业效率低、黏重土壤条件适应性差两大难题。油菜毯状苗密度为4 000~5 000株/m^2，苗龄30 d左右，苗高80~120 mm，具有密度高、素质好、适合机械切块插栽等特点。本技术研制的油菜毯状苗高效移栽机作业效率达到4~6亩/小时，比人工移栽提高工效40~60倍，栽植密度7 400~22 200穴/亩，适应不同土壤条件，各项作业指标满足油菜移栽的农艺要求。该机具的突出优点：一是效率高，表1-11列出了典型移栽机与油菜毯状苗移栽机的栽植频率，油菜毯状苗移栽机的栽植频率达到300次/（分·行），比目前世界上最快的移栽机（澳大利亚的Automatic Planters）的栽植频率167次/（分·行）提高79.64%，具有旱地移栽世界最快的栽植频率；二是适应性强，现有的国内外旱地移栽机均不适应稻茬田油菜移栽，而毯状苗油菜移栽机对稻茬田和旱地均能满足移栽要求，此外，油菜毯状苗移栽的适栽苗期长，栽植密度范围大，适用于油菜、青菜、芹菜、芥菜、甜叶菊、羊草等多种作物移栽；三是产量高，综合效益好，由于充分利用了移栽生育期长和移栽密度高的优势，比同期直播油菜增产30%以上，比人工移栽油菜或机械直播油菜节本增收160~220元/亩，比机械播种羊草节本增收（草籽和牧草）350~400元/亩。目前该机具已完成成果转化，实现批量生产，并在主产区广泛应用，为我国油菜提高单产、扩增面积，特别是利用冬闲田发展移栽油菜提供了新的有效技术途径，推广应用前景广阔。

表1-11 典型移栽机与油菜毯状苗移栽机比较

公司	型号	类别	栽植频率/（次·分$^{-1}$·行$^{-1}$）	生产地
Ferrari	FUTURA	全自动	150	意大利
井关	PVS1	全自动	60	日本
Horticulture & Automation	Automatic Planters	全自动	167	澳大利亚
Checchi & Magli	TRAPIANTATRICE TEXDRIVE BEST	半自动（导苗管）	67	意大利
油菜毯状苗移栽机	2ZTY-4型（基本型） 2ZYG-6型（增强型）	全自动	300	中国

第 2 章　国内外移栽机械研究与应用现状

2.1　移栽机械的发展

国外移栽机械生产开始于20世纪中期，与其他农业机械相比起步较晚，由于其工作对象为柔嫩的秧苗，参数多，且满足工作部件轨迹和姿态要求的目标多而复杂，系列参数与各目标之间的函数关系耦合性强，优化设计难度大。初期设计的移栽机械都为半自动型，由人工完成取苗和送苗，仅栽植动作依靠机械完成。插秧机首先实现了全自动移栽，即由一个机构完成取秧、输送和栽植 3 个动作，但是在钵苗移栽机上，用一个机构依次完成取秧、输送和栽植的创新优化设计难度大，近30年一直由3套机构分别完成。

世界上第一台插秧机诞生于中国。最初世界各国研究的插秧机采用的是洗根苗，即将秧苗从秧田拔出洗去根部泥土并捆成束，人工将苗理齐放置在机器上，由人力或畜力牵引进行插秧作业。意大利、日本早在 20 世纪初就开展过水稻插秧机研究，但均未取得成功，后经历一战、二战，研究中断。1952 年 11 月，华东农业科学研究所农具系（农业农村部南京农业机械化研究所前身）成立了由蒋耀等人组成的水稻插秧机研究组，正式拉开了我国研究插秧机的序幕。1956 年春，华东农业科学研究所农具系研制出人拉单行铁木结构插秧机，同年又研制出畜力 4 行梳齿分秧滚动式插秧机，命名为“华东号插秧机”，这是世界上第一台成型的水稻插秧机（图 2-1），其采用的横向往复式移送秧的技术原理一直沿用至今。此外，该插秧机还开创了梳齿式（功能如莳梧）纵拉分秧、滚动插秧的分插原理，成为当代纵向切块取秧、回转式插秧分插原理的雏形。

1966 年，受原第八机械工业部委托，南京农业机械化研究所牵头组织了全国机动水稻插秧机的联合设计，最终研制出我国第一代国家定型的机动水稻插秧机，命名为“东风-2S 型机动水稻插秧机”，如图 2-2 所示，该机型以 2. 94 kW 汽油机为动力，单地轮驱动，2 人装秧，幅宽 2 m，10 行，株距 10～20 cm，分 4 级可调，日插 20 亩。其主要结构：梳齿分秧，纵向梳拉滚动直插、纵向叉式送秧、横向间歇式往复运动送秧，毛刷与缺口组合式阻秧，滚轮、轨道控制秧爪运动。

图 2-1　1956 年研发人员与华东号插秧机合影

图 2-2　东风-2S 型机动水稻插秧机

随着时代的发展,洗根苗秧苗无法规格化、标准化且效率低等问题愈发凸显,20 世纪 60 年代末至 70 年代初,日本人在借鉴中国人发明的洗根苗插秧机的基础上,创新了水稻毯状苗育苗技术,变原来苗床散乱的低密度育苗为苗盘规格化的高密度育苗,形成盘根成毯的苗片,将苗片放在插秧机上切块栽插。育苗方式的改变,培育出稳定一致的秧苗形态,为机器切块取苗创造了条件,解决了洗根苗插秧机秧苗形态不稳定、机器不能准确分拣苗的难题,从而实现了取苗、运苗、栽插的全自动移栽。

毯状苗的发明,把传统的插秧工艺引入工业生产理念,是插秧机发展史上的一个里程碑。插秧机技术的革新由育秧方式创新引起,毯状苗育插秧技术是农机与农艺融合的成功典范。在规格化毯状苗出现后,插秧机技术开始飞速发展。20 世纪 60 年代日本发明了曲柄摇杆式分插机构,1972—1973 年先后有 11 种型号的手扶式插秧机通过日本农机研究所的鉴定,插毯状苗、浮筒滑行、曲柄摇杆式插秧机构、强制推秧等主体技术基本定型。1985 年日本农机研究所研制出旋转行星轮式分插机构,用于乘坐式插秧机上,使其工作效率提高了近 1 倍,分插频率提高到 440 次/min,插秧速度达 1.1 m/s,取代了曲柄摇杆式分插机构,诞生了高速插秧机。

移栽装备的发展历程及每个阶段的特点如图 2-3 所示,经历了从滑道机构到杆机构再到回转机构的演变。滑道机构复杂、成本高、效率低,优化设计容易;回转机构简单、成本低、效率高,优化设计难度大;杆机构介于两者之间。日本在水田毯状苗移栽装备方面已经进入回转机构发展阶段,但是日本的水田和欧洲的旱田钵苗移栽装备 30 年来一直止步于杆机构的初级阶段。我国东北农业大学和浙江理工大学移栽机械协同创新团队,通过所建立的创新优化设计技术平台,在水稻钵苗移栽装备产业化方面已进入杆机构的高级阶段,与企业合作生产了较大批量的双曲柄五杆机构钵苗移栽机,进而又在各种移栽机械核心工作部件上全面进入回转机构研究阶段。

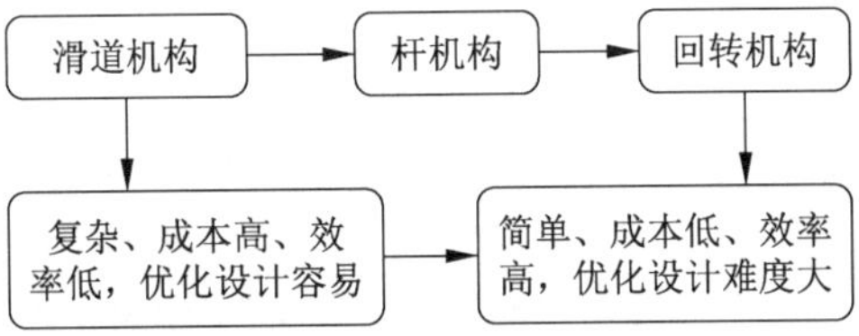

图 2-3 移栽装备的发展历程及每个阶段的特点

2.2 国内外移栽机械的研究现状

移栽机械按其作业环境可分为水田和旱地移栽装备。水田移栽装备主要用于水稻移栽,包括插秧机、钵苗移栽机。插秧机用于毯状苗移栽;钵苗移栽机用于钵苗移栽。日本在水田移栽装备方面处于国际领先。旱地移栽装备主要包括裸苗移栽、钵苗移栽和毯状苗移栽。欧洲目前占领了旱地移栽装备方面的大部分国际市场。

2.2.1 水田移栽机

(1) 国外发展现状

水田移栽机主要用于水稻移栽,日本的水稻移栽装备主要有 2 种形式:毯状苗插秧机和钵苗移栽机。毯状苗插秧机有 2 种机型:高速乘坐式和步行式。高速乘坐式采用双栽植臂回转式行星轮系分插机构,行数从 4 行到 8 行,用得较多的是 6 行机,8 行机次之。近年来,青壮年劳动力从农村向城市转移,考虑到中老年农民的需求，企业增加了 4 行高速乘坐式插秧机的产量，用以替代步行机中产量最高的 4 行机，目前在日本步行插秧机与高速乘坐插秧机数量约占 1%。

在国际上，日本是水稻全自动钵苗移栽装备最早进入市场的国家，机型有乘坐式和步行式，主要厂家有井关、洋马和日本实产业株式会社等。其机型采用与欧洲旱田钵苗移栽机械相同的 3 套装置分别完成取秧、输送和栽植 3 个动作，其取秧装置分为取出式和顶出式，采用杆机构取出或顶出一排钵苗到输送带上，输送带将钵苗送至一侧，由栽植机构将钵秧苗植入田中。由于钵苗移栽没有缓苗期，适宜寒冷地区水稻种植，日本北海道钵苗移栽机已有 50%的市场占有率。但是，中国稻农难以承受机器和秧盘的价位。

美国、澳大利亚等国的水稻种植不采用移栽方式，而是在连片的水稻田上用飞机直播，虽然装备成本高，但由于作业效率高，反而降低了单位面积的机械化作业成本。这些国家通过选育与飞机播种相适应的水稻品种并采用适宜的农艺措施，形成了一套与亚洲完全不同的水稻种植模式，再加上气候和土地适宜，水稻单产高、品质好，且生产成本低。

（2）国内发展现状

1）水稻插秧机

我国的水稻移栽装备起步最早，20 世纪 50 年代后期以南京农机化所、浙江农科院和浙江大学机械系为主合作开发，开始研制裸根苗移栽机以及拔秧装备，形成了一定的批量。1953 年原华东农业科学研究所将水稻插秧机作为一项科研课题；1956 年梳齿纵拉分秧原理初步定型，并制作出样机；1956 年 4 月全国第一届水稻插秧机试验座谈会在武昌召开，并对样机进行田间试验，证明了水稻插秧机械化可以实现。可惜的是我国水稻插秧机的探索期终止于 20 世纪 60 年代，其原因主要有：① 经济发展水平限制了机械化发展。② 或许是在方案确定时过于草率，或许是研究者受机构学理论基础的限制，所采用的滑道式移栽装备和裸苗移栽的方案过于落后，日本在 20 世纪 60 年代发明插秧机时采用了曲柄摇杆分插机构，很快取代了我国的滑道机构，旱育稀植毯状苗取代了裸苗。③ 科学研究不科学，把插秧机研究变成了一场政治运动。该项研究一哄而起，又一哄而散，浪费了大量的人力和财力。但是，这种曲柄滑道式插秧机的发明得到了国际农业机械界的公认：中国是最早发明插秧机并进入市场的国家。

20 世纪 80 年代开始随着改革开放，国内对于插秧机的研究又形成了一个高潮，其中最突出的是四平农机研究所李道椿高级工程师所带领的课题组开发了三轮底盘普通乘坐式插秧机，其分插机构采用了日本曲柄摇杆式，1982 年由延吉插秧机厂开始生产。该机型更适合中国北方水稻田作业，其生产工艺符合当时的国内工艺水平，配置合理，成本低，解除了寒温带地区稻农在冰冷的水田中弯腰弓背插秧的劳役之苦,推动了东三省以至全国水田机械化的发展,在中国水稻生产机械化发展中做出了里程碑式的贡献。

20 世纪 80 年代后期到 21 世纪初,我国农业机械化发展水平处于一个相对停滞的状态,如水稻种植机械化在 1995 年为 2.3%,到 2002 年仅增加到 3.96%,7 年时间增长了 1.66%,平均每年增长 0.24%。

21 世纪初开始水稻移栽机械研究进入第三个高潮。由于政府对农机补贴的力度加大,国内水稻种植机械化在短短的 8 年内由 3.96%(2002 年)增长到 20%(2010 年),平均每年增长 2%。水稻生产机械化是农业机械化的瓶颈,而水稻种植机械化又是水稻生产机械化的瓶颈。水稻种植机械化瓶颈这一问题已得到初步改善,但水稻栽植装备产业形势依旧严峻:日本久保田和洋马的高速插秧机在中国市场的占有率达 78.41%(2010 年),日本井关、韩国东洋和大同株式会社的高速插秧机在中国市场的占有率约为 17.59%(2010 年),国产高速插秧机中,只有中机南方的销售额占有一席之地,但也仅为 4%(2010 年);步行插秧机中,国外机型约占销售总额的 2/3(2010 年)。2011 年和 2014 年,国内高速水稻插秧机持续畅销,总销售量分别达到了 72 000 台和 108 000 台,手扶式水稻插秧机正逐步被独轮乘坐式水稻插秧机替代;从水稻插秧机销售地区来看,仍主要集中在江苏省和东北三省。

近些年,各科研机构和高等院校(如江西省农科院和浙江理工大学、扬州大学、东北农业大学、江西农业大学等)陆续在已有的等行距插秧机的基础上研制出多种地方化插秧机,包括宽窄行高速插秧机、变行距高速插秧机、侧深施肥插秧机、窄行距手扶式插秧机、变行距手扶式插秧机等,这些移栽机具操作简单,移栽质量均较好。浙江理工大学赵匀教授等对高速水稻插秧机的研究成果比较突出,在高速水稻插秧机机构创新方面做出了重大贡献,主要创新有差速分插机构、偏心链轮传动机构、圆柱齿椭圆齿行星系分插机构及偏心齿轮-非圆齿轮行星系分插机构等的应用。国内插秧机研制生产取得了长足的进步,因此现阶段国内能生产插秧机的企业也较多。手扶式主要有南通富来威生产的 2ZF-6A、北京雷沃重工生产的 2ZX-630 及柳州五菱生产的 2z-430 等型号;乘坐式主要有延吉生产的春苗 2ZT-9356B 型、常州常发生产的 2ZC-6 型、中联重工生产的谷王 SG60 型等。国产插秧机多是仿照和消化日韩的相关技术,因此在技术含量、材料及制造工艺、可靠性等方面与日韩插秧机相比都存在一定的差距。

2) 水稻钵苗移栽机

我国从 20 世纪 80 年代开始研究水稻钵苗移栽装备,其中中国农业大学宋建农研究的 2ZPY-H530 型水稻钵苗行栽机,构思巧妙、结构简单,最接近产业化。

朱德峰等发明的半钵毯状秧盘,根的下半部是钵体,上半部连接为毯状,可以用普通插秧机完成移栽过程,比普通毯状苗机插在取秧过程中减少了伤根,缩短了缓苗期,在全国得到了大面积推广。其主要问题是纵向送秧的积累误差造成取秧钵体不完整,现已找到了解决的方案,正在形成样机。

黑龙江农垦科学院曾经组织力量并投入资金,在日本水稻钵苗移栽机的基础上开发水稻钵苗移栽装备,于 1996 年 10 月立项,1999 年结题。但由于装备结构复杂、价格昂贵、工艺和材质要求高,未能形成产品。

东北农业大学与鑫华裕农机装备有限公司联合研制的双曲柄五杆机构钵苗移栽机,是国际上唯一进入市场的轻简化钵苗移栽机,如图 2-4 所示。双曲柄五杆栽植臂由两个曲柄、两个连杆组成,其中一个是主动曲柄,通过一组圆齿轮或者非圆齿轮将动力传递到被动曲柄,主动曲柄和被动曲柄分别连接连杆 1 和连杆 2,两连杆另一端互相铰接。与主动曲柄连接的连杆作为移栽臂,与曲柄摇杆机构的连杆形成的栽植臂相比较,能够形成更加复杂的轨迹和姿态,满足钵苗移栽的要求。用一个机构完成移栽的 3 个动作,相比较处于杆机构初级阶段的日本钵苗移栽机取秧装置,该项研究成果处于杆机构的高级阶段。

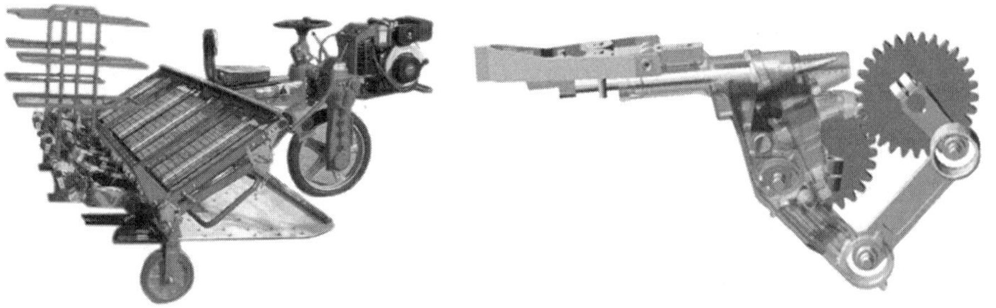

图 2-4　2ZB-630 型水稻钵苗移栽机

2013 年在依兰县迎兰乡(第三积温带)相邻地块,用 2ZB-630 型水稻钵苗移栽机和日本久保田 SPW-48C 型手扶式插秧机试种“稻花香”水稻,图 2-5 为 15 d 后水稻生长情况的比较照片。左侧为钵苗移栽后的生长情况,根系平均长度在 10 cm 以上;右侧为机插秧苗,根系平均长度在 1~2 cm,有的甚至刚刚显露白根(新根)。从照片看,由于没有缓苗期,钵苗移栽的秧苗与机插秧苗相比较更加壮硕。根系和秧苗的生长状态不同,直接影响后期的水稻产量。

同年,在宁夏开展了 800 亩钵苗移栽(2ZB-630 型水稻钵苗移栽机)试验示范,并进行了钵苗移栽与插秧的对比试验,试验结果显示大部分钵苗移栽试验点增产幅度在 10%以上。在黑龙江省通过钵苗移栽,将第一积温带的“稻花香”水稻向第二、第三积温带试种,扩大了精品粮种植面积,同时也为稻农致富创造了条件。该机型价格是日本行数相同机型的 1/8,但是其振动大,进一步提高效率受到限制。

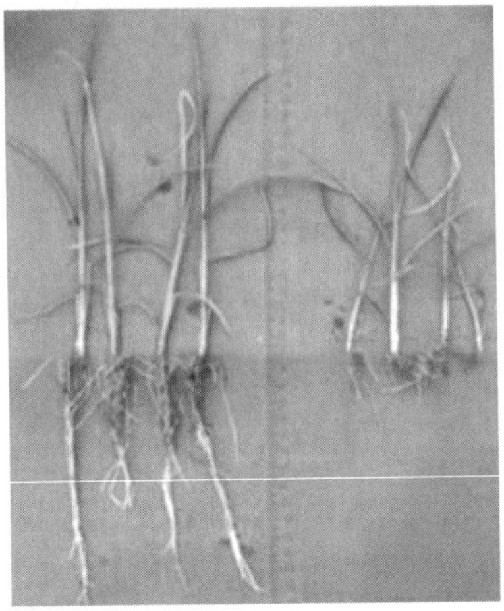

图 2-5 钵苗移栽与机插秧苗比较(朴志德拍摄)

超级稻培育和推广是袁隆平通过品种改良为我国水稻单产提高做出的巨大贡献,其特点是依靠分蘖增产,每穴株数超过 3 棵则达不到增产效果,稀植毯苗则不能成毯;钵体苗 1~3 棵/穴仍然可以成钵。2008 年于晓旭使用插秧机在袁隆平的试验田试插超级稻,为了成毯 3~5 棵/穴,插秧效果很好,但是秋后测试减产;2013 年马旭在广东省惠州国家水稻试验中心使用双曲柄钵苗移栽机栽插超级稻,增产效果明显,解决了机械化移栽超级稻这一难题,但是其效率太低。该项试验表明,只要解决了效率问题,钵苗移栽就是超级稻移栽的发展方向。

机插水稻所育成的秧苗主要有 3 种类型,即毯状苗、钵形毯状苗和钵体苗(图 2-6),具有密度高、无缺苗、秧苗均匀整齐、幼苗健壮、根系发达且秧毯根系盘结好、起秧拎运不散等特点。毯状苗和钵形毯状苗的秧龄一般在 15~20 d,叶龄 3~4 叶,苗高 18 cm 左右,播种量一般要求干种达到 100 g/盘以上,芽种 120~160 g/盘,此时播种密度大,秧块盘根性好,机械栽插质量能达到农艺要求,现有育秧技术能较好地适应生产需要。若是杂交稻,农艺上要求稀植钵体苗易实现育秧,钵体苗的育苗天数一般在 35~40 d,叶龄 4.5~5.5 叶,苗高 15~20 cm。有大量文献表明,钵体苗的秧苗素质优于毯状苗和钵形毯状苗,因为纯钵体育苗移栽技术具有受秧龄限制小、弹性大、栽植时间跨度大等特点,弥补了毯状苗机插受叶龄、苗高和栽插时间限制,无法满足双季稻、多季稻机插的不足,能够保证一定的增产。

(a) 毯状苗

(b) 钵形毯状苗

(c) 钵体苗

图 2-6　不同类型的水稻秧苗

插秧机切块后水稻秧苗的形态特点如图 2-7 所示。其上部是 2~3 株直立的秧苗,秧苗具有叶片绿而挺、茎基部粗壮有弹性的特点;下部是基质块,厚度在 2.0~2.5 cm,由土壤、基质及根系组成。秧苗的根系在土层中交织生长,与土壤盘结在一起,不易松散。通过试验测定秧龄 15~35 d 范围内不同品种的水稻株高、茎秆长径、茎秆短径等形态特征参数,如表 2-1 所示。由统计表中的试验数据可见,在秧龄 15~35 d 范围内,各品种株高为 178.20~433.15 mm,茎秆长径为 2.51~4.30 mm,茎秆短径为 1.09~2.59 mm。

图 2-7　水稻秧苗形态

表 2-1　机插水稻的秧苗形态特征参数

品种	秧龄/d	株高/mm	茎秆长径/mm	茎秆短径/mm
创两优 4418	15	215.58	3.14	1.48
	20	235.73	3.15	1.49
	25	270.00	3.75	1.73
	30	310.00	3.52	1.71
	35	433.15	4.30	2.59
丰两优 3948	15	200.80	2.51	1.18
	20	218.00	2.91	1.39
	25	239.80	2.95	1.50
	30	283.87	3.14	1.67
	35	328.00	3.67	1.96

续表

品种	秧龄/d	株高/mm	茎秆长径/mm	茎秆短径/mm
皖稻 139	15	209.07	2.77	1.09
	20	229.93	3.32	1.37
	25	248.20	3.39	1.48
	30	244.67	3.31	1.55
	35	306.60	3.82	1.74
阳光 800	15	178.20	2.60	1.17
	20	193.62	2.68	1.28
	25	219.13	3.17	1.48
	30	279.35	3.54	1.43
	35	308.37	3.47	1.98

2.2.2 旱地移栽机

(1)国外发展现状

国外的半自动钵苗移栽机通常采用人工送秧。常见的移栽方式是由人工将钵苗放入下端封闭、缓慢运动的圆周分布的圆筒中,当圆筒运动至鸭嘴式杆机构栽植器上方时,封闭口打开,钵苗落入鸭嘴栽植器,栽植器入土后,鸭嘴张开,钵苗留在穴坑中,后边紧跟覆土器和镇压轮,代表机型有井关 PVH1TC 烟草移植机。链夹式也是半自动移栽机上常采用的一种栽植器类型,如美国玛驰尼克 1000-2 链夹式双行移栽机,移栽机具及其移栽原理如图 2-8 所示。机具作业时,人工将钵苗或裸苗放入张开的夹子中,夹子闭合,夹子运动到土壤中时张开,秧苗留在土壤中,后边紧跟覆土器与镇压轮。另有一种结构更为简单的挠性圆盘栽植器:通过一对挠性圆盘在工作周期中时而张开时而夹紧,将钵苗或裸苗放入圆盘的张开部分,挠性圆盘夹紧秧苗转入开出的土壤沟槽中,圆盘转至下端时张开,钵苗或裸苗落入沟槽中,随后三角式扶土器将两侧土壤推向沟槽,将秧苗固定,而后镇压轮镇压。该机构结构简单、效率高,但人工喂秧难以保证株距均匀,只能采取沟灌,用水量大于穴注水。如果能够辅以自动喂秧装置,则可提高效率、保证株距均匀性、减轻劳动强度。

近些年来,在人工喂秧方面,为了减轻劳动强度、提高效率,发明了便于成排取秧的秧盘。例如,日本日立株式会社公司和意大利 Ferrari 公司将方形压缩基质置于秧盘中,当秧苗长大后,在田间作业时,用条形铲取出一行钵苗放在输送带上,其效率接近于全自动移栽机,减少了送秧的次数,也就减轻了送秧的劳动强度。

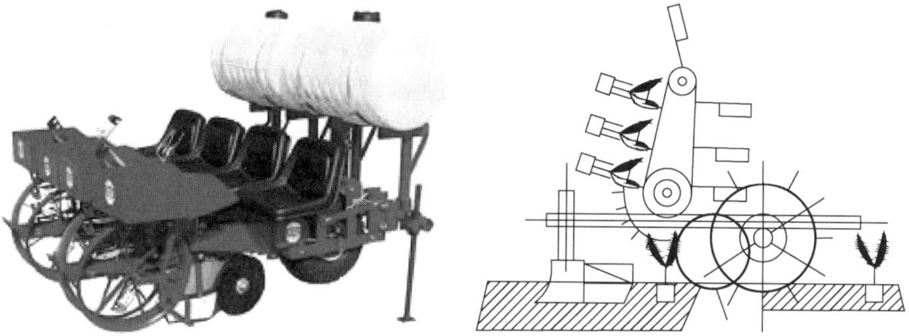

(a) 移栽机具　　(b) 移栽原理

图 2-8　美国玛驰尼克 1000-2 链夹式双行移栽机

欧洲的旱田全自动钵苗移栽机最先采用 4 套机构完成 4 个动作的工艺流程，由电磁阀触发气缸工作，气缸推动机械手成排顶出或取出钵苗：钵苗由机械手排列在输送带上，依靠输送带送至一侧，由栽植机构植入土壤；或者机械手取出钵苗后，90°转向，向下送至输送器的钵杯中，钵杯底部定时开启，钵苗落入栽植器，植入土壤中。两种取样机构均由单片机控制电磁阀，电磁阀启动气缸，气缸作用于机械手完成间歇动作。其工艺流程和装备与日本水稻钵苗移栽装备相似，且先于日本进入市场。但其同样存在结构复杂、成本高、效率低的问题，只能用于经济作物，如花卉、烟草、蔬菜、甜菜等。

法国 Pearson 公司的旱田全自动移栽机，成排夹秧机构将一排秧苗从秧盘中取出，整齐排放在输送带上，输送带将秧苗运送至一侧，或者通过做回转运动的夹子将秧苗栽植在土壤中，或者通过四杆机构进行膜上移栽。覆土镇压轮紧随栽植器对植于土壤中的钵苗进行覆土、镇压，确保钵苗的直立度。类似机型的生产厂家有英国的 Massey Ferguson 公司、意大利的 Checchi & Magli 公司、法国的 Picador 公司。日本为了简化机构，用两套机构完成 3 个动作，将取秧和输送过程的复杂动作通过一套装置完成，然后将钵苗投入鸭嘴栽植装置，该装置依靠四杆机构完成其栽植过程。取秧和输送装置是回转和滑道机构的结合体，虽然可以完成复杂的取秧和输送动作，但是滑道机构的应用限制了回转机构的转动速度：取秧时间超过了秧爪在钵土中限定的连续移箱时间上限，不得不由连续移箱变为间歇式移箱，延长了工作周期，整机工作效率大大降低。

（2）国内发展现状

国内旱田钵苗移栽机研究始于 20 世纪 70 年代后期，轻工部甜菜糖业研究所应用法国柔性圆盘式半自动移栽技术和装备研制了甜菜钵苗移栽机，采用了日本可降解蜂巢状纸质钵盘。由于钵盘成本太高，该项研究成果未能产业化。从 21 世纪开始,旱田钵苗移栽装备的研发真正形成规模,富来威农机公司是最早着手开发旱田钵苗移栽装备的企业之一,所开发的半自动钵苗移栽机已进入市场,形成了一定的批量,用于蔬菜、烟草和油菜的移栽。浙江理工大学、东北农业大学最早开始回转式全自动轻简化钵苗移栽机研究,发明和开发了系列回转式旱田钵苗移栽机构、系列试验台架以及因摄像机固定而得到清晰核心工作部件作业录像的旋转环形土槽。为了解决多目标、多参数、强耦合性钵苗移栽机构复杂优化问题,发明了“参数导引”启发式优化算法,解决了相关优化难题,建立了移栽机械创新优化设计平台。该平台的核心技术是优化设计软件,已达到全自动优化和利用变形设计软件自动生成二维、三维图的水平。利用该平台技术体系将欧洲的旱田和日本的水田钵苗移栽核心装备从杆机构的初级阶段发展到回转机构,从 3 套装置独立完成取秧、输送、栽植 3 个动作,发展到一个回转机构同时完成以上 3 个动作,达到了高效、低成本、轻简化的目标。目前,旱地回转式钵苗移栽机构仍处于研究阶段。

2.2.3　我国移栽机械存在的主要问题

近些年,我国移栽机械的研究发展虽取得突出成效,却也存在诸多问题,具体如下:

1) 生产效率低,综合效益不突出

目前国内推广使用的移栽机均为人工投苗的半自动移栽机,要求操作人员喂苗准确、迅速、不能间断,精力高度集中,否则会造成漏苗、缺苗现象。如此长时间、高强度作业,易造成操作人员精神紧张、疲劳。由于受人工喂苗速度的限制和田块小而分散的影响,一般国内移栽机的作业效率只相当于人工的 5~15 倍,远低于耕整、收获等机械相对于人工作业的效率,而且一台 2 行的移栽机作业时需要 1~2 名辅助人员跟踪补苗、覆土,因此机械化作业的综合效益不明显,这在一定程度上影响了用户使用的积极性。

2) 生产制造水平较低,质量稳定性差

目前国产半自动移栽机在技术上与国外进口移栽机不相上下,但是移栽机具多为作坊式生产,制造水平较低,可靠性差,故障率高,严重制约了本土移栽机具的推广。

3) 育苗、整地技术落后,农机与农艺脱节

我国许多机械移栽技术是借鉴发达国家先进技术研发出来的,发达国家与移栽相配套的育苗技术、整地技术已非常成熟,而我国与移栽相配套的育苗设施和整地机械较薄弱,技术相对落后,制约了移栽机的推广。此外,国内移栽作物的土壤环境千差万别,种植制度复杂多样,田块以小而分散居多,农艺要求严苛,严重制约了移栽机的推广使用。

2.3　移栽机械的分类与特点

移栽机械的分类标准很多，按照自动化程度可分为手动移栽机、半自动移栽机和全自动移栽机；按照秧苗形态可分为裸苗移栽机、穴盘苗移栽机、钵体苗移栽机和毯状苗移栽机；等等。详细的移栽机类别见表 2-2。

表 2-2　移栽机的分类

分类标准	详细类别
自动化程度	手动移栽机、半自动移栽机、全自动移栽机
栽植器结构	钳夹式移栽机、挠性圆盘式移栽机、吊杯式移栽机、导苗管式移栽机
工作环境	旱地移栽机、水田移栽机
秧苗类型	裸苗移栽机、穴盘苗移栽机、钵体苗移栽机、毯状苗移栽机
作物种类	油菜移栽机、玉米移栽机、棉花移栽机、烟草移栽机

2.3.1　钳夹式移栽机

钳夹式移栽机是一种具有代表性的半自动移栽机，一般又可分为圆盘钳夹式和链条钳夹（链夹）式两种，工作原理基本相同，主要不同点在于圆盘钳夹式移栽机的回转机构是回转圆盘，而链夹式移栽机的回转机构是安装在链轮上的链条。圆盘钳夹式移栽机在实际应用速度较高时难以“把握放苗时机”且不好控制“零速栽植”，链夹式移栽机作为圆盘钳夹式移栽机的改进机型，正在逐步发展并有替代圆盘钳夹式移栽机的趋势。

钳夹式移栽机结构如图 2-9 所示，主要工作部件包括开沟器、栽植圆盘（或环形栽植链）、覆土镇压轮和传动装置等。秧苗钳夹均匀分布安装在栽植圆盘或环形栽植链上，移栽机作业时需要由人工操作将秧苗有序放入钳夹中，秧苗在钳夹的夹持下随圆盘或链条做圆周运动，随着栽植盘往下转动逐渐进入栽植轨道，两侧挡板接触栽植钳夹，使得栽植钳夹夹紧秧苗，防止掉落。当运动到秧苗与地面垂直时，栽植钳夹脱离栽植轨道、放松秧苗，秧苗靠重力落入开沟器开出的沟内，之后依靠覆土镇压轮向内挤压土壤完成立苗，然后由压密轮压实。

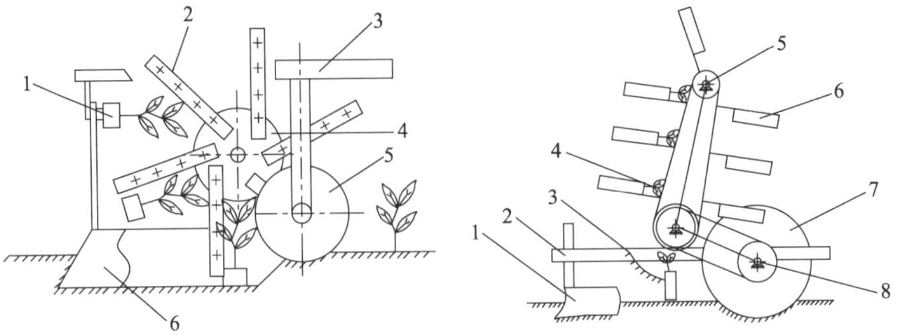

(a) 圆盘钳夹式

1—覆土镇压轮；2—栽植圆盘；3—机架；4—钳夹；5—横向输送链；6—开沟器

(b) 链条钳夹式

1—开沟器；2—机架；3—滑道；4—秧苗；5—环形链条；6—钳夹；7—地轮；8—传动装置

图 2-9　钳夹式移栽机结构示意

特点：该种移栽机不存在结构复杂的组件，整体结构简单，生产成本较低，易维护，株距相对均匀准确，入土深度相对稳定，在我国移栽机行业占据一定市场。其缺点是移栽效率不高，株距与行距的调整略微烦琐，通用性差；利用钳夹夹持秧苗会对夹持部位造成一定的损伤；由于需要人工有序放苗，作业过程中常出现漏苗现象，移栽效率低且难以提升，一般在 30~35 株/(分 · 行)。圆盘钳夹式移栽机主要适合于形体结构细长、分枝较多且质量较轻的裸苗，如辣椒秧苗等。

代表机型：国外的代表机型有意大利切克基 · 马格利(Checchi & Magli)公司生产的 Foxdrive 移栽机、荷兰米启根(Michigan)公司生产的 MT 移栽机、法国生产的 UT-2 型移栽机、意大利法拉利(Ferrari)公司生产的 FPS 系列移栽机、苏联研制的 CKH-6A 和 CKB-4A 圆盘钳夹式移栽机、日本久保田(Kubota)公司生产的 A-500 移栽机。我国研制推广的钳夹式移栽机主要有富来威 2ZL-3 链夹式移栽机、2ZM-2 型钵苗移栽机、ZS-2 型移栽机等。钳夹式移栽机机型如图 2-10 所示。

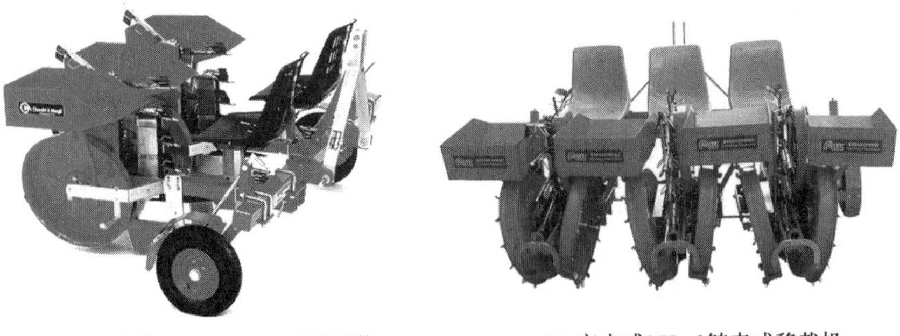

(a) 意大利Checchi & Magli公司的Foxdrive移栽机

(b) 富来威2ZL-3链夹式移栽机

图 2-10　钳夹式移栽机机型

2.3.2　挠性圆盘式移栽机

挠性圆盘式移栽机结构如图 2-11 所示，其结构简单、发展时间较早，核心部件是两片可以张开的柔性橡胶圆盘（即挠性圆盘），主要由机架、挠性圆盘式栽植器、输送带送苗系统、悬挂装置、苗架、开沟器、覆土镇压轮等工作部件组成。作业时，由人工将秧苗放入水平输送带凹槽内，秧苗经由水平输送带运送到垂直输送带，最后输送到栽植器挠性圆盘内，挠性圆盘进苗口局部张开，秧苗进入栽植器挠性圆盘后，利用挠性圆盘可变形的特点，夹紧秧苗后往开沟处转动，当转至开沟器下部、垂直于地面时，挠性圆盘栽植器松弛后放苗，秧苗落入栽植沟内，最后覆土镇压轮对秧苗进行覆土、镇压，完成栽植。

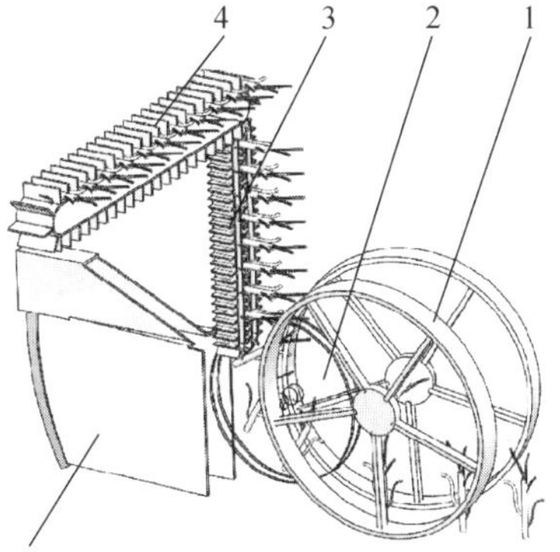

1—覆土镇压轮；2—挠性圆盘；3—垂直输送带；4—水平输送带；5—开沟器

图 2-11　挠性圆盘式移栽机结构示意

特点：该种移栽机由于不需要固定的秧夹，因此株距方便调节，通用性提升，尤其是对于小株距移栽的效果较好。机器结构组成简单、实用性能好，制作挠性圆盘的材料一般为普通的橡胶圆盘，成本较低。其缺点是长时间使用后橡胶圆盘磨损严重，栽植器橡胶圆盘的寿命短，且无法控制秧苗的栽植深度，秧苗的直立度也难以保证。该机型的应用作物范围十分有限，在国内主要应用于大葱等长茎裸苗作物或者小钵体苗作物的移栽。

代表机型：国外的代表机型有日本企业生产的 CT-2S 型、CT-4S 型、CAP-2A 型、NCS-1 型、HBT-40 型和 BA-2 型挠性圆盘式移栽机；日本久保田（Kubota）公司生产的 KN 系列半自动移栽机；德国 PRIMA 公司的钵苗移栽机。国内的代表机型有 2YZX-2 挠性圆盘式大葱移栽机、黑龙江红兴隆管理局研制的 2ZT-2 型甜菜纸筒移栽机等。挠性圆盘式移栽机机型如图 2-12 所示。

图 2-12　挠性圆盘式移栽机机型

2.3.3　吊杯式移栽机

吊杯式移栽机是一种应用较广泛的半自动移栽机，在我国现存量较大，适用于大苗、钵体苗移栽，同时可用于膜上移栽。吊杯式移栽机按其栽植器组成的不同可分为单鸭嘴式与多鸭嘴式；按其带动投苗杯旋转方式的不同可分为转动盘式与转动链条式。吊杯式移栽机结构如图 2-13 所示，其主要组成部件包括机架、地轮、吊杯栽植器、回转式栽植机构（偏心盘式或行星齿轮式）、传动装置、覆土镇压轮等。移栽作业时，吊杯栽植器的栽植嘴为常闭状态，在回转式栽植机构的作用下栽植嘴始终与地面垂直，当旋转至上部时，由人工将秧苗放入吊杯栽植器内，秧苗随栽植器一同运动，当转动到最低位置时，吊杯已插入土壤一定深度，吊杯中部的开穴器在导轨的作用下被挤开，秧苗靠重力落入穴内，随着吊杯的上升，部分土壤回流至钵苗四周，然后覆土、镇压，完成移栽过程，而与此同时，吊杯脱离导轨，栽植嘴在弹簧的作用下闭合，继续下一个循环。

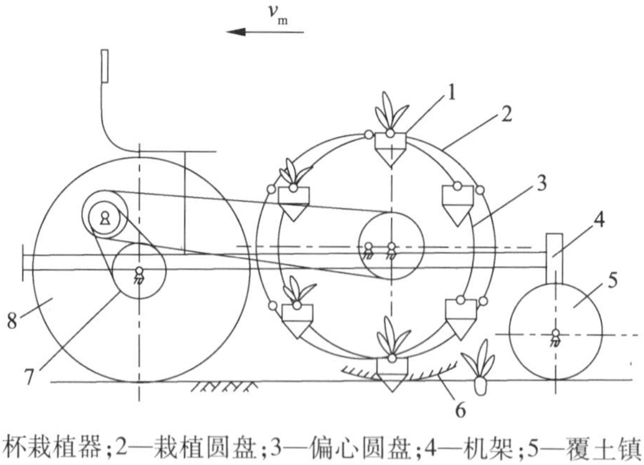

1—吊杯栽植器；2—栽植圆盘；3—偏心圆盘；4—机架；5—覆土镇压轮；

6—导轨；7—传动装置；8—地轮

图 2-13　吊杯式移栽机结构示意

特点:此类移栽机的优点是移栽过程中吊杯仅对秧苗起承载作用,既不施加夹紧力又对其无任何冲击,因此基本不伤苗,尤其适合根系不发达且易碎的钵苗移栽;栽植嘴可插入土壤开穴,非常适合膜上打孔移栽;吊杯在栽苗过程中起到稳苗扶持作用,秧苗栽后直立度较好。其缺点是喂苗速度慢,作业效率和漏栽率受人工放苗速度和精度的影响严重;前进速度过快,易出现撕膜现象;结构相对复杂,成本较高。

代表机型:国外吊杯式半自动移栽机主要代表机型有意大利切克基·马格利(Checchi & Magli)公司生产的 WOLF 型移栽机、艾德沃思农机厂生产的 REEDU 移栽机、意大利法拉利(Ferrari)公司生产的钵苗移栽机、意大利好太奇(Hotech)公司生产的 HORTUS 移栽机、美国郝兰德(Holland)公司研制的 1265 型吊杯式移栽机和 Model900 吊杯式膜上移栽机。国内的代表机型主要有黑龙江省研制的 2ZB-6 型钵苗栽植机和 2YZ-40 型吊杯(篮)式钵苗栽植机、山东省宁津县金利达机械制造有限公司研制的 2YZ-1-6 型多功能秧苗移栽机、富来威生产的 2ZBX 系列悬挂式吊杯移栽机等。吊杯式移栽机机型如图 2-14 所示。

(a) 意大利Checchi & Magli公司的WOLF型移栽机

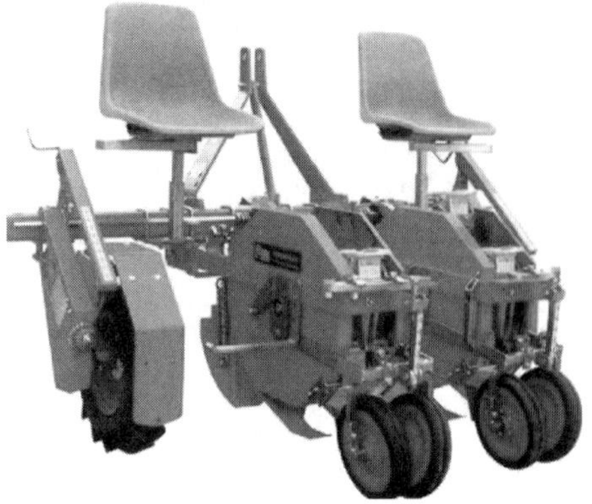

(b) 富来威2ZBX悬挂式吊杯移栽机

图 2-14　吊杯式移栽机机型

鸭嘴式移栽机是吊杯式移栽机的另一种形式,采用杆件结构结合链齿传动带动鸭嘴栽植器按照“腰果形”轨迹做往复运动。作业时,由人工将钵苗放入旋转的投苗杯内。当投苗杯转动到投苗处时,鸭嘴式栽植器正好上升到最高点处,投苗杯底部打开,钵苗自由落入鸭嘴式栽植器内;当鸭嘴式栽植器运动到最低位置时,栽植器下部插入土内打开,钵苗落下,随后覆土镇压轮对秧苗进行覆土、镇压,完成栽植。接着,鸭嘴式栽植器关闭,往最高点处运动,进行下一次栽植。

特点:该种移栽机最突出的优点在于可用于覆盖有地膜的土层进行打孔栽植

作业。除此之外,鸭嘴式栽植器对于钵苗有扶正、导向作用,可使钵苗保持良好的直立度。其缺点是机械结构较复杂;土壤紧实的作业环境会对栽植器产生较大的冲击;受制于人工投苗因素的影响,栽植作业速度无法保证,对于多行吊杯式移栽机械来说,会占用较多人力。

代表机型:国外鸭嘴式移栽机主要代表机型有日本久保田(Kubota)公司研发的KP-S1型红薯移栽机和SKP-100TC蔬菜移栽机、日本井关2ZY-2A(PVH1TC)移栽机、东风井关2ZY-2A乘坐式蔬菜移栽机。国内的代表机型有青州华龙2ZKSM-1A型半自动乘坐式移栽机、黑龙江省研制的2ZB-6型钵苗栽植机和2YZ-40型吊杯(篮)式钵苗栽植机等。鸭嘴式移栽机机型如图2-15所示。

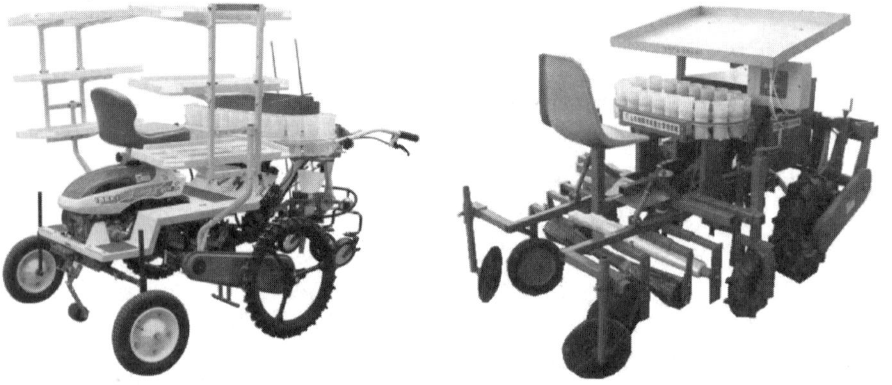

(a) 日本井关2ZY-2A(PVH1TC)移栽机　　(b) 青州华龙2ZKSM-1A移栽机

图 2-15　鸭嘴式移栽机机型

2.3.4　导苗管式移栽机

导苗管式移栽机根据钵苗进入苗沟的形式不同可分为推落苗式、指带式和直落苗式3种。导苗管式移栽机结构如图2-16所示,主要由机架、开沟器、导苗管、凸轮间歇机构、镇压轮等工作部件组成。工作时,由人工将作物秧苗放入喂入器的接苗筒内,当接苗筒转动至导苗管喂入口上方时,在机械控制下打开喂苗嘴,秧苗靠重力落入导苗管内,后沿倾斜的导苗管被引入开沟器开出的苗沟内,然后进行覆土、镇压,完成移栽过程。

特点:这种类型移栽机的优点是秧苗栽植的穴距、行距和深度较为均匀一致;秧苗运动过程受到导苗管制约,落地后在一定程度上保证了株距均匀;秧苗在导苗管中的运动是自由的,不易伤苗;采用循环转盘式投苗装置,漏苗率低,可减轻工作强度,栽植频率由喂入频率决定,在一定程度上提高了作业效率;对秧苗没有特殊性要求,适应性较强。但其缺点也较为明显:由于取苗、投苗和栽植分别动作,动作环节多,移栽过程中秧苗自由落体限制了移栽速度的提升;秧苗直立度不是很好,栽植过程中易发生倒伏与埋苗的情况;不适合膜上移栽,无法在干旱缺水地区推广。

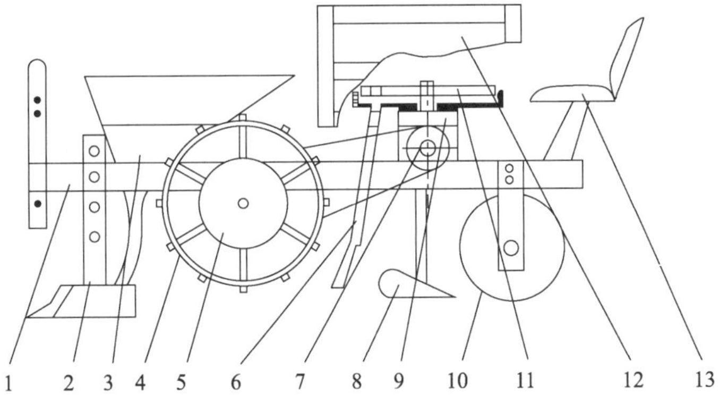

1—机架;2—开沟器;3—肥料箱;4—地轮;5,7—链轮;6—导苗管;8—覆土板;9—凸轮间歇机构;10—承接盘;11—镇压轮;12—钵体苗;13—乘坐位

图 2-16　导苗管式移栽机结构示意

代表机型:国外导苗管式半自动移栽机发展至今,已经产生了许多成熟的机型。例如,荷兰米启根(Michigan)公司生产的 Model4000 型移栽机、意大利切克基·马格利(Checchi & Magli)公司生产的 TRIUM45 型移栽机、芬兰劳尼思(Lannen)公司生产的 RT-2 型移栽机、意大利法拉利(Ferrari)公司生产的 MULTI-PLA 系列移栽机等。国内的代表机型有中国农业大学研制的 2ZDF 型移栽机、山东工程学院研制的 2ZG-2 型移栽机等。导苗管式移栽机机型如图 2-17 所示。

(a) 意大利Checchi & Magli公司的TRIUM45型移栽机

(b) 2ZDF型移栽机

图 2-17　导苗管式移栽机机型

2.3.5 全自动移栽机

发达国家对自动移栽机的研究较早，其自动移栽机的研制已经相对成熟。由于地形地貌不同，人均土地资源差异，发达国家对移栽机的研制机型形式主要分为两类，分别是以日本研制机型为代表的小型全自动移栽机和以欧美研制机型为代表的大型全自动移栽机。

(1) 日本的全自动移栽机

日本可耕种土地地块面积一般较小，且国内劳动力比较紧缺，致使日本移栽机向自动化和小型化方向快速发展，以实现用较少的劳动力创造出较高的经济和社会价值。目前，日本的自动移栽机已有较好的发展和应用，主要机型有洋马（YANMAR）株式会社生产的 PA10 全自动大葱移栽机和 PW10 全自动移栽机，如图 2-18 所示；井关（ISEKI）株式会社生产的 PVT 系列全自动大葱移栽机和 PVH-1 全自动蔬菜移栽机，如图 2-19 所示；三菱公司生产的 MA-1 和 PF-1 型全自动移栽机，如图 2-20 所示；久保田（Kubota）株式会社生产的 A500 型全自动移栽机和 SKP-100MPC1 全自动移栽机，如图 2-21 所示；果实产业株式会社生产的 VP100B 全自动大葱移栽机、关东株式会社生产的 KTII-70 型自动移栽机和豆虎公司生产的 TP-1 型自动移栽机等。由图 2-18 至图 2-21 可以看出，日本全自动移栽机大都以轻便型机械为主。以久保田全自动移栽机为例，该机主要由动力装置、行走机构、供苗机构、取苗机构、栽苗机构和镇压装置组成。该类移栽机整机结构紧凑、移动灵活，特别适用于设施大棚、丘陵或平原等小地块作业。移栽作业时，由人工将秧苗盘放置在供苗机构处，苗盘将自动进给送苗，取苗机构再将秧苗从苗盘取出送至栽植机构，栽植机构将秧苗栽植在土壤内，之后通过镇压完成移栽。在行走和移栽过程中，仅需要一人就可轻松完成移栽作业，可节省劳动力，提高作物经济效益。但该类机器结构较为复杂、生产制造成本较高；大多数机型取苗机构一次仅能取一棵秧苗进行移栽，移栽效率相对较低，该类型自动移栽机移栽作业效率一般在 50 株/(分 · 行)左右。

图 2-18　洋马 PW10 全自动移栽机

图 2-19　井关 PVH-1 全自动移栽机

图 2-20　三菱 PF-1 全自动移栽机

图 2-21　久保田 SKP-100MPC1 全自动移栽机

(2) 欧美的全自动移栽机

相对于日本的农业生产而言,欧美发达国家农业生产的人均耕种面积较广且可连续耕作地块面积大,其研制的移栽机主要偏向于大型化、自动化和智能化联合作业方向,生产制造的机型融合了先进的机-电-液(气)技术,可在大块田地同时进行多行作业。其主要代表国家有美国、英国、荷兰、意大利、澳大利亚等。美国 Renaldo 公司研制出一种用于移栽空气整根钵苗的 SK20 型全自动蔬菜移栽机,该机型主要用于特质苗盘钵苗移栽,利用空气负压原理,将钵苗沿输送管道由上而下送至土壤栽植,但由于该机整体结构庞大,且仅适用于小苗移栽,并未推广使用。美国晨星(Morning Star)公司生产的全自动移栽机,如图 2-22 所示,其取苗方式为双平板苗茎夹持取苗,并由气动苗爪二次夹取成排移送至传送带,取出后的钵苗再由传送带输送至挠性圆盘或导苗管机构进行栽植。该机型自动化程度较高,移栽作业速度较快,为半自动移栽机移栽作业速度的 2 倍;但对穴盘育苗和移栽作业精度要求高,整机结构复杂。荷兰 TTA 公司开发的机型主要应用于温室穴盘苗移栽作业,其研究生产的 Packplanter 全自动移栽机,如图 2-23 所示,利用气动控制机械手取苗,整套机构操作简单,很容易实现高速移栽作业。该机取苗机械手可以一次同时进行多盘穴苗移栽,且移栽系统配备自动生产流水线,作业效率较高。但机械手整体系统较为复杂,生产成本较高,且移栽作业对穴盘规格制造工艺要求较高。与其工作原理相似的机型还有美国 RAPID 公司生产的 RTW 系列穴盘苗移栽机,

图 2-22　美国 Morning Star 公司全自动移栽机

图 2-23　荷兰 TTA 公司全自动移栽机

以及英国 Pearson 公司生产的全自动移栽机，不同的是 Pearson 公司的全自动移栽机为大型田间行走移栽机型。

图 2-24 和图 2-25 所示机型分别为英国 Pearson 公司生产的全自动移栽机和澳大利亚 Transplant Systems 公司生产的全自动移栽机，两种机型自动取苗技术基本一致，均采用成排式取苗机构进行取苗，取苗效率较高。移栽作业时，成排取苗指针通过扎取钵苗基质块进行取苗，放入回转式或往复式沟槽（苗杯）机构，然后通过导苗管机构进行栽植，能够实现大规模移栽作业。澳大利亚 Williames 公司生产的 8 行露地全自动移栽机，如图 2-26 所示。该自动移栽机通过成排顶出方式进行取苗，钵苗取出后由带沟槽的输苗机构向导苗管输送，通过导苗管机构进行移栽，露地移栽作业效率可达 116 株/（分・行）。意大利 Ferrari 公司生产的 FUTURA 全自动移栽机，如图 2-27 所示。该类型移栽机取苗作业采用顶夹结合的取苗方式，通过 PLC 控制气缸驱动顶杆和取苗爪协调工作将钵苗成排取出，钵苗先经过承接苗筒后转移至转动的苗杯中，由苗杯二次投苗至栽植器进行植苗。当大行距移栽作业时，取苗单元实行单行供苗，移栽效率可高达 133 株/（分・行）。与其工作原理相似的机型有意大利 Checchi & Magli 公司的全自动移栽机（图 2-28），不同之处是该机型钵苗基质块为部分顶出，取苗爪通过侧面抓取基质块抽出钵苗，并将钵苗移送至输送带槽内，再经过导苗管式栽植机构进行移栽。此外，意大利 Ferrari 公司还研制出了用于移栽方块基质苗的系列自动移栽机。图 2-29 所示为 Ferrari 生产的 FAST BLOCK 全自动移栽机，该机移栽作业时，通过辅助工具把整排钵苗移至输送带或其他输送机构上，在分苗机构作用下实现有序分苗后，再由栽植机构进行钵苗栽植。这种移栽方式简化了取苗机构，降低了取苗对穴的精度要求，取苗成功率高，但目前该种机型移栽作业仍需要人工对行放苗，一定程度上限制了作业效率的提高。

图 2-24　英国 Pearson 公司全自动移栽机

图 2-25　澳大利亚 Transplant Systems 公司全自动移栽机

图 2-26　澳大利亚 Williames 公司全自动移栽机

图 2-27　意大利 Ferrari 公司 FUTURA 全自动移栽机

图 2-28　意大利 Checchi & Magli 公司全自动移栽机

图 2-29　意大利 Ferrari 公司 FAST BLOCK 全自动移栽机

(3) 国内的全自动移栽机

国内从 20 世纪 60 年代才开始旱地移栽机械的相关研究,起步相对较晚,作物种植差异性大,严重制约了我国移栽机械的发展。目前,半自动移栽机的研制已趋于成熟,并逐渐在蔬菜产业生产过程中推广应用,但移栽效率仍有待提高。借鉴发达国家移栽机械发展经验,我国多所高校及研究院所等科研单位已经开始了对自动移栽机械机构和原理的研究,其代表性成果有中国农业大学、浙江大学、浙江理工大学、江苏大学和南京农业大学等学校研制出的不同类型自动移栽机构,以及现代农装科技股份有限公司研制的悬挂式自动移栽机,如图 2-30 所示。该移栽机取苗机构采用机电气组合、传感器和 PLC 控制技术实现钵苗的自动取苗和输苗过程,一个取苗机构包含多组取苗爪,且采用周期回转送盘方式供苗,取苗效率较高,移栽效率可达 90 株/(分・行)。目前,该类自动移栽机仍处于试验阶段,还需进一步改进与优化。中国农业机械化科学研究院研制的自走式自动移栽机,如图 2-31 所示。该移栽机采用曲柄-连杆组合式取苗机械手进行取苗作业,取出后的钵苗通过行星轮式栽植机构进行栽植作业。该自动移栽机结构相对简单,但由于其取苗机构为单株取苗,移栽效率(一般为 60 株/(分・行))有待提高。新疆农业大学研制的悬挂式自动移栽机,如图 2-32 所示。该移栽机取苗装置通过气动控制取苗作业,每个取苗单元由一排取苗指组成,取苗指与苗盘钵苗间隔对应,通过夹取钵苗茎秆的方式取出钵苗，由于受苗茎粗细及坚韧程度的差异影响，整机性能还有待提高。与该取苗方式相似的机型还有山东金利达机械制造有限公司研制的牵引式自动移栽机，如图 2-33 所示。目前，我国对自动移栽机的研究还处于探索阶段，对自动移栽技术的研究还不成熟，加上我国蔬菜产业存在种植模式多样、标准化低，以及农机与农艺脱节严重等问题，研制出的自动移栽机械机型较少，自动移栽技术的研究和开发还需进一步推进。

图 2-30　现代农装 2ZBJ−2 型自动移栽机

图 2-31　中国农机院 2ZBZJ−2 型自动移栽机

图 2-32　新疆农业大学自动移栽机

图 2-33　山东金利达 2ZBY−2A 型自动移栽机

(4) 全自动移栽机的取苗机构

全自动移栽机以机器自动取苗代替人工取苗，实现取苗、送苗、栽插整个移栽过程由机械自动化完成。其主要有取苗机构、送苗机构和栽植机构三大组成部分。栽植机构在半自动移栽机上已有应用并且发展较为成熟，因此设计稳定、可靠的取苗机构和送苗机构是实现全自动移栽的关键。根据取苗特点，可将现有的移栽机构依据作业方式分为气动式取苗机构、机械手式取苗机构和顶出式取苗机构。

1) 气动式取苗机构

采用气动式取苗机构的目的主要是希望在苗钵与其他运动机构接触尽可能少

的情况下完成取苗作业，最大限度地避免伤苗。Gao Jianhua 发明了一种气动式取苗机构，如图 2-34 所示，作业时带有蓄电池的小型电机给压缩机提供动力产生压缩空气，由外气缸上的进气孔进入，外气缸在电磁阀的控制下向下运动，从而在落苗管道处形成真空，这样钵苗就会在大气压力和重力的双重作用下冲出活页门，进入落苗管道落入开沟器开好的沟槽之中，实现自动取苗和栽植过程。由于其吸力的大小可以通过调节空气的压力进行设定，并且控制系统由单片机控制，取苗精度较高。但由于其作用机理复杂，需要单片机、储气罐和压缩泵协同作业，成本较高，且需要钵苗完全进入落苗管道的传送方式限制了苗的种类，并没有得到推广。

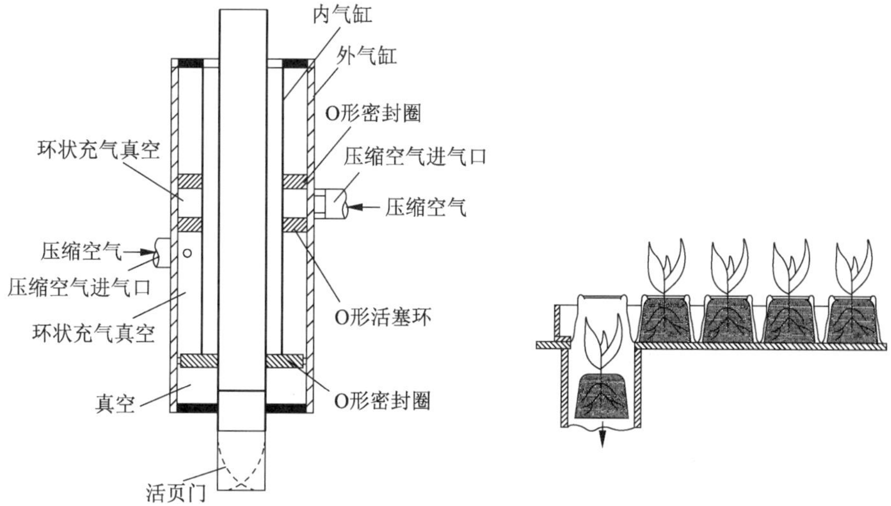

(a) 驱动部分　　(b) 钵苗进入落苗管道

图 2-34　气动式取苗机构

2）机械手式取苗机构

机械手式取苗机构主要采用的是利用取苗爪直接夹取钵土或取苗针扎取钵土，将穴盘苗由育苗盘内取出的作业方式。下面以 Hideo 等于 1995 年公布的取苗机构为例进行说明。如图 2-35 所示，该取苗机构的关键部件为取苗器部件及其驱动装置。取苗器部件主要包括取苗凸轮、取苗爪和推苗装置。取苗驱动装置主要由取苗引导盘和行星齿轮组成，其功能是驱动取苗器在指定取苗位置保持角度倾斜的姿态插入土钵。取苗凸轮主要用于控制两个取苗爪之间的间距以夹紧；推苗装置主要是套在取苗爪上的推苗环，在预放苗处其会与取苗爪产生滑移将土钵推出，同时清理苗爪上残存的钵土。这种取苗机构虽然结构复杂，但相较于直接作用于幼苗的移栽机械，这种夹取土钵的取苗方式可有效地减少损伤，提高苗的存活率，且适用于多种蔬菜苗的移栽。

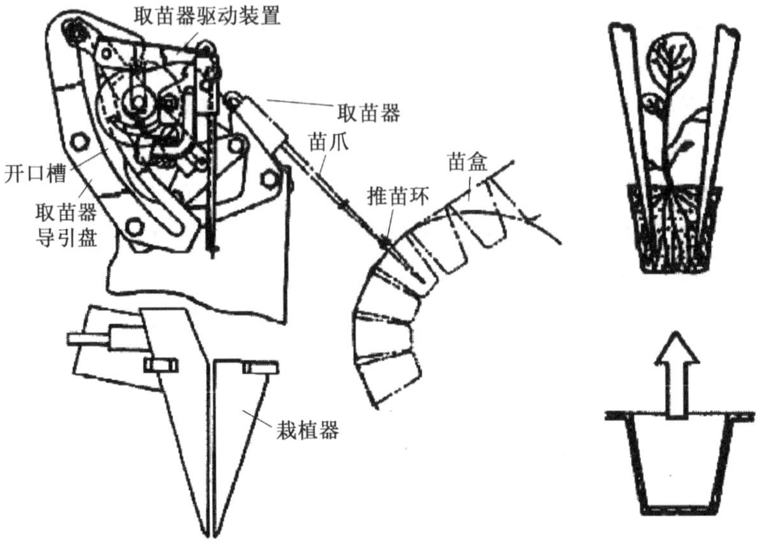

图 2-35　机械手式取苗机构

日本的洋马公司自 1992 年起就开始对全自动蔬菜钵苗移栽机展开研究,并于 2004 年推出了一种全自动移栽机 PA1,如图 2-36 所示。其取苗机构采用的是齿轮连杆组合式机构,作业时通过取苗针进入育苗盘夹紧苗钵基质的方式完成取苗。该取苗机构结构复杂,且滑道易磨损,取苗效率不高,仅达到 60~70 株/(分・行),虽强于半自动移栽机,但仍远远不足以满足全自动移栽的效率要求。

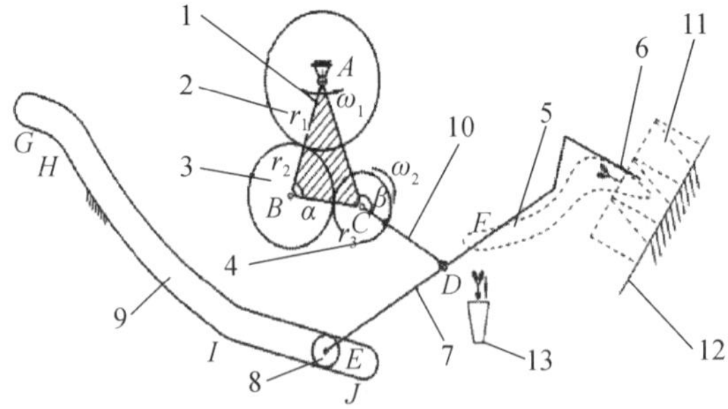

1—行星架;2—中心轮;3,4—行星轮;5—静轨迹;6—取苗爪;7—连杆;8—滚子;
9—槽型凸轮;10—行星轮轴;11—穴盘;12—托架;13—穴盘苗

图 2-36　PA1 蔬菜移栽机取苗机构

日本的石原幸信等设计的蔬菜移栽机,其取苗机构主要由取苗臂部件及其驱动装置组成,如图 2-37 所示。取苗驱动装置主要包括 7 个偏心齿轮,其中凸轮与太阳轮固结形成间歇齿轮,2 个行星轮为偏心齿轮,与行星轮轴相固结。驱动装置旋转一周可取苗 2 次,并且为了消除齿隙增加了 2 个偏心齿轮和扭簧,以尽量消除取苗过程中的抖动。这种取苗机构因为结构复杂,没有推苗装置且不易保持取苗的姿态,并未得到推广。

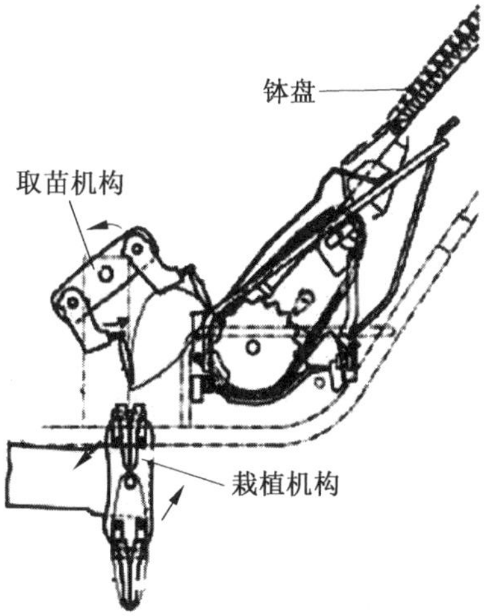

图 2-37　石原幸信设计的取苗机构

除利用机械手逐个取苗的方式外,欧美等发达国家的全自动移栽机还使用较为先进的机电气液一体化自动控制技术实现作物多行同时移栽,比较适合大型农场。如图 2-38 和图 2-39 所示,荷兰飞梭室内移栽机取苗机构及英国的 Pearson 移栽机取苗机构就是采用整排机械手主动抓取的取苗方式,其工作原理是取苗爪主动夹持苗茎或插入并夹紧钵体后将其取出,然后将苗钵放至分苗机构分苗,最后栽植。

图 2-38　荷兰飞梭室内移栽机取苗机构

图 2-39　英国的 Pearson 移栽机取苗机构

3）顶出式取苗机构

顶出式取苗机构主要是利用顶杆的直线运动将钵苗由育苗盘中逐个(行/列)顶出,完成取苗作业。图 2-40 是 Errol 等设计的一种顶出式取苗机构,其关键部件为主动凸轮、从动凸轮、顶杆、水平输送带和苗盘牵引装置。取苗机构相对于机架固定,育苗盘在苗盘牵引装置的引导下逐行间歇供苗,主动凸轮驱动从动凸轮,从动凸轮再作用于顶杆使其做往复直线运动,从而将钵苗由育苗盘内整行顶出。被顶出的钵苗通过分苗装置后落在水平输送带上,最后经输送带传送至栽植机构,完成整个取苗植苗流程。这种取苗机构的优点是取苗效率高,对钵苗损伤小,能够提高生产效率和作业速度。但这种取苗方式对苗钵基质的凝聚力要求较高,且凸轮作为顶杆推程驱动力易造成刚性冲击,还有很大的提升空间。

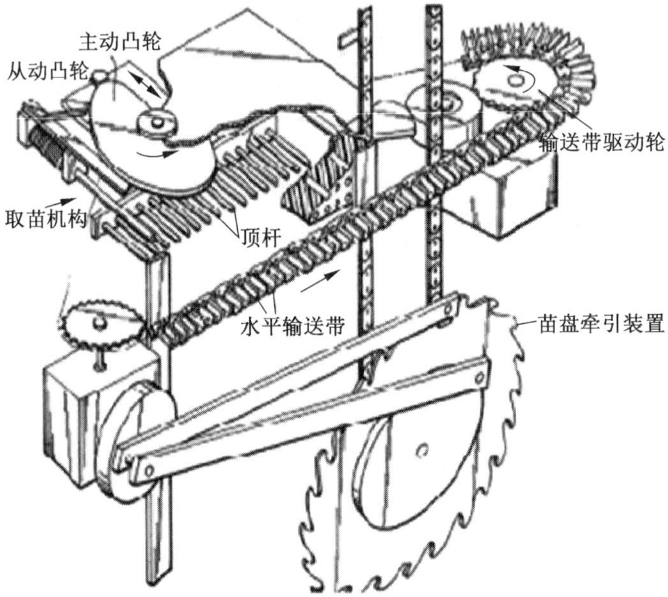

图 2-40　顶出式取苗机构

第 3 章 油菜毯状苗育苗技术与生物学特性研究

油菜毯状苗移栽机借鉴了水稻插秧机的栽插原理,但由于水稻与油菜的生物学特性区别较大,培育的毯状苗植株的形态、秧苗和基质的力学性能之间存在差别,在移栽机作业过程中普遍存在取苗时伤苗率高、基质散碎,运苗途中苗块脱离秧针掉落,栽插后立苗率低、埋苗率和露苗率高等问题。其原因在于:油菜植株的外形呈伞状,高速作业时容易因头重脚轻影响栽植的稳定性;根系生长情况不同导致油菜毯状苗苗片的盘根能力与水稻毯状苗相比较差。移栽机作业性能在一定程度上取决于各个机构的结构参数、工作参数与油菜植株和苗片的形态和力学性能的耦合程度。在进行机理研究和仿真时,通常要通过表征苗块的一些主要特性指标来对栽植对象进行数字建模或三维建模。因此,需要对油菜毯状苗的生物学、物理学性能参数进行测量统计,确定油菜的特性参数指标。本章主要针对油菜植株、毯状苗片的形态和力学性能进行研究,借助试验仪器测量不同苗龄、不同品种、不同育苗基质的油菜毯状苗的各项特性指标,为后续开展机理性研究以及移栽机具的设计研发提供理论依据。

3.1 油菜毯状苗的育苗技术

油菜毯状苗是将农机与农艺相结合的技术产物,培育油菜毯状苗是为了能够利用水稻高速插秧机的作业原理实现机械栽插,具体表现为:一是便于运输和机械带土取苗;二是保证每穴栽插数量,防止漏苗;三是满足机械结构要求,防止伤苗,保证生育期,提高成活率,稳定产量。因此,油菜毯状苗育苗要点是具备“密度大、苗小而矮壮老健、盘根成片”的特点。围绕这 3 个目标,通过对床土配置、秧苗化控、移栽后早活棵技术等的试验研究,提高秧苗出苗质量,克服油菜主根发达、侧根细短,难以形成毯状苗的难关,提出防徒长、促齐苗、助成毯、提素质的油菜毯状苗高密度规格化的育苗技术,形成矮壮、高密度、能提、卷而不散、适合机械切块插栽的毯状苗(图 3-1),制定油菜毯状苗育苗技术指标要求(表 3-1),为移栽机切块取苗高效插栽创造了先决条件。具体如下:

① 防徒长——创制种子处理剂:油菜毯状苗育苗密度高达 4 500~5 500 株/m^2,比常规苗床育苗密度高 50~60 倍。在超高密度条件下,油菜秧苗根颈细长易倒、瘦

弱易死,成苗率低。针对此问题,依据促、控协调机理,创制了油菜毯状苗育苗种子处理剂,通过生物调节剂与营养元素精确配伍,交互作用,有效抑制地上部根颈、叶柄的纵向伸长,矮化植株,增粗根颈,同时促进地下部主根、侧根生长,提高成苗率。首创了油菜毯状苗育苗种子处理剂,解决了油菜等直根系作物高密度育苗促根控叶平衡生长的难题。

② 促齐苗——建立种子发芽出苗精准管理技术:针对秧盘育苗表层土壤水分散失快,种子萌发对水分极度敏感,适宜水分难维持,严重影响出苗整齐和分布均匀等问题,提出了足墒播种—适墒盖籽—叠盘保墒—见芽摆盘—覆盖保苗—揭盖控墒6个关键技术环节组成的发芽出苗精准管理技术,协调了水分、氧气在种子萌发出苗过程中的精准供给,解决了油菜毯状苗育苗难以齐苗的难题。

③ 助成毯——创建盘根控苗技术:针对油菜侧根弱,盘结能力差,难以依靠根系盘结成毯的问题,提出了铺膜+增密+基质的育苗促成毯技术方案。在育苗盘内铺膜(塑料、麻地膜等),阻止根系穿过育苗盘底孔,促进根系水平生长;增加育苗密度使根系总量增加;配制专用基质和床土,协调肥、水、气供应,促进根系生长。根系与基质、床土盘结到一起形成脱盘携带、适宜机插的毯状苗片,解决了直根系作物育苗成毯的技术难题。

④ 提素质——形成促控协调的养分管理技术:针对油菜种子小,储藏养分少,床土养分难以满足高密度群体需求,生长缓慢的问题,提出了前促后控,促控协调的养分管理技术。3叶期之前,个体小,以促为主,通过追施叶面肥,快速扩大叶面积,提高光合作用强度,促进组织充实;3叶期后,生长空间严重受限,以控为主,通过不施或少施肥控制叶和茎生长,提高秧苗素质。

图3-1 油菜毯状苗育苗现场

表 3-1　油菜毯状苗育苗技术指标要求

技术指标	要求
秧盘规格(长×宽)/(mm×mm)	580×280
密度(标准规格秧盘单盘株数)/(株·m^{-2})	4 500~5 500(730~900 株/盘)
苗高/mm	80~120
苗龄/d	≥30
叶龄/叶	3.5~4.0
绿叶数	3.0~4.5
秧苗空穴率/%	≤10
其他特征	苗片盘根好,双手托起时不应断裂

在育苗播种方法上,为了培育高密度、高素质、规格化油菜毯状苗,以育苗播种量精确可控、种子均匀分布和作业效率高为育苗播种目标,采用行、列数量与取秧面积相对应的播种方案,创制了异型窝眼轮小粒种子精密播种器,该播种器能够有效解决小粒种子量种不准、清种难控和播种均匀度差的技术难题。集成精密播种器与水稻精密育秧播种装备,构建油菜毯状苗育苗播种成套流水线,能够一次完成覆底土、播种、洒水、覆表土等工序,实现油菜盘育苗全程自动化作业,作业效率在 400 盘/小时以上。小规模育苗播种采用精确定位播种方法,通过整盘抽拉式精密播种器,使手工播种作业效率达到 120~200 盘/小时。

3.2　油菜毯状苗植株的形态特征试验

油菜苗属于生物体对象,品种、苗龄、育苗方法及个体生长发育情况均影响植株苗长、苗宽、根长和根直径等形态特征。由于机械移栽过程复杂,栽植过程是秧苗-机构-土壤三者之间相互作用的过程,移栽机作业性能的提高实际上是油菜毯状苗块与各个部件的工作参数、结构参数之间相互耦合、适应的结果。因此,本节对油菜毯状苗在不同苗龄时期能够表征其植株主要形态特征的各项参数进行了测量和统计研究。

3.2.1　试验材料与方法

(1) 试验材料

试验选取的油菜品种为宁杂 1838,采用 280 mm×580 mm 规格秧盘进行育苗,苗片厚度为 20 mm,苗密度为 4 000~5 000 株/m^2。取样时间从播种后 30 d 开始,此后间隔 5 d 进行一次取样，共计 4 次，测定的苗龄时期为 30 d、35 d、40 d 和 45 d。

（2）试验方法

取样：用切刀对毯状苗进行切块取样，随机挑选出苗片上只有一株秧苗、切取的苗片完整且大小均匀的苗块试样 50 个。

测量苗高、苗幅宽和基质块体积：用游标高度尺测量苗高，苗高为基质块底部与最高叶片的叶尖之间的垂直距离，如图 3-2 中 h 所示；苗幅宽为秧苗最宽两点间的距离，如图 3-2 中 e 所示；根部直径为根颈部的直径，如图 3-2 中 d 所示。

测量毯状苗自然状态直立角度：对每个试样进行拍照，通过计算机在图像上进行测量。毯状苗自然状态直立角度的定义：自然状态下苗幅宽中点到根部与基质块结合点的连线与水平线所成的锐角，如图 3-2 中 θ 所示。

测量裸苗质量（不含根系质量）：以秧苗根颈与基质相接点处分割秧苗与基质，测量的秧苗质量即为裸苗质量 m_1。

注：d 为颈部直径，mm；e 为苗幅宽，mm；θ 为自然状态直立角度，(°)；h 为苗高，mm。

图 3-2　油菜毯状苗形态特征参数

3.2.2　不同苗龄的毯状苗形态特征参数

对苗龄为 30~45 d 的油菜毯状苗的形态特征参数进行统计，各项形态特征指标的统计数据见表 3-2。

表 3-2　油菜毯状苗形态特征参数统计

油菜毯状苗形态特征参数	范围	变异系数/%
苗高/mm	110.22~129.11	13.36~19.63
苗高均值/mm	121.17	17.24
苗幅宽/mm	69.07~85.23	24.51~30.04

续表

油菜毯状苗形态特征参数	范围	变异系数/%
苗幅宽均值/mm	77.34	27.39
颈部直径/mm	1.70~2.05	15.14~18.06
颈部直径均值/mm	1.88	16.76
裸苗质量/g	0.66~0.94	12.86~17.92
裸苗质量均值/g	0.80	15.12
基质密度/($g \cdot cm^{-3}$)	0.72~0.83	11.55~13.02
基质密度均值/($g \cdot cm^{-3}$)	0.79	12.32

对油菜毯状苗的苗高、苗幅宽、颈部直径、裸苗质量、基质密度进行正态性检验，计算出各毯状苗形态特征参数的均值、变异系数、偏度系数和峰度系数，用来研究在不同生长时期，油菜毯状苗形态特征参数的分布集中程度，试验结果见表3-3。

表3-3 油菜毯状苗形态特征参数分布偏度系数、峰度系数与变异系数

油菜毯状苗形态特征参数		苗高	苗幅宽	颈部直径	裸苗质量
30 d	偏度系数	-0.67	0.23	-0.45	-0.55
	峰度系数	2.17	2.27	4.83	2.92
	变异系数/%	19.63	28.62	18.06	15.28
35 d	偏度系数	-0.15	0.30	-0.74	-0.20
	峰度系数	2.49	2.45	4.71	2.61
	变异系数/%	11.95	26.38	17.96	14.41
40 d	偏度系数	-0.32	0.54	0.48	0.07
	峰度系数	4.09	3.27	4.13	3.85
	变异系数/%	17.45	24.51	15.87	12.86
45 d	偏度系数	-0.54	0.72	0.42	-0.24
	峰度系数	3.79	3.12	3.82	3.53
	变异系数/%	18.52	30.04	15.14	17.92

数据处理与分析方法：从表3-3中的统计结果可以看出，35 d苗高数据的偏度系数为-0.15、峰度系数为2.49、变异系数为11.95%。在数理统计中，偏度系数越趋近于0，数据越服从正态分布；偏度系数>0，数据峰值左移，右侧出现长尾，为正

偏态;偏度系数<0,数据峰值右移,左侧出现长尾,为负偏态,如图 3-3 所示。峰度系数越趋近于 3,数据越服从正态分布;峰度系数>3,峰度尖锐,说明该组数据在某一范围比较集中;峰度系数<3,分布呈低峰态,峰度扁平,说明该组数据分布较为宽泛,如图 3-4 所示。由此,可以初步判断 35 d 苗高数据为负偏态扁平型。图 3-5a 为 35 d 苗高数据的直方图,可以看出绘制出的拟合曲线与正态分布曲线基本相似。

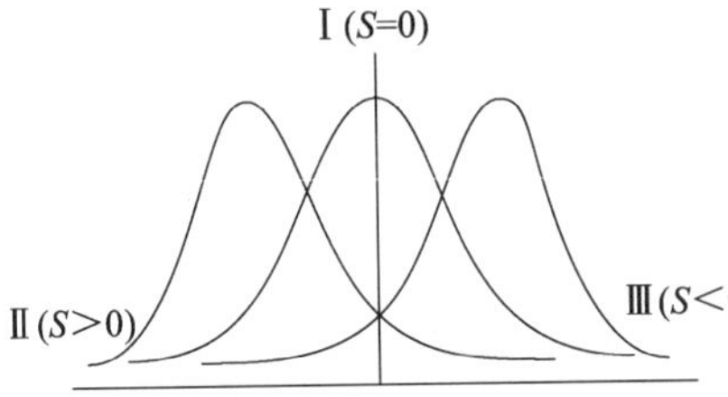

图 3-3　偏度系数变化关系

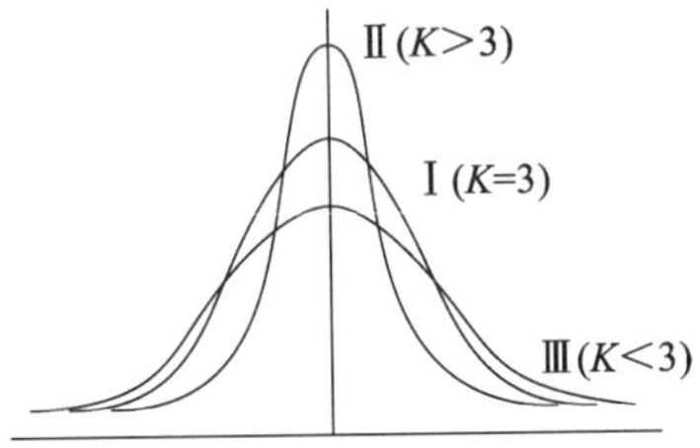

图 3-4　峰度系数变化关系

由于偏度系数和峰度系数分别趋近于 0 和 3,为了进一步验证数据是否服从近似正态分布,通过 *P-P* 图和 *S-W* 检验进行正态分布检验。图 3-5b 为 35 d 苗高数据的 *P-P* 图,从图中可以看出,散点基本上在对角线上或分布于对角线周围且偏离程度非常小。样本数据的显著性 *P* 值为 0.696($P=0.696>0.05$),因此可以判断该组 35 d 苗高数据服从近似正态分布。

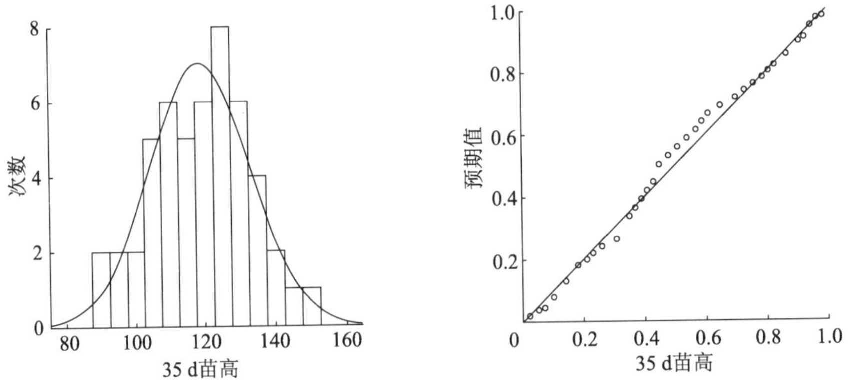

(a) 35 d苗高数据直方图　　(b) 35 d苗高数据*P-P*图

图 3-5　35 d 苗高数据统计结果

试验结果分析:由表 3-3 试验结果可知,苗龄在 30~45 d 内,油菜毯状苗形态特征参数服从正态分布或偏态分布,且不同苗龄的油菜毯状苗形态特征参数的分布情况存在差异;苗高数据的峰度系数由扁平型转变为尖峰型,表明前 2 次取样中毯状苗苗高生长分布较为宽泛,后 2 次取样中苗高在均数范围较为集中。因此可以推测，在播种后30~45 d内，随着苗龄增加，苗高生长逐渐趋于集中。苗高偏度系数先减小后增大，4次取样均服从负偏态分布，表明播种后30 d和45 d取样中存在部分苗高明显小于其他苗的较矮苗。从实际的分布情况可以看出，苗高分布呈现出四周低，中间高且均匀的情况，较矮苗多集中在单盘油菜毯状苗的四周。苗幅宽数据的峰度系数同样由扁平型转变为尖峰型，可以推测随着苗龄增加，毯状苗苗幅宽逐渐趋于集中。苗幅宽偏度系数逐渐增大且均大于0，4次取样均服从正偏态分布，表明在苗龄30~45 d取样中存在部分毯状苗苗幅宽明显较大的情况。

油菜毯状苗植株形态与移栽机移栽质量的关系：油菜毯状苗移栽机的栽植机构采用旋转式椭圆齿轮行星系分插机构，移栽过程中，栽植机构旋转速度较快，取苗、运苗和推苗均作用在毯状苗底部的基质块上，毯状苗苗高、苗幅宽、颈部直径、秧苗与基质块的质量比值对稳苗、立苗效果具有直接影响。毯状苗苗幅宽过宽时，伤苗现象严重，影响移栽质量；毯状苗苗高过矮时，埋苗现象严重，影响移栽成活率；毯状苗苗高过高、颈部直径过小或秧苗与基质块的质量比值过大时，毯状苗会因落地时运动状态不稳定而倾倒，影响栽植立苗率。油菜毯状苗形态特征在不同时期呈现出明显的差异性，因此，充分考虑秧苗与机具的适应程度，选取适宜的油菜品种以及移栽时间，是提高油菜毯状苗移栽机移栽质量，增强毯状苗稳苗、立苗效果的关键。

3.2.3　毯状苗形态特征随苗龄变化规律

对不同时期油菜苗的各个形态特征参数均值进行线性拟合，并绘制均值-时间的拟合曲线图，试验结果可用于分析油菜毯状苗植株形态特征的生长变化规律。

试验结论：苗龄30~45 d的油菜毯状苗各形态特征参数的线性拟合结果见表3-4，拟合曲线见图3-6。由图、表可以看出，在适栽期内油菜毯状苗苗高、苗幅宽、颈部直径和裸苗质量均与苗龄呈正相关，相关系数为0.956 5~0.999 5。

表3-4　拟合曲线参数和相关系数

特征参数	苗高	苗幅宽	颈部直径	裸苗质量
斜率 a	1.265 2	1.074 2	0.022 6	0.018 8
截距 b	73.725	37.055	1.030	0.095
R^2	0.956 5	0.998 9	0.990 2	0.999 5

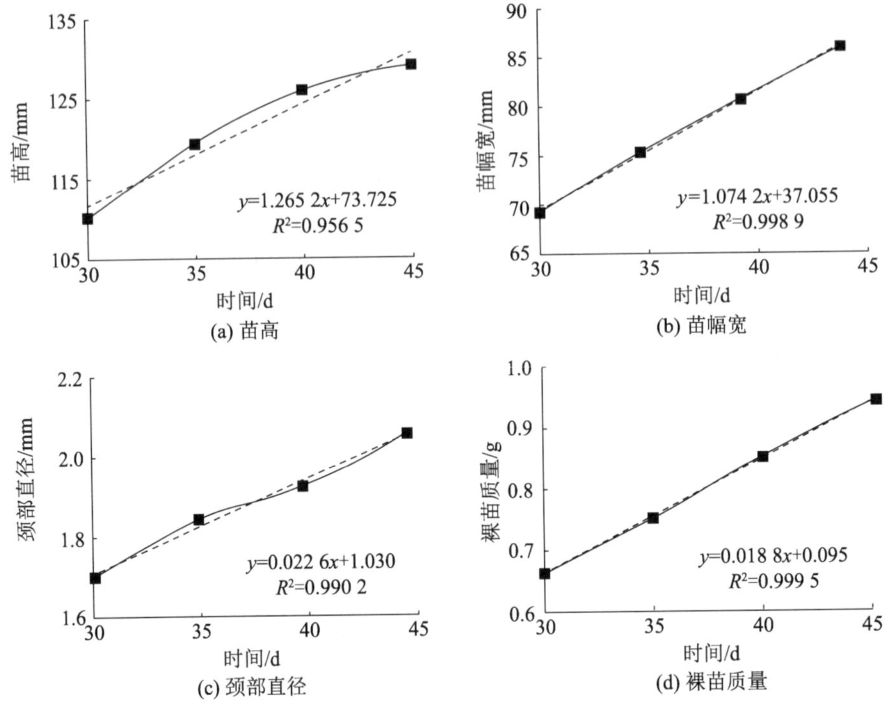

图 3-6　毯状苗形态特征参数变化曲线

3.2.4　自然状态油菜苗直立角度随苗龄变化规律

油菜毯状苗自然状态下的直立角度是影响移栽过程中苗块运动状态和移栽后立苗效果的重要因素。从表 3-5 可以看出，不同苗龄的油菜毯状苗自然状态直立角度及其分布集中程度存在差异。在苗龄 30～45 d 内，秧苗自然状态直立角度先增大后减小，40 d 左右具有最大的自然状态直立角度，秧苗在自然状态下的直立角度越接近 90°，移栽后的油菜毯状苗苗块越能够直立在沟穴中，立苗、稳苗效果越好。

表 3-5　油菜毯状苗自然状态直立角度

苗龄/d	自然状态直立角度			
	均值/(°)	最小值/(°)	最大值/(°)	变异系数/%
30	78.37	37	90	16.59
35	81.07	45	90	14.89
40	81.13	46	90	14.62
45	79.92	42	90	14.26

3.3 油菜毯状苗的力学特性

农业生物材料的物理力学特性是设计农业装备、研究装备作业机理的重要依据之一。对于机械移栽来说,研究农业生物材料的物理力学特性可以为减少取苗、栽插、覆土镇压等环节的机械损伤和秧苗损伤,提高机具作业性能以及移栽质量,探索新的控制方法和判断依据提供最佳参数。油菜毯状苗移栽装备研发的初期,在进行田间试验时发现,在切块、入土过程中苗片易发生碎块现象,即附着于油菜苗根系的育苗基质受力散碎脱落,导致油菜苗根部裸露在外,不能保证与土壤紧密接触,从而对油菜苗成活率造成不利影响。初步分析表明,可能是由于油菜毯状苗片盘根效果不良。毯状苗片依靠植物根系相互盘结将育苗基质连为一体形成毯状,故根系盘结作用的强弱对毯状苗片的力学性能有显著影响。水稻毯状苗的根系为须根系,根须数量较多且向四周分布面积较大。油菜毯状苗的根系为直根系,主根发达,侧根较弱,故相互之间盘结作用弱于水稻。另外,油菜苗需要的生长空间远大于苗龄相同的水稻秧苗,油菜毯状苗片的播种密度也比水稻毯状苗片低得多。以上原因导致油菜毯状苗片强度低于水稻毯状苗片,切下的苗块易破碎。

针对上述问题,本节对油菜毯状苗片进行了直剪试验及单轴的拉伸、压缩、切割和模拟切块试验,测定了苗片的各项力学性能参数;通过苗片与秧针接触作用力试验,测定了苗片在不同含水率情况下与秧针接触的单位法向黏附力、单位切向黏附力和摩擦系数。

3.3.1 油菜毯状苗片的直剪试验研究

直剪试验是通过在预定的剪切面上直接施加法向压力和剪应力求得试样的抗剪强度指标的试验。试验中将同种材料制备多个试样,分别放在直剪仪试样盒中并施加不同的法向载荷,通过上下两半试样盒的相互错动,在两盒分界处的试样截面上施加剪切力。当仪器显示上盒受力突变时即说明试样已经剪断,突变前的受力即为试样的剪切力,根据剪切力和试样横截面积数据即可算出试样在某个法向载荷 σ_k 下的抗剪强度 τ_k。依据库仑公式 $\tau=c+f\sigma$,将不同法向载荷下的抗剪强度数据进行线性拟合,即可求出该材料的内摩擦系数 f 和黏聚应力 c。

(1) 试验仪器

采用南京土壤仪器厂生产的 TJ 型应变控制三速电动土壤直剪仪进行油菜毯状苗片切向直剪试验。该直剪仪可以实现 0.02 mm/min、0.8 mm/min、2.4 mm/min 三种剪切速度,对试验施加的法向载荷范围为 50~450 kPa,剪切盒内空间为圆柱体,横截面积为 30 cm^2。

(2) 试验方法

试验测定不同播种密度和所施加垂直载荷下油菜毯状苗片的剪切力。由于毯状苗片育苗基质颗粒较大,结持力较弱,为避免剪切力读数太小影响精度,施加400 kPa、200 kPa两种法向载荷。由于毯状苗片含水率不高,慢速剪切试验持续时间较长,可达数小时之久,试验期间油菜幼苗的生长可能会对试验结果产生干扰,故采用剪切速度为0.8 mm/min的快速剪切。油菜毯状苗片按每盘播种量为400株、600株、800株、1 000株分为4个处理。取样方式如图3-7所示,用直剪仪自带的取样环刀垂直压入已剪去油菜苗土上部分的毯状苗片中,以取出圆饼状的毯状苗片试样。试样厚度与毯状苗片相同,约为2.5 cm,横截面积为30 cm^2。取样过程不影响试样中的油菜苗根系分布及基质颗粒的结持状态。

图3-7 油菜毯状苗直剪试验的取样方式

(3) 试验结论

测得的毯状苗片试样的剪切力(通过抗剪强度体现)与播种密度、垂直载荷的关系如图3-8所示。从图中可以看出,抗剪强度与播种密度的关系并不明显。当使用200 kPa的法向载荷时,抗剪强度均值为0.16 MPa,400 kPa法向载荷下抗剪强度均值为0.23 MPa。计算出试样内摩擦系数$f=0.37$,黏聚应力$c=0.08$ MPa。方差分析结果表明:在显著水平$\alpha=0.05$下,垂直载荷对抗剪强度影响显著,而播种密度对抗剪强度影响不显著。图3-9所示为试验后的试样,其中基质已经剪断,而大量油菜苗根须仍然完好,说明直剪试验中测得的剪切力主要是基质的剪切力。由于实际作业中切块时毯状苗片的断面处油菜苗根系都被切断或拉断,因此油菜苗根系的抗拉强度对实际作业时毯状苗片的受力应有显著影响。但在直剪试验中,由于试样受到的剪切位移小于实际作业时,所以有很大一部分油菜苗根系并未被拉断,因此测得的剪切力与实际情况有所差异。

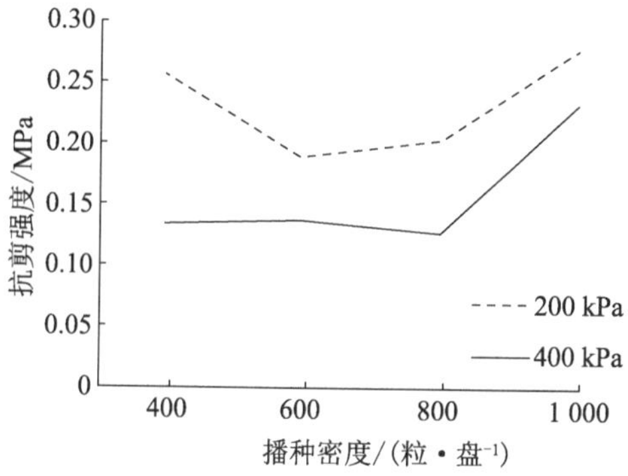

图 3-8　抗剪强度与播种密度、垂直载荷的关系

图 3-9　试验后的试样

3.3.2　油菜毯状苗片的单轴试验研究

在单轴拉伸、单轴压缩、切割及模拟切块试验中,试样只在一个方向受力,因此均采用相似的试验方法和器材,统称为单轴试验。

(1) 试验设备

采用英斯特朗 3343 材料性能试验机进行单轴试验。试验速度范围:0.05~1 000 mm/min;横梁返回速度:1 500 mm/min;载荷测量精度:示值的±0.5%(至载荷传感器满量程的 1/200)。

(2) 试验方案

通过单因素试验,研究育苗基质配方、烯效唑用量及油菜品种 3 个因素对油菜毯状苗片抗拉强度、抗压强度及其他力学性能的影响。试验所用的油菜毯状苗片由扬州大学的研究人员在吴江国家级现代农业示范园区育成,分为基质配方处理和烯效唑用量处理两大组。① 基质配方处理组的油菜品种为宁杂 1818,烯效唑用量为每 100 g 油菜种子施用 4 mL 质量分数为 0.25%的烯效唑水溶液。育苗基质由蔬菜育苗基质与土壤混合而成,按蔬菜育苗基质质量分数分别为 0、20%、30%、40%、50%、60%、80%、100%分为 8 个处理。试验用蔬菜育苗基质为沼渣、秸秆、草炭等发酵后的腐熟有机物加入多种无机物添加剂制成的商品化基质。② 烯效唑用量处理组的基质配方为蔬菜育苗基质与土壤各占 50%,按油菜品种为宁杂 1818 和扬油 9 号分为两小组,每小组按烯效唑用量分别为每 100 g 油菜种子施用质量分数为 0.25%的烯效唑水溶液 0 mL、1 mL、2 mL、3 mL、4 mL、5 mL、6 mL、8 mL 分为 8 个处理,共 16 个处理。

1) 拉伸试验

试验时,将毯状苗片切成 2.5 cm×14 cm 的条状试样并夹在材料性能试验机上下夹具之间,保持夹具间自由变形段长度为 10 cm。设定拉伸速率为 30 mm/min,

试验终止条件为拉伸位移达到 30 mm。

2）压缩试验

将毯状苗片切成 2. 5 cm×2 cm 的试样并放置在下夹具中央。设定压缩速率为 15 mm/min，试验终止条件为压缩力达到 500 N。

3）切割试验

将 3 mm 厚方形钢板固定在上夹具上作为切割刀具。将毯状苗片切成 2. 5 cm×14 cm 的条状试样并平铺在自制切割支撑台上，调整切割支撑台的位置，使其上用以容纳刀刃的凹槽与刀具对齐。设定切割刀具移动速度为 60 mm/min，切割行程为 40 mm，即刀刃从切割支撑台上表面以上 25 mm 处向下运动至上表面以下 15 mm 处。

4）模拟切块试验

将切割试验中的钢板刀具更换为样机上配用的宽度为 21 mm 的秧针，与切割支撑台上宽度为 26 mm 的模拟秧门配合完成模拟切块试验。试样尺寸与切割试验相同，秧针运动速率为万能材料试验机允许的最大值 10 mm/s。由于秧针切入试样部分较长，将秧针行程设为 80 mm，确保试验中整个秧针切割段都能切入试样，以获得完整的数据。

（3）拉伸试验结果

基质配方处理组的试验数据见表 3-6，烯效唑用量处理组的试验数据见表 3-7。从试验结果可以看出，在单轴拉伸试验中，试样平均拉断力为 3 个试验平均值的平均，即为(3. 73+3. 11+3. 31)/3＝3. 38 N，平均拉伸弹性模量为(0. 27+0. 05+0. 07)/3＝0. 13 MPa，计算得平均抗拉强度为 5. 4 kPa。对拉伸试验中的各项力学参数与基质质量分数进行回归分析，结果表明，试样的弹性模量与基质质量分数有二次回归关系，回归方程为 $y=2.6734x^2-3.6547x+1.1521$，$R^2=0.8859$；拉伸应变与基质质量分数有二次回归关系，回归方程为 $y=-0.2396x^2+0.4229x+0.0038$，$R^2=0.8911$。其他数量关系均不显著。回归曲线如图 3-10 和图 3-11 所示，随育苗材料中蔬菜育苗基质占比逐渐增大，毯状苗片的弹性模量逐渐减小，而屈服时的拉伸应变逐渐增大。这说明蔬菜育苗基质占比增大使毯状苗片受拉时的塑性变强，屈服前能承受的应变更大，也就是在相同的应变或应力下更不易破碎。

表 3-6　基质配方处理组的拉伸试验结果

试样编号	基质质量分数	弹性模量/MPa	载荷最大值/N	拉伸应变/mm
1	0	1. 32	2. 51	0. 60
2	0. 2	0. 36	5. 07	−24. 28

续表

试样编号	基质质量分数	弹性模量/MPa	载荷最大值/N	拉伸应变/mm
3	0. 3	0. 10	1. 99	9. 90
4	0. 4	0. 08	3. 99	16. 10
5	0. 5	0. 10	3. 93	11. 35
6	0. 6	0. 05	4. 22	20. 05
7	0. 8	0. 06	4. 40	18. 50
8	1. 0	0. 05	3. 73	18. 60
平均值		0. 27	3. 73	8. 85
最小值		0. 05	1. 99	-24. 28
最大值		1. 32	5. 07	20. 05
变异系数/%		165. 03	27. 04	167. 48

表 3-7　烯效唑用量处理组的拉伸试验结果

试样编号	烯效唑用量/mL	宁杂 1818			扬油 9 号		
		弹性模量/MPa	载荷最大值/N	拉伸应变/mm	弹性模量/MPa	载荷最大值/N	拉伸应变/mm
1	0	0. 05	2. 17	8. 50	0. 05	2. 19	12. 15
2	1	0. 03	1. 01	11. 55	0. 11	6. 32	16. 25
3	2	0. 04	2. 86	17. 75	0. 07	4. 47	20. 95
4	3	0. 05	3. 38	20. 30	0. 07	3. 41	18. 00
5	4	0. 05	3. 10	17. 95	0. 04	1. 35	11. 40
6	5	0. 05	3. 57	24. 10	0. 07	2. 93	11. 25
7	6	0. 07	4. 89	19. 55	0. 06	3. 42	14. 95
8	8	0. 09	3. 91	18. 80	0. 07	2. 39	13. 05
平均值		0. 05	3. 11	17. 31	0. 07	3. 31	14. 75
最小值		0. 03	1. 01	8. 50	0. 04	1. 35	11. 25
最大值		0. 09	4. 89	24. 10	0. 11	6. 32	20. 95
变异系数/%		37. 82	37. 33	28. 77	30. 01	46. 43	23. 54

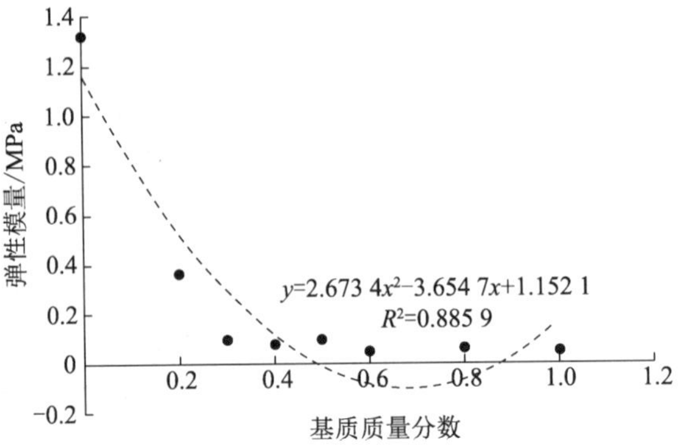

图 3-10　弹性模量与基质质量分数的回归曲线

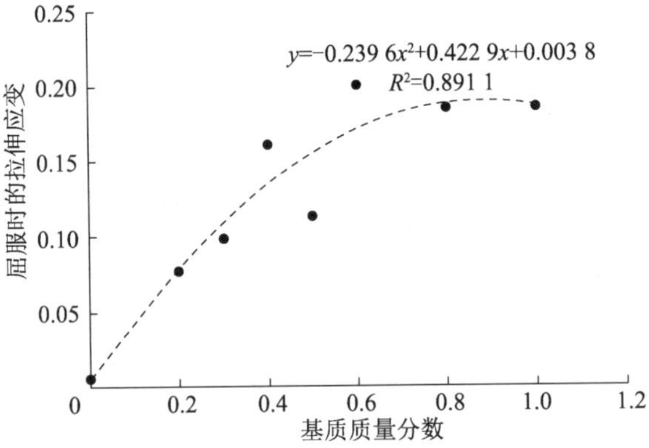

图 3-11　屈服时拉伸应变与基质质量分数的回归曲线

图 3-12a 为油菜毯状苗片拉伸试验的载荷-位移曲线图，即拉力-拉伸位移图像。从拉伸时载荷变化曲线可以看出，油菜毯状苗片在屈服后并非立刻被拉断，也无强化过程，而是呈现拉力阶梯性下降的特点。在达到屈服拉力后，试样中基质颗粒间已出现明显缝隙，继续试验则缝隙处的油菜根系逐渐被拉断。由于每拉断一条根须，试样可承受的拉力就变小一些，故拉力出现阶梯性下降。这也表明，在毯状苗片受拉过程中，油菜根系是决定抗拉强度的重要因素。

(4) 压缩试验结果

基质配方处理组的试验数据见表 3-8，烯效唑用量处理组的试验数据见表 3-9。单轴压缩试验测得油菜毯状苗片的平均压缩弹性模量为(3. 63+3. 01+2. 81)/3＝3. 15 MPa。

表 3-8　基质配方处理组的压缩试验结果

试样编号	基质质量分数	弹性模量/MPa
1	0	3.05
2	0.2	2.33
3	0.3	3.19
4	0.4	3.20
5	0.5	3.43
6	0.6	3.15
7	0.8	4.61
8	1.0	6.10
平均值		3.63
变异系数/%		32.47

表 3-9　烯效唑用量处理组的压缩试验结果

试样编号	烯效唑用量/mL	宁杂 1818	扬油 9 号
		弹性模量/MPa	弹性模量/MPa
1	0	4.05	3.25
2	1	2.89	3.04
3	2	3.03	2.69
4	3	3.69	2.44
5	4	2.60	2.31
6	5	2.49	2.72
7	6	2.46	3.13
8	8	2.85	2.90
平均值		3.01	2.81
变异系数/%		19.19	11.78

图 3-12b 为油菜毯状苗片的压力-压缩位移图像,从曲线变化可以看出,试样在压缩试验中无屈服或破碎现象,压力随试样逐渐压扁(即横截面积增大)而连续地增大,无抗压强度。试样在压缩试验中表现为塑性。据此可认为,毯状苗片在受压力作用时不会发生破碎。

(5) 切割试验结果

基质配方处理组的试验数据见表 3-10,烯效唑用量处理组的试验数据见表 3-11。试验结果表明,油菜毯状苗片的平均切割弹性模量为(0.11+0.06+0.05)/3=0.07 MPa,屈服时的平均载荷为(23.05+16.80+15.04)/3=18.30 N,屈服时的平均切刀行程为(21.75+27.01+26.00)/3=24.92 mm。回归分析表明,油菜毯状苗片的各项切割力学指标与蔬菜育苗基质占比和基质中的甲硝唑含量不存在显著的数量关系。图 3-12c 为油菜毯状苗片切割试验的载荷-位移曲线图。试验开始时,刀刃与切割支撑台平面的间距为 25 mm,通过屈服位移可知最大切割力均出现在割刀与支撑台两刃口最接近处附近。

表 3-10　基质配方处理组的切割试验结果

试样编号	基质质量分数	弹性模量/MPa	屈服载荷/N	屈服位移/mm
1	0	0.34	36.12	13.30
2	0.2	0.11	27.01	18.30
3	0.3	0.05	16.44	25.20
4	0.4	0.08	24.62	21.60
5	0.5	0.07	13.93	19.90
6	0.6	0.06	17.86	22.00
7	0.8	0.10	25.15	25.80
8	1.0	0.09	23.27	27.90
平均值		0.11	23.05	21.75
变异系数/%		82.39	30.56	21.49

表 3-11　烯效唑用量处理组的切割试验结果

试样编号	烯效唑用量/mL	宁杂 1818			扬油 9 号		
		弹性模量/MPa	屈服载荷/N	屈服位移/mm	弹性模量/MPa	屈服载荷/N	屈服位移/mm
1	0	0.04	11.82	26.10	0.06	17.19	25.40
2	1	0.03	10.65	24.60	0.05	15.69	29.60
3	2	0.08	19.98	27.00	0.06	18.14	26.50
4	3	0.05	13.70	28.50	0.05	13.42	24.50
5	4	0.07	23.10	27.80	0.04	15.32	24.70
6	5	0.08	20.29	28.30	0.06	14.54	25.90

续表

试样编号	烯效唑用量/mL	宁杂 1818			扬油 9 号		
		弹性模量/MPa	屈服载荷/N	屈服位移/mm	弹性模量/MPa	屈服载荷/N	屈服位移/mm
7	6	0. 05	13. 67	27. 60	0. 05	13. 88	25. 30
8	8	0. 09	21. 17	26. 20	0. 04	12. 13	26. 10
平均值		0. 06	16. 80	27. 01	0. 05	15. 04	26. 00
变异系数/%		33. 10	28. 74	4. 88	17. 99	13. 17	6. 17

(6) 模拟切块试验结果

基质配方处理组的试验数据见表 3-12,烯效唑用量处理组的试验数据见表 3-13。试验结果表明,模拟切块试验中测得的平均峰值切块阻力为(19. 49+13. 48+13. 26)/3 = 15. 41 N,出现峰值切块阻力的平均秧针位移为(56. 15 + 62. 40 + 65. 15)/3 = 61. 23 mm。回归分析表明,各组试验结果中各指标与各因素的数量关系均不显著。由图 3-12d 切块力-秧针位移图像可知,模拟切块过程中有两次切块阻力峰值出现,第一次出现在位移约 30 mm,即秧针刚刚穿透试样处,峰值力约为 10 N;第二次出现在位移约 65 mm,即秧针切割段全部穿入试样处,峰值力约为 15 N。观察秧针几何造型可知,切块阻力与秧针切入毯状苗片处的截面积有关,切入运动中截面积增加得越快,切入阻力越大。两个峰值均出现在截面积增长率最大处。

表 3-12　基质配方处理组的模拟切块试验结果

试样编号	基质质量分数	载荷最大值/N	最大载荷处的位移/mm
1	0	19. 96	19. 02
2	0. 2	24. 24	57. 02
3	0. 3	20. 80	62. 02
4	0. 4	20. 86	61. 02
5	0. 5	11. 33	58. 02
6	0. 6	19. 99	60. 02
7	0. 8	16. 82	63. 02
8	1. 0	21. 95	69. 02
平均值		19. 49	56. 15
变异系数/%		20. 00	27. 50

表 3-13　烯效唑用量处理组的模拟切块试验结果

试样编号	烯效唑用量/mL	宁杂 1818		扬油 9 号	
		载荷最大值/N	最大载荷处的位移/mm	载荷最大值/N	最大载荷处的位移/mm
1	0	12. 67	66. 02	15. 68	70. 02
2	1	13. 19	69. 02	14. 46	68. 02
3	2	12. 56	66. 02	20. 72	66. 02
4	3	20. 42	65. 02	12. 36	62. 02
5	4	10. 97	64. 02	11. 55	62. 02
6	5	11. 60	66. 02	10. 93	65. 02
7	6	8. 31	30. 02	10. 90	65. 02
8	8	18. 13	73. 02	9. 44	63. 02
平均值		13. 48	62. 40	13. 26	65. 15
变异系数/%		29. 15	21. 45	27. 39	4. 38

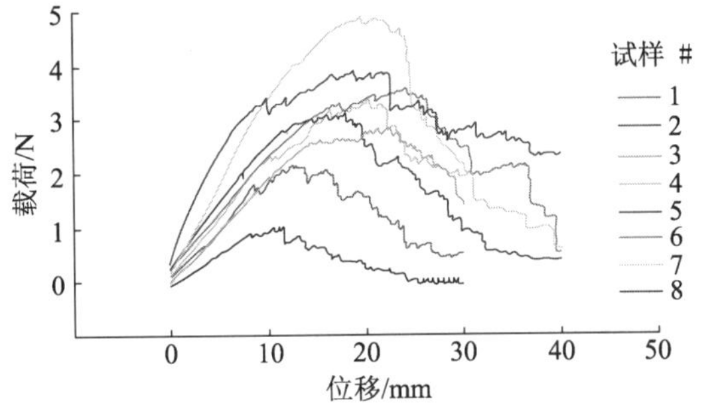

(a) 拉伸试验

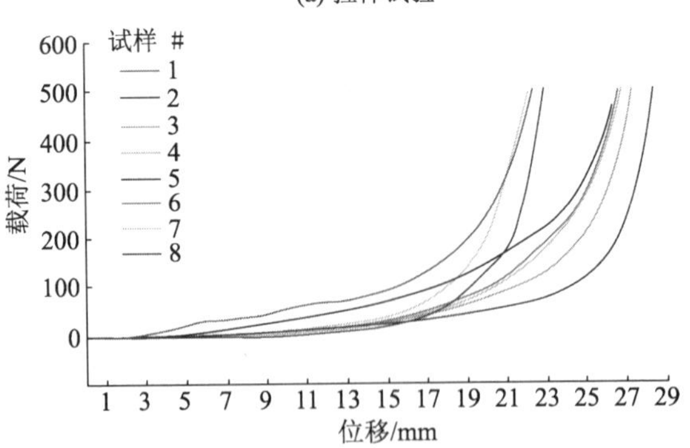

(b) 压缩试验

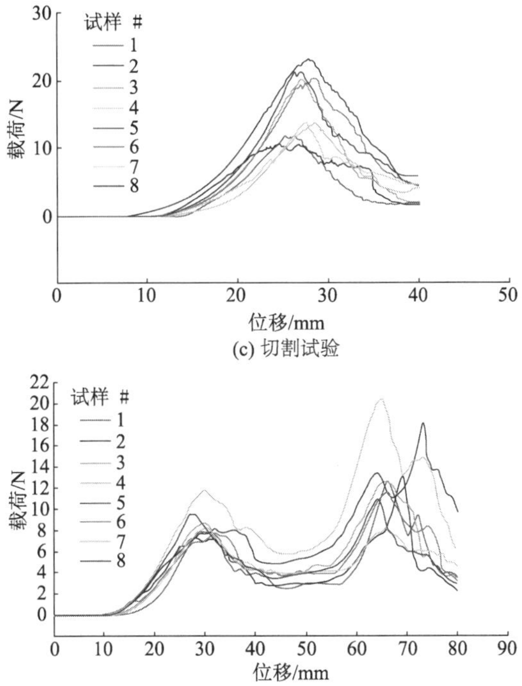

(c) 切割试验

(d) 模拟切块试验

图 3-12　单轴试验的载荷-位移曲线变化图

3.3.3　苗片与秧针作用力测定试验研究

(1) 土壤与金属材料接触的黏附摩擦理论

油菜毯状苗片是由土壤、基质颗粒和油菜苗根系共同组成的复合材料。在与秧针接触作用时，苗片与土壤具有相似特性。在土壤对金属材料的黏附和摩擦理论中，土壤单位面积的法向黏附力为

$$T = \frac{P}{S} \tag{3-1}$$

式中：P——作用于工作接触界面投影面的垂直方向上，使黏合界面分离所需的拉力，N；

S——土壤与非土壤物件接触面积在垂直方向的投影，cm^2。

土壤的摩擦阻力由切向黏附力和摩擦力两部分组成，即

$$F_\tau = \tau + F_n f \tag{3-2}$$

式中：τ——土壤切向黏附力，N；

F_n——法向正压力，N；

f——摩擦系数。

(2) 苗片与秧针作用力测定试验

土壤对金属材料的黏附和摩擦理论说明,秧针夹持油菜毯状苗片运移的过程中,秧针与苗片之间的接触作用力包括法向黏附力、切向黏附力和摩擦力。油菜毯状苗片的含水率不同,接触作用力就不同,从而影响秧针运送苗块的夹持力。因此,通过设计试验研究苗片含水率与单位面积的法向黏附力、切向黏附力和摩擦系数之间的拟合关系。

1) 试验方案

选用宁杂1838油菜品种、苗龄为40 d的油菜毯状苗。① 法向黏附力测定试验设计:选用与秧针相同材质的不锈钢板,将苗片放置在钢板上,利用万能试验机夹持苗片上的秧苗缓慢提升至苗片与钢板完全分离,试验机拉伸速率设定为1 mm/s,试验所得最大拉力减去试样自重即为法向黏附力。② 切向黏附力和摩擦系数测定试验设计:将苗片放置在不锈钢板上,通过在苗片上方放置不同质量的砝码来改变正压力值,利用拉力计沿水平方向缓慢拉动直至试样发生移动,试验过程中最大拉力即为苗片的摩擦阻力。砝码质量选用150 g、300 g、450 g和600 g,将不同砝码质量下的摩擦阻力进行线性拟合,拟合函数的斜率为苗片的摩擦系数,截距为切向黏附力。

根据油菜毯状苗机械移栽对基质含水率的要求,设定苗片含水率分别为45%、49%、53%、57%、61%、65%、69%、73%,苗片含水率采用烘干法进行测定。

2) 试验结论

表3-14为单位法向黏附力、单位切向黏附力和摩擦系数与油菜毯状苗片含水率之间的拟合方程和相关系数,图3-13为接触作用力参数与苗片含水率的拟合曲线图。从表中可以看出,油菜毯状苗片与秧针接触的单位法向黏附力、单位切向黏附力和摩擦系数与苗片含水率之间均符合抛物线分布规律。随着苗片含水率的增加,3项指标均先增大再减小,含水率在60%~65%范围内,苗片与秧针接触作用的各项指标较大,此时接触作用力大,秧针能够更加稳定地夹持苗片完成运移,有助于移栽机获得更好的移栽效果。

表3-14 作用力参数与苗片含水率的拟合方程和相关系数

参数	拟合方程	R^2	调整 R^2
单位法向黏附力 $T/(\mathrm{N\cdot cm^{-2}})$	$T=-0.0188x^2+2.3628x-66.9192$	0.950 2	0.930 2
单位切向黏附力 $C/(\mathrm{N\cdot cm^{-2}})$	$C=-0.0145x^2+1.8807x-54.1857$	0.943 2	0.920 5
摩擦系数 f	$f=-0.0015x^2+0.1819x-4.9873$	0.925 1	0.895 2

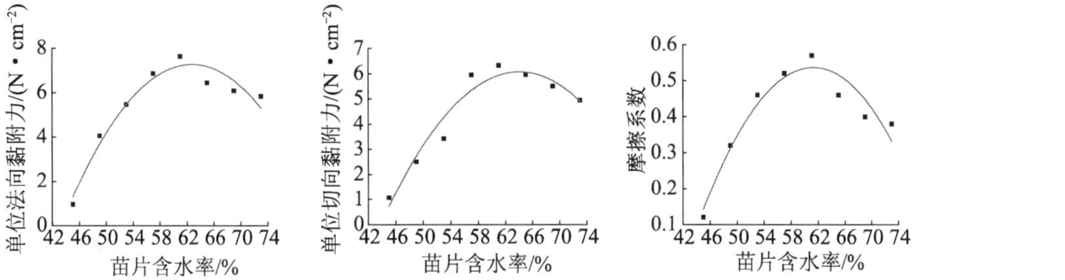

(a) 单位法向黏附力与苗片含水率的拟合曲线　(b) 单位切向黏附力与苗片含水率的拟合曲线　(c) 摩擦系数与苗片含水率的拟合曲线

图 3-13　作用力参数与苗片含水率的拟合曲线

第4章　油菜种植耕整地技术与移栽土壤条件研究

耕整地作为油菜种植的首要环节，其目的是疏松恢复土壤团粒，积蓄水分及养分，覆盖杂草肥料，防治病虫害，为油菜生长发育创造良好的土壤条件。根据耕作的深度和目的不同，耕整地主要包括耕地和整地两个方面。耕地主要是对土壤进行翻耕、旋耕、疏松作业，为播种及栽植种床做初步准备，其装备主要包括单独或者联合完成翻耕、旋耕和深松等作业的机具。整地主要是对耕地作业后的耕层土壤进行细碎疏松、地表平整及压实作业，为播种及栽植种床做最后准备，其装备主要包括独立或者联合完成土壤细碎、地表平整和压实等作业的机具。油菜种植耕整地装备的作业质量受气候、地理条件、土壤质地、耕地面积等因素影响，因此不同地区及地表作业工况下所使用的技术与装备不同。

目前油菜机械移栽的方法为耕整地后用移栽机开沟并将作物秧苗送入沟中，通过土壤的回流来固定秧苗的位置和姿态。耕整后的土壤是否细碎疏松并具有良好的流动性，对移栽机开沟效果及移栽后能否回流固苗有显著的影响。由于稻田土壤本身黏性较强，且移栽前耕整时通常含水率较高，处于塑性结持状态，难以打碎，不仅影响开沟质量，而且流动性差，难以回流固苗。这直接导致现有的油菜移栽机在稻茬田上作业质量无法保证，不利于油菜移栽作业机械化。研究表明，同种土壤的结持状态及力学性能取决于含水率，而国内关于含水率与土壤力学性能之间关系的研究多集中在干旱地区，针对稻田黏重土壤的研究较少。因此，研究稻茬田土壤在水稻收获期间含水率及力学性能的变化及其对旋耕碎土效果的影响，有助于确定最优的耕整时机和方法，并能为油菜移栽机的设计改进提供理论支持。本章重点针对油菜种植过程中耕整地环节的关键技术与装备进行介绍，分析种植油菜的土壤条件，提出油菜机械化移栽的整地技术要点，同时针对稻茬田土壤条件变化对耕整地效果的影响进行研究。

4.1　油菜种植耕整地技术研究

4.1.1　国内外油菜种植区的耕作体系

(1) 国外油菜种植区耕作体系

加拿大、澳大利亚油菜主产区种植制度是一年一熟或者采取休耕模式，种植春油菜，一般在旱地大面积连片种植，地域辽阔，采用大型机具作业（图 4-1a～c），作业效率高，基本实现全程机械化作业。耕整地很少采用旋耕作业，一般采用免耕，配套大马力拖拉机，用大型联合耕整机或者带动力圆盘耙的联合耕整机进行耕整作业，如美国约翰迪尔公司生产的 2410 型联合耕整机最大作业宽度可达 19.2 m，作业速度可高达 11.25 km/h，需要配套 450 马力（1 马力≈0.735 kW）以上的拖拉机。德国、法国、波兰等欧盟国家油菜主产区种植制度为一年两熟，种植冬油菜，连片种植，采用中等规模机具作业，基本达到 100%机械化种植。耕整地由大型联合耕整机一次性作业，或先采用大型铧式犁进行深翻，之后运用整地机械进行碎土平整作业，作业效率均较高。印度油菜主产区种植制度是一年两熟，种植冬油菜，地块相对较小，人畜力作业与机械作业并存，一般采用小型轻便化耕整地机具作业，如图 4-1d 所示，用 1-3 铧式犁进行深翻后，再运用小型整地机械进行平整作业，作业效率相对较低，机械化程度不高。

(a) 凯斯纽荷兰大型联合耕整机　(b) 约翰迪尔大型联合耕整机　(c) 雷肯宽幅深翻铧式犁

(d) 印度被动整地机　(e) 液压驱动型联合耕整机　(f) 主动驱动对置组合式联合耕整机

图 4-1　不同油菜产区耕整地装备

（2）国内油菜种植区耕作体系

北方春油菜产区由于气候及地理环境的影响，降雨量较少，主要为旱作种植方式，一年一熟。南方冬油菜产区，降雨量较多，主要为水旱轮作种植方式，一年多熟，即有序地在季节间轮流种植水稻及旱地作物，该方式是我国主要的作物生产方式之一。我国油菜种植常见的耕整方式有翻耕、旋耕。其中，翻耕主要是通过交换上下层土壤，埋覆地表秸秆杂草，以创造适合作物生长的耕作层，常用的翻耕机具有铧式犁和圆盘犁,其作业深度一般为10~25 cm。旋耕主要是对上层土壤进行细碎、混合交换,并将地表秸秆杂草切断混合到耕作层,创造细碎平整的作物生长环境,常用的旋耕机具是卧式旋耕机,其作业深度一般为6~10 cm。

春油菜产区一般地块相对较大,采用中等规模机具作业,通常先采用铧式犁进行深翻,然后运用宽幅旋耕机进行碎土平整作业,或者直接运用宽幅旋耕机进行耕整作业,旋耕机作业幅宽可以达到3~4 m,配套动力100马力以上。冬油菜产区除部分平原地区外,其他区域地块相对较小,常见的耕整方式也是翻耕或者旋耕,但机具作业幅宽相对较小,如图4-1e及图4-1f所示,一般为2.0~2.5 m,配套拖拉机动力为70~95马力。

整体而言,我国油菜种植耕整机械化程度低于加拿大、澳大利亚及欧盟油菜主产区,但高于印度油菜主产区。同时,我国北方春油菜主产区机械化耕整程度高于南方冬油菜主产区。随着我国农业机械化进程的加快及劳动力的短缺,机械化程度在逐年提高,以人畜力为主的耕作体系模式逐渐减少,关键环节机械化生产及全程机械化生产逐渐增多,机耕、机播、机插、机械施肥、机收等作业环节得到推广应用。同时,由于周年的旋耕、翻耕作业,耕地耕作层逐渐变浅,犁底层加厚。为打破犁底层,加深耕作层,需进行深松作业。深松主要是在不交换上下层土壤的情况下对下层土壤进行疏松,通过破坏犁底层增强土壤透气透水能力来加深耕作深度,常用的深松机具是齿杆式深松铲,其作业深度一般为20~35 cm。为了防止土壤侵蚀,杜绝秸秆焚烧所造成的大气污染,实现增肥增产,免耕覆盖作业及秸秆还田也得到推广应用。传统的旋耕、翻耕或者翻旋结合的耕作模式逐渐转变为翻耕、旋耕、旋免轮耕或者翻旋免轮耕及适时深松共存的耕作体系。

4.1.2 油菜种植耕整地技术与装备

(1) 种床整理技术与装备

种床整理的质量对油菜发芽、出苗及移栽影响很大,具有稳定耕深及细碎土壤的种床可为种子发芽提供良好的水分、气流通透性及温度等生长条件。在冬油菜产区,降水量较大,而油菜为根系忌水作物,种植时需要厢面平整,开好“三沟”(厢沟、腰沟、畦沟),以利于雨水及时排出,从而避免雨水集于厢面低洼处,影响油菜种子生长发芽。油菜种植耕整地机具作业后,细碎土层深度需达8 cm以上,地表平整度在5 cm之内,碎土率大于50%,对于南方冬油菜主产区,畦沟的沟宽需达200~400 mm,沟深需达150~300 mm,才能满足油菜基本种植要求。

1) 耕深稳定性调控技术与装备

机具进行耕整作业时,耕作深度主要由联合耕整、翻耕、旋耕、深松等机具作业深度及仿形机构等因素共同决定。耕作深度太浅,种床松碎土壤量过少,影响后续油菜播种深度;耕作深度过深则会增加机具作业功耗。研究翻耕、旋耕、深松、联合耕整等作业机具耕深稳定性调控技术对后续油菜播种作业至关重要。相关学者对联合耕整、翻耕、旋耕、深松等机具作业深度调控技术进行研究,并与仿形机构配合作业,保证耕作深度稳定性。国外如凯斯纽荷兰、约翰迪尔等大型农机公司研发制造的联合耕整机作业深度范围较大,为 20.3~40.6 mm,作业速度一般为 8.0~9.7 km/h。机具作业时,通过自重及调节行走支撑轮离地高度来控制作业深度,如图 4-2a 所示,并通过相关传感技术实时反馈耕作深度,进而对机具作业深度进行实时调节。

2) 碎土平整技术与装备

耕作机具作业获得一定耕深后,需要进行碎土平整作业,否则会影响播深一致性,导致出苗不齐、长势不一致等问题。国外农机企业一般在联合耕整机具后面安装一排或者多排钉齿耙、弹齿耙或者碎土辊对土地进行细碎平整作业(图 4-2b、图 4-2c)。碎土平整作业机具一般采用模块化设计,根据联合耕整机作业幅宽来配置碎土平整机具个数。通过对碎土平整技术及机具的研究,可使作业后的油菜播种种床或者油菜移栽苗床厢面平整、碎土率满足油菜农艺种植要求。

(a) 联合耕整机限深单元　(b) 联合耕整机碎土单元　(c) 联合耕整机平整单元

1—行走支撑轮;2—碎土辊;3—钉齿耙

图 4-2　种床整理装备

3) 开畦沟技术与装备

油菜根系忌水,种植时,地块雨水应及时排出,避免积水影响油菜生长发育。加拿大、澳大利亚及欧盟等油菜主产区,地块广阔,采用大型联合耕整机作业,大宽幅高速度粗放式种植,一般不进行开畦沟作业。而我国南方冬油菜主产区,降雨量较大,在水田种植油菜时需要开沟排水,开好“三沟”(厢沟、腰沟、畦沟)是避免油菜渍害的保证。目前开畦沟装置主要包括主动开沟和被动开沟 2 种形式,主动开畦沟装置作业效果好,但功耗高,如圆盘开沟机;被动开畦沟装置结构简单,但作业性能不稳定。开畦沟技术为在我国南方冬油菜产区种植油菜等旱地作物时田间雨水的顺利排出提供了技术保障。

种床整理是油菜播种或者移栽的重要环节,稳定的土层深度及适宜的土壤细碎厢面平整度是油菜生长发育的必备条件。由于田间作业工况复杂,尤其是我国南方油菜主产区土壤黏重板结，地表前茬作物秸秆残留量大，显著影响了耕整地装备种床整理质量，发展适应该地区种床整理的耕整地装备，尤其是具有稳定作业耕深的开畦沟装备，是研究难点之一。

(2) 深施肥技术与装备

化肥深施是一种节本增效的施肥方式，通过把肥料施入指定深度土层，如在种子的正下方或者侧下方，可以有效降低化肥撒施或者机械混施在土壤表面造成的挥发和流失，促进油菜种子对化肥的吸收。目前肥料撒施或者混施，肥料利用率一般不超过 30%，而深施肥料利用率可提高到 35%～40%。深施肥铲具有多种结构形式，如图 4-3 所示，国外农机公司研发的联合耕整机一般通过锄铲式或滑刀式深施肥铲把肥料施入指定深度土层。为防止作业时拥堵，深施肥部件一般呈多列交错布置，如约翰迪尔 1835 型联合耕整机作业幅宽为 18.3 m，其中深施肥部件呈 4 列布置，每列铲体间距为 762 mm，列间距离为 762 mm。国内深施肥装备作业幅宽较小，一般为 2～4 m，在南方冬油菜产区，机具作业速度一般为 2～7 km/h。深施肥技术把肥料精量、定点施于指定深度，提高了肥料的利用率，减少了肥料使用量。深施肥技术在地形广阔地区如加拿大，由于机具作业幅宽大，深施肥铲体作业间距大，机具不易堵塞，应用广泛。而在地形狭小地区如我国冬油菜产区，由于一年多熟，生产农时紧，地表秸秆量大且韧性强，土壤黏重板结，油菜种植机具作业幅宽小，深施肥部件铲体及出肥口易堵塞，肥料流通不畅，难以保证作业质量。采用仿生技术及创新性设计新型深施肥机是目前冬油菜产区深施肥部件研究的重点及难点。

1—作物种子；2—肥料颗粒；3—锄铲式深施肥铲；4—滑刀式深施肥铲；5—类铧式犁式深施肥铲

图 4-3　深施肥技术与装备

(3) 秸秆还田技术与装备

秸秆还田可杜绝由焚烧秸秆导致的空气污染，并提高土壤肥力，减少化肥施用量。加拿大等地块广阔的区域种植油菜时，推广保护性耕作，通过大型联合耕整机(图 4-4)对地表秸秆进行处理，该类型机具的特点是直径为 610～660 mm 的切茬圆盘多列布置，同列圆盘间间距可达 280 mm，作业深度可达 203 mm，作业速度高达 11.3 km/h，通过高速作业，切断地表残茬，为后续油菜播种提供良好条件。在我国，尤其是在水旱轮作区、两熟区等一年多熟地区种植油菜时，地表前茬作物秸秆残留量较大，需要对秸秆进行处理。现有秸秆还田技术主要有秸秆深埋、混埋、翻埋等处理方式。秸秆还田技术及相关机具的使用，使田间大量秸秆通过机械化埋覆，提高了作业效率，减轻了劳动强度，在油菜种植过程中，减少了作业机具的堵塞，促进了油菜机械化播种。目前我国南方水旱轮作区，地表水稻秸秆残留量大，韧性强，而由于地形的限制，机具作业幅宽较小，作业速度较低，进一步优化适应该地区的秸秆还田技术与装备是目前的研究重点之一。

图 4-4　联合耕整秸秆处理装备

(4) 降附减阻防堵技术与装备

在土壤黏重板结、前茬作物秸秆残留量大的地表耕整作业时，机具容易产生黏附堵塞，导致作业质量差、功耗较大等问题。有学者通过合理布局耕整装备作业部件，增加防堵防缠部件及对机具表面改型、改性等方式开展相关降附减阻防堵技术研究。国外耕整地装备大多通过多列大间隙布局作业部件，并在每个作业部件上安装过载保护弹簧(图 4-5a)，实现降附减阻，减少机具作业堵塞。国内田丽梅、任露泉等将土壤动物形体及行为特征的研究应用在机械装备上进行降附减阻，取得了良好效果。与传统镇压辊相比，仿生镇压辊的阻力得到降低。张金波模仿土壤洞穴动物小家鼠设计深松铲减阻结构，深松铲的耕作阻力下降明显。赵佳乐等设计的同时设有被动和主动卧式旋转部件的有支撑滚切式防堵装置，防堵作业效果明显。苟文等设计的圆弧刃口型开沟器，解决了西南丘陵地区保护性耕作模式下免耕播种机尖角型开沟器易缠草堵塞、使用寿命短等问题。张青松等通过安装切茬圆盘(图 4-5b)来增加开畦沟犁体的通过性。舒彩霞等设计的防缠绕且宽深比可调的扣垡犁，初始宽深比为 1.2~1.3，起始元线角为 38°，通过调节犁体耕深及耕宽，得到适宜的宽深比，可有效减少重耕和漏耕，减少作业时的堵塞及缠绕现象。耕整地是农业生产中耗能最大的环节，降附减阻防堵技术的运用可以有效降低作业能耗,提高机具作业质量及作业适应性。通过机具合理布局、增加防堵防缠部件及运用仿生技术进行作业部件表面改型及改性等方法,期望达到降附减阻和防堵塞的目的,从而提高机具作业质量,降低机具作业功耗。

(a) 弹齿式防堵机构　　(b) 切茬防堵圆盘

图 4-5　降附减阻防堵装备

4.1.3　油菜种植耕整地的技术难点分析

① 油菜种植对种床或苗床土壤细碎度、厢面平整度要求较高,需加强碎土平整装置及仿形装置研究。油菜播种深度与其他作物不同,冬油菜播种深度一般控制在 2 cm 之内,春油菜根据区域差异控制在 3~5 cm。在冬油菜种植区域,还要求具有稳定的畦沟沟型。因此,需要对碎土平整和仿形装置进行研究,从而保证种床或苗床作业质量。

② 土壤黏重板结、含水率差异大,要求机具作业适应性强。轮作区土壤质地黏重,易黏附土壤作业部件,降低机具作业质量。全年降雨量充沛,春耕及秋耕期间降雨较多,土壤含水率波动大,增加了机械化耕整难度。因此,需要加强对机具在不同条件下的作业适应性的研究,以适应水旱轮作区田间作业工况。

③ 地表前茬作业秸秆残余量大、韧性强,要求机具作业稳定性好、通过性能高。轮作区前茬作物大量秸秆留存于地表,为防止焚烧污染空气,需将秸秆还田,但秸秆与黏重土壤混合,降低了土壤的流动性,易堵塞缠绕机具,对机具作业稳定性及通过性能提出了更高要求。机具的防堵防黏防缠能力亟需深化研究,以满足农业生产实际需求。

④ 地块分散、地形复杂,机具难以标准化及规模化。水旱轮作区有丘陵、山地、平原等地区,地块大小不同,土壤质地有一定差异,气候条件不同,农艺种植要求不一样,对机具大小尺寸要求不同,对机具复式作业功能要求呈多样化。

4.1.4　油菜种植耕整技术发展趋势

① 提高机具智能化水平，运用相关测试及传感技术，监控机具作业状态及作业质量，如耕作深度、施肥深度及施肥量，平整度、碎土率等作业指标，实时反馈机具耕作深度、开畦沟深度、缠绕拥堵等情况，实现田间信息快速获取及机具作业质量实时监控。

② 推广秸秆还田技术，发展深施肥技术，提高肥料利用率。推广秸秆还田，杜绝秸秆焚烧造成的空气污染；发展深施肥技术，减轻化肥过量使用导致的土壤性状恶化、农产品品质下降、环境污染等问题。

③ 提高机具作业效率，提升机具复式作业水平，实现机具一次下地作业完成开畦沟、旋耕、施肥、播种、覆土、镇压等功能，提高机具作业效率。

④ 研发新型降附减阻防堵技术，提高耕整机具作业质量。运用新技术新手段，通过对土壤工作部件表面改性和表面改型等方法，研究新型降附减阻防堵技术，减少土壤黏附及秸秆缠绕作业机具的情况，突破水旱轮作区由于土壤黏重板结、地表前茬作物秸秆残留量大，易堵塞缠绕作业机具的难题。

其中，优化开畦沟技术，推广秸秆还田技术，发展深施肥技术，提高肥料利用率，研发新型降附减阻防堵技术，提高机具作业质量是冬油菜产区耕整机具的研究重点；提升机具复式作业能力及智能化水平，提高机具作业效率，降低生产成本是现代农业发展的必然选择。

4.2　油菜移栽作业与土壤条件

4.2.1　油菜毯状苗移栽土壤条件

在我国长江流域稻油轮作区种植油菜，水稻收获后田间土壤高湿黏重、流动性差、难以打碎、处于塑性结持状态。研究表明，土壤的结持状态及力学性能取决于含水率。农田土壤含水率受多方面因素的影响。土面蒸发、植物蒸腾和下渗可降低含水率，而降水和地下水补充则可使含水率升高。对于稻田土壤，水稻收获后不再有植物蒸腾作用，硬底层隔绝了与地下水的联系。除了人为排灌外，降水和蒸发是该条件下田间土壤得失水分仅有的途径。因此，天气条件是稻田收割后土壤地表水分变化的关键因素。另外，水分在表层和深层土壤间的转移对测量结果的影响不容忽视。

天气条件及水分在上下层土壤间的分布和转移决定了收割期间稻田表层土壤的含水率变化规律。水稻收割前后一段时间内，稻田表层土壤的含水率在不降雨的情况下维持在26%左右，降水后提升较明显，可达30%左右。从这个数据可以看出，水稻收割前后一段时间内地表蒸发速率与下层土壤水分向表层运动的速率接近，因此测出的表层土壤含水率基本不变。而降水后表层土壤含水率显著增大，水分向上运动减弱甚至变为向下运动，因此雨后一天内表层土壤含水率有所降低。降水可使表层土壤含水率显著升高，而如果下层土壤含水率较高，则地表蒸发不能在短时间内使表层土壤含水率显著降低。

土壤含水率在空间分布上不均匀程度较大，主要原因是秸秆覆盖不均匀影响地表蒸发。不同的地表覆盖条件导致蒸发速率的差异，在水稻收割后秸秆抛撒不均匀，进而导致含水率在空间分布上的不一致。降水后由于土壤含水率升高，水分在土壤中扩散变快，能够缩小含水率在空间分布上的差异。另外，土壤压实程度、土壤水分上下运动、地面起伏也有可能导致土壤含水率分布不均。因此，在不降雨的情况下，尽管收割前后的地表土壤含水率没有显著变化，但地表蒸发、水分垂直移动等因素会对土壤含水率在空间上的分布有显著影响。

在同一块田中的贯入阻力分布也不均匀。作物生长、作业机械的压实、土壤干燥开裂等均有可能导致土壤紧实程度变化，表现为贯入阻力的变化。贯入阻力和含水率在空间分布上都不均匀，随着空间位置的变化有明显的波动，且两者的变化存在关联性。据此可以认为，田间土壤由于自然分布和人为作用，其成分、结构和紧实程度均存在不均匀的现象，导致土壤的机械性能、含水率以及在环境因素影响下含水率的变化都不均匀。这一现象说明通过选择合适的耕整时机达到理想的耕作碎土效果是较为困难的。因此，开发受土壤条件影响较小的新型移栽方式，可能成为解决稻田黏重土壤油菜机械移栽难题的重要途径。

4.2.2 油菜毯状苗机械移栽的土壤处理方式

油菜毯状苗移栽机采用波纹盘切窄缝+锐角覆土轮推土回缝的方式，摆脱了传统旱地移栽机对土壤流动性的严重依赖，对不同类型的土壤条件基本都能够适应。移栽油菜的土壤类型主要为稻茬田或旱地田，为了满足油菜机械化移栽要求、提高移栽效果，可根据土壤类型、前茬收获后的土壤墒情，采取不同的土壤处理方式。

(1) 稻茬田

水稻收获后田间土壤含水率较高，在进行油菜移栽时，根据水稻收获后的土壤墒情，一般采取以下两种土壤处理方式。

土壤墒情好时，绝对含水率达到 25%～30%，如图 4-6a 所示，可以采用旋耕机连续耕整 2 次，细碎土壤，然后开沟做畦，开好“三沟”，达到移栽整地的要求，具体要求如下：

① 稻茬田间的土壤黏重，含水率高，旋耕后也不易达到旱茬田十分细碎的标准，一般要求 4 cm 以下土块占绝大多数即可；

② 畦面平整，没有明显左右不平或者中间高两边低的情况；

③ 即耕即栽,利用好土壤墒情,栽后不浇水或可少浇水。

如果土壤墒情差,田间的土壤条件特别干旱,已形成板结,如图 4-6b 所示,就需要先放水浸泡几天,将土壤泡烂后直接进行插栽,具体做法如下:先在田间开沟做畦,然后放水泡田,在畦沟满水、田面上没有明水时停止灌水,等待地表层软化后即可开始移栽。如果田面不平,需要浅旋灭茬,消除收割机轮辙后再移栽。免耕具有保持土壤结构,透水透气性好的优点,在整地要求上,尽量集中连片种植,避免油菜串花。水稻收获后及时开沟整厢,一般采取 1.8~2.0 m 开墒挖排水沟,厢面净宽 1.5 m 左右。在水稻收割前 7~10 d,开沟放水晾田、硬板,达到水稻收割时田面硬而不干,湿而不烂,实行齐泥割稻,结合开畦沟覆土,削高垫低,抽沟的泥放在墒两边,待中耕施肥时将其打开。同时,开好腰沟,做到沟深、沟直、沟平,方便田间管理。

需要注意的是,田间水多,容易产生渍害。若移栽时间过迟,如长江中下游地区 11 月份以后,气温下降明显,土壤水分不易在几天内散失,易造成渍害,不利于油菜生长。因此,上述方法可在 10 月 20 日以前采用,此时气温下降不多,田间水分容易蒸发,不易出现渍害。

(2) 旱地田

如图 4-6c 所示,对于旱地或前茬旱作的情况,只要土壤绝对含水率在 25%左右,采用旋耕机旋耕碎土 1~2 遍,然后开沟机开厢,即可达到移栽整地的要求:

① 土壤疏松细碎,一般是指 3 cm 以下的土块占绝大多数;

② 畦面平整,没有明显左右不平或者中间高两边低的情况;

③ 即耕即栽,利用好土壤墒情,栽后不需要浇水或可少浇水;

④ 尽量不要提前几天整地,否则移栽时畦面已经形成 3~5 cm 干土层,这种情况既不利于移栽,栽后也不易活棵。

(a) 土壤墒情较好的稻茬田　(b) 土壤墒情较差的稻茬田　(c) 旱地田

图 4-6　不同土壤类型的田间作业条件

4.2.3　不同土壤处理方式对油菜籽产量和土壤性状的影响

本试验开展翻耕移栽、免耕移栽和免耕直播不同土壤处理方式对油菜籽产量和土壤性状的影响研究。

（1）试验条件

试验于2017—2018年在江西省吉州区吉安职业技术学院农业试验基地进行。供试土壤为第四纪红色黏土发育的水稻土，土壤肥力中等，前作为晚稻。试验前0~20 cm耕作层土壤的基本理化性质：有机质34.6 g/kg，碱解氮168 mg/kg，速效钾63 mg/kg，速效磷10.4 mg/kg，pH值5.31。

（2）试验方案

设翻耕移栽、免耕移栽、免耕直播3种耕作播种方式，随机区组设计，每个处理设3次重复，小区面积60 m^2。其中，翻耕移栽指晚稻收获后土壤机械翻耕，传统的育苗移栽种植；免耕移栽指晚稻收获后土壤不经过翻耕，只做简单平整后直接移栽油菜幼苗；免耕直播指晚稻收获后土壤不经过翻耕，直接将油菜种子均匀撒于小区畦面上。供试油菜品种为中油821，免耕直播于10月22日进行种子直播，移栽油菜于同一天进行人工移栽。各处理其他栽培管理措施基本一致。

（3）试验指标与数据处理

① 叶绿素含量：于油菜苗期、开花期，各小区随机选择30片最新的完全展开叶，用叶绿素仪（SPAD-502）测定叶片的叶绿素含量，测定时选择叶片中部进行测定。

② 干物质积累：于油菜苗期、开花期、成熟期，按五点取样法每小区取10株典型样本，去除油菜根部。将其他部分置于烘箱中105 ℃杀青30 min，80 ℃条件下烘干至恒重。

③ 考种测产：油菜成熟时（2018年4月21日）及时收获，并按五点取样法每小区抽取10株典型样本，测定油菜的株高、密度、一次有效分枝数、主花序有效角果数、有效分枝起点、全株有效角果数、每角果粒数、千粒重等主要农艺性状，然后计算出产量。

④ 土壤性状测定：油菜收获后，采用五点取样法取土壤样品（0~20 cm），混匀后作为1个混合样。土壤容重采用环刀法测定。酸度计测定土壤pH值，碱解扩散法测定碱解氮，钼锑抗比色法测定有效磷，醋酸铵浸提火焰光度法测定速效钾，重铬酸钾容量法测定土壤有机质。

⑤ 数据分析方法：通过软件对试验数据在0.05水平进行显著性检验。

（4）试验结果分析

1）耕作播种方式对油菜生物学特性的影响

相比于翻耕移栽，免耕移栽和免耕直播均降低了油菜苗期和开花期叶片SPAD值，不同耕作播种方式对油菜生物学特性的影响的试验结果见表4-1。相对于苗期，开花期3个处理叶片SPAD值均有下降的趋势。其中，翻耕移栽处理下降了

18. 4%,免耕直播处理下降了 16. 6%;免耕直播开花期叶片 SPAD 值比翻耕移栽下降了 0. 27SPAD 单位。各处理间差异不显著。不同耕作播种方式中,翻耕移栽在油菜苗期、开花期、成熟期的单株生物积累量均最高,其次为免耕移栽,免耕直播最低。其中,翻耕移栽成熟期单株生物量比免耕直播增加 12. 88 g,达到显著水平。这说明相同的大田栽培管理模式下,免耕直播因栽培密度高导致单株油菜生长发育较弱,生物量积累下降。

表 4-1　不同耕作播种方式对油菜生物学特性的影响

处理	叶片 SPAD 值		单株生物量/g		
	苗期	开花期	苗期	开花期	成熟期
翻耕移栽	41. 35a	33. 72a	3. 54a	31. 61a	57. 51a
免耕移栽	40. 21b	33. 55a	2. 74a	31. 22a	51. 06ab
免耕直播	40. 12b	33. 45a	1. 40a	17. 69a	44. 63b

注:同列数据后不同小写字母表示在 0.05 水平差异显著,下同。例如,小写字母 a 表示与所有包含 a 的无显著差异,与所有不包含 a 的有显著差异。

2）耕作播种方式对油菜籽产量及产量构成因素的影响

不同耕作播种方式对油菜成熟期农艺性状和产量构成影响较大,有的达到了差异显著性,不同耕作播种方式对油菜籽产量及其构成因素的影响的试验结果见表 4-2。翻耕移栽整体指标均较好,尤其是全株有效角果数这个对油菜籽产量有重大影响的指标显著高于免耕直播;免耕直播方式株高、主花序有效角果数、每角果粒数及千粒重均最低,同时,免耕直播显著增加了栽培密度。3 种不同耕作播种方式单位面积产量从大到小依次为翻耕移栽、免耕移栽、免耕直播。相对于翻耕移栽,免耕移栽和免耕直播产量分别下降了 54. 44 kg/hm^2、140. 03 kg/hm^2,即分别下降了 1. 94%、5. 00%,但差异未达到显著水平。

表 4-2　不同耕作播种方式对油菜籽产量及其构成因素的影响

处理	密度/(万株 · hm^{-2})	株高/cm	主花序有效角果数/个	全株有效角果数/个	每角果粒数/个	千粒重/g	产量/(kg · hm^{-2})
翻耕移栽	10. 33b	161. 00b	76. 00a	365. 33a	20. 78a	3. 64a	2 802. 35a
免耕移栽	10. 33b	170. 33a	78. 00a	349. 33a	20. 70a	3. 71a	2 747. 91a
免耕直播	25. 00a	150. 33c	49. 83a	148. 67b	20. 03a	3. 61a	2 662. 32a

3）耕作播种方式对土壤性状的影响

不同耕作播种方式对土壤性状的影响的试验结果见表 4-3。对土壤表层(0~

5 cm)分析表明,免耕处理土壤容重有下降的趋势,但差异不显著。这说明免耕有利于减少表层容重,使土壤疏松,形成较好的土壤结构。对土壤耕作层(0~20 cm)进行化学性质分析可以看出,两种免耕栽培方式下土壤 pH 值均降低,其中免耕直播比翻耕移栽降低了 0.06 个单位;免耕栽培土壤有机质含量有下降的趋势,免耕直播相对于翻耕移栽下降了 3.8%。除有效磷外,两种免耕栽培土壤耕作层速效养分均低于翻耕处理;碱解氮、速效钾均以免耕直播最低,相对于翻耕移栽分别降低了 3.14%、11.19%。

表 4-3 不同耕作播种方式对土壤性状的影响

处理	容重 $(g \cdot cm^{-3})$	pH 值	有机质/ $(g \cdot kg^{-1})$	碱解氮/ $(mg \cdot kg^{-1})$	有效磷/ $(mg \cdot kg^{-1})$	速效钾/ $(mg \cdot kg^{-1})$
翻耕移栽	1.09a	5.17a	36.19a	175.00a	10.82a	71.50a
免耕移栽	1.06a	5.07a	35.04a	170.00a	10.85a	69.50a
免耕直播	1.03a	4.95a	34.81a	169.50a	10.15a	63.50a

4.2.4 不同土壤条件下移栽油菜的节本增产效果比较

自 2015 年以来,在长江流域油菜主产区,包括江苏南京、苏州、扬州、常州、镇江等地,安徽马鞍山、巢湖等地,四川温江、新都、绵阳、广汉等地,湖北武穴、荆门,湖南衡南,上海进贤等建立的 30 余个试验示范点,油菜毯状苗移栽技术累计推广 22.378 万亩,辐射带动 100 多万亩。对稻茬田耕整地移栽、旱作茬整地移栽以及青菜、芹菜等旱作移栽多种条件下的移栽产量和经济效益进行了对比试验,试验数据见表 4-4。其中,稻茬田整地移栽与人工移栽相比省工节本 140~220 元/亩,旱作茬整地移栽省工节本 140~180 元/亩。与同期直播相比,稻茬田整地移栽增产 40~60 kg/亩,旱作茬整地移栽增产 50~70 kg/亩,青菜、芹菜等旱作移栽与人工移栽持平。可以看出,油菜毯状苗移栽技术在不同的土壤条件下均能取得显著的节本增产效果。

表 4-4 不同土壤条件下节本增产效果

类型	时间	地点	省工节本/(元 · 亩$^{-1}$)	增产/(kg · 亩$^{-1}$)
稻茬田整地移栽	2015—2018	江苏、安徽、四川、湖南、湖北等	140~220	40~60
旱作茬整地移栽	2015—2018	江苏、湖北	140~180	50~70
青菜、芹菜等旱作移栽	2015—2018	江苏、天津	150~230	与人工移栽持平

4.3　作物收获前后稻茬田土壤特性

4.3.1　土壤含水率与贯入阻力试验

2014 年 11 月 3 日在江苏省江都区小纪镇宗村进行土壤含水率与贯入阻力的试验。试验田块东西长约 60 m，南北宽约 55 m，西南角由于地形限制呈圆弧，整块地略呈扇形。按"L"形分布在田间均匀取 3 块样方，每块样方按五点取样法均匀取 5 个采样点，共计 15 个采样点。试验时间从 11 月 3 日至 11 月 7 日共 5 天。4 日水稻收割，5、6 两日收集秸秆，6 日晚间旋耕。4 日、5 日两天田间部分区域有收割后切碎的秸秆覆盖。试验期间天气以多云为主，5 日夜间有小雨。试验过程中每天 9:00～11:00 和 15:00～17:00 两个时间段分别在 15 个采样点测量 0～100 mm 深度范围内的土壤含水率和 0～160 mm 深度范围内的土壤贯入阻力。

（1）土壤平均含水率随时间推移的变化规律

试验测得土壤的平均含水率为 26.0%，最低平均含水率为 23.8%，最高平均含水率为 29.2%。图 4-7 为土壤平均含水率随时间的变化规律，从图中可以看出，从收割前到收割后含水率从 24%左右略微上升至 26%左右，收割后含水率变化不大，基本稳定在 26%，而降雨后含水率明显上升，接近 30%。为了研究测量时间及测点空间分布两因素对测得的含水率的影响，对含水率数据进行了方差分析，分析结果见表 4-5。在显著水平 $\alpha=0.01$ 下，测量时间、测点空间分布两因素和两者的交互作用对试验指标的影响均显著。测量时间影响显著，表明蒸发、降水等环境因素对地表含水率有显著影响；测点空间分布影响显著，表明同一块田中含水率分布并不均匀，而是随空间位置变化有一定的波动。另外，两者的交互作用影响显著，表明同一块田中不同位置的土壤对环境因素的响应并不相同。

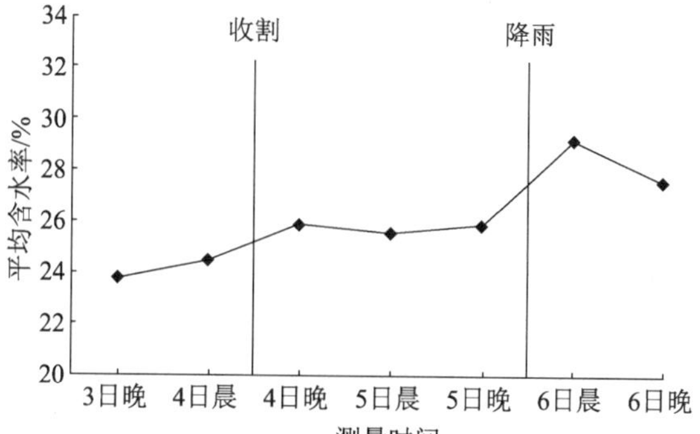

图 4-7　平均含水率随测量时间的变化

表 4-5　土壤含水率的方差分析

差异源	*SS*	*df*	*MS*	*F*	*P*	F_α
测量时间	1 509.772	6	251.629	32.647	0.000	2.845
测点空间分布	5 751.326	14	410.809	53.300	0.000	2.124
交互作用	2 451.433	84	29.184	3.786	0.000	1.451
误差	3 237.144	420	7.707			
总计	12 949.68	524				

(2) 土壤含水率空间变异性随时间推移的变化规律

为了考查土壤含水率在各个测点分布的不均匀性随测量时间的变化,计算每次测量的15个测点含水率的变异系数。图4-8为变异系数的变化情况,从图中可以看出,从收割后到降水前这段时间内含水率变异系数较大,且大体上呈上升趋势;收割前及降水后的含水率变异系数均较小。对这两种情况下的变异系数进行方差分析,结果表明,在显著水平 $\alpha=0.05$ 下,两种情况下的含水率变异系数差异显著。

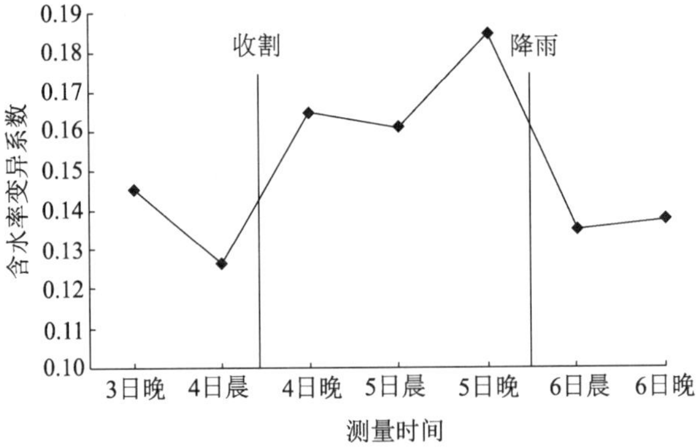

图 4-8　含水率变异系数随测量时间的变化

(3) 土壤平均贯入阻力随时间推移的变化规律

土壤贯入阻力受土壤机械组成、土壤结构性、含水率及压实状态等因素影响,在一定程度上代表土壤的力学性能,并对耕作碎土效果有一定影响。每个测点的贯入阻力值为20~160 mm深度范围内的贯入阻力的平均值。通过试验计算得到总平均贯入阻力为162 N,最低平均贯入阻力为139 N,最高平均贯入阻力为199 N,极差为60 N,标准差为21 N,变异系数为0.127。图4-9为平均贯入阻力随时间的变化规律,从图中可以看出,其与平均含水率的变化规律基本一致。平均含水率及测点空间分布两因素对测得的平均贯入阻力的影响的方差分析结果表明，在显著水平 $\alpha=0.01$ 下，平均含水率及测点空间分布两因素对平均贯入阻力的影响均显著，说明土壤含水率对其机械性能有显著影响，且同一块田中土壤平均贯入阻力分布并不均匀，而是有一定的波动。

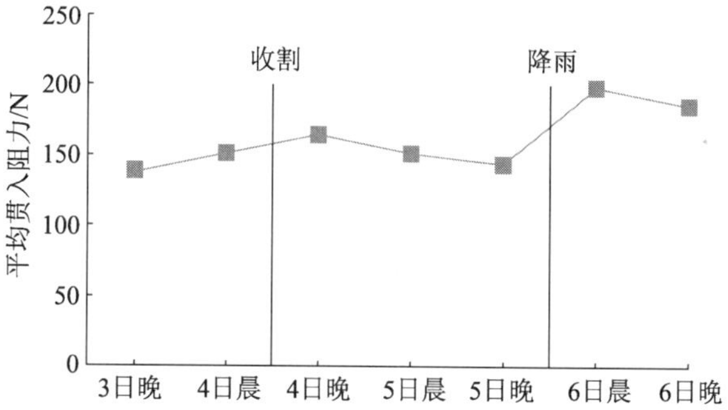

图 4-9　平均贯入阻力随测量时间的变化

（4）平均贯入阻力与土壤含水率关系的回归分析

对平均贯入阻力与土壤含水率的试验数据进行线性拟合，回归曲线如图 4-10 所示。式(4-1)为平均贯入阻力与土壤含水率的回归方程，回归方程的相关系数 $R^2=0.8634$，说明回归方程在显著水平 $\alpha=0.01$ 下显著，平均贯入阻力与土壤含水率之间存在线性回归关系，平均贯入阻力随着土壤含水率的增大而增大。土壤含水率从约 24%增大到约 29%时，平均贯入阻力从约 140 N 增大到约 200 N。

$$F_\theta=11.292\theta_v-131.89 \tag{4-1}$$

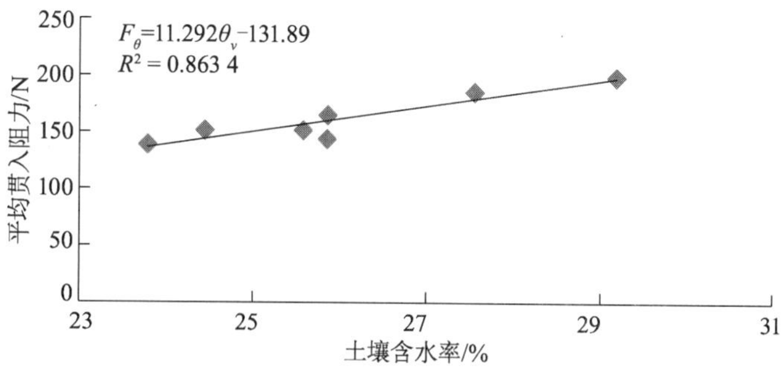

图 4-10　平均贯入阻力与土壤含水率的关系

（5）平均贯入阻力与贯入深度关系的回归分析

平均贯入阻力与贯入深度的回归曲线如图 4-11 所示，线性拟合方程为式(4-2)，相关系数 $R^2=0.9926$，说明回归方程在显著水平 $\alpha=0.001$ 下显著，平均贯入阻力与贯入深度之间存在二次回归关系，平均贯入阻力随着贯入深度的增大而增大。当平均贯入深度达到 160 mm 时，贯入阻力可以达到约 400 N。但 20 mm 深度的平均贯入阻力大于 40 mm 深度的平均贯入阻力。

$$F_h = 0.022\ 3h^2 - 1.768\ 2h + 93.466 \tag{4-2}$$

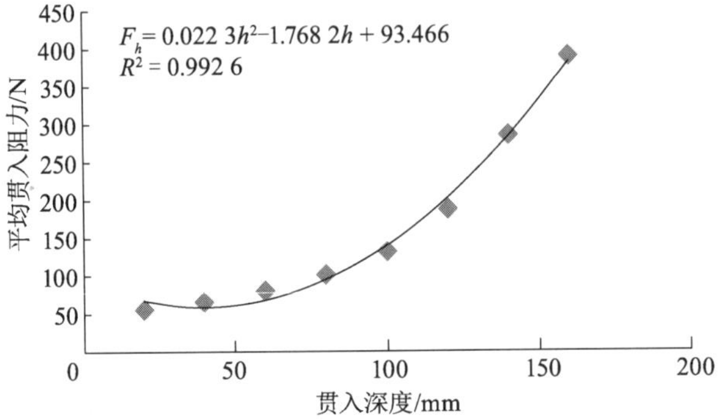

图 4-11　平均贯入阻力与贯入深度的关系

4.3.2　耕作条件与耕后土壤细碎度及流动性试验

为比较不同含水率条件下旋耕碎土后土壤的细碎度与流动性差异，在同一片田中选取两块大小形状一致的田块分别试验，田块南北长 56 m，东西宽 28 m，呈矩形。分别在 11 月 8 日（雨后）、10 日（晴天）上午对田块进行旋耕，耕前测量土壤含水率与平均贯入阻力，耕后测量细碎度与流动性。从旋耕后的表土层中取 10 kg 土样，用 25 mm、10 mm 方眼筛分层筛分，并称量筛下物的质量，用以衡量细碎度。用编织袋卷成漏斗让所取土样流下堆积成圆锥体，测量该圆锥体的高度和底面周长以计算休止角，用以衡量流动性。

表 4-6 为细碎度与流动性的试验数据。试验结果表明，土壤含水率高时旋耕，会使大直径土块所占比例增加，小直径土块所占比例减少；而堆积休止角没有显著变化。受到田间土壤压实等情况的干扰，雨后和晴天测得的土壤含水率数据差别不大，但实际上田间土壤含水率有较明显的差别。

表 4-6　细碎度与流动性试验数据

试验时间	土壤含水率 θ_v/%	平均贯入阻力 F/N	土块直径分布/%			堆积休止角/(°)
			ϕ>25 mm	10 mm<ϕ≤25 mm	ϕ≤10 mm	
11 月 8 日（雨后）	36.0	136	35	38	27	33.6
11 月 10 日（晴天）	34.5	167	11	29	60	33.7

第 5 章　油菜毯状苗取-送-栽一体化栽植技术

机械化旱地移栽过程一般包括开沟、取苗、运送、栽植、覆土镇压 5 个主要环节。移栽机可以分为半自动和全自动两种形式，主要区别在于是否能够实现自动取苗。目前国内的旱地移栽机以半自动移栽为主，工作时需要 1～3 名操作手来完成人工分拣苗过程，这种半自动的取苗方式不仅耗费人力，而且效率极其低下，因为受到人工操作速度的限制，机具的移栽效率很难提升。全自动移栽机利用机械装置自动供苗，消除了人工作业带来的一系列问题，大大提高了机械移栽效率。近年来，国内外科研人员对自动取苗技术进行了广泛深入的研究。自动取苗机构有整排取苗和单株取苗两种类型。在欧美等国家多采用整排取苗方式，主要适用于耕种面积大的地区，其原理是利用取苗爪抓取秧苗进行取苗，然后将秧苗放至苗筒或者皮带沟槽内并运送给栽植机构，通过栽植机构完成栽插。这种方式的自动化程度高、效率较高、取苗性能比较稳定。但这种全自动移栽机从取苗到投苗的每个环节均需要一个机构独立完成，动作复杂且环节多，要想实现全自动化，需要多个机构交接作业，因此存在交接过程中秧苗不受控的问题，一些栽植机构需要依靠苗的自重下落完成投苗动作，限制了移栽机栽植频率的提高，并且机构的结构复杂、成本较高。日本和韩国等种植面积小的国家研制的移栽机主要采用单株取苗方式，通过取苗爪沿一定轨迹扎入钵苗基质块将钵苗取出，然后放入栽植器中进行移栽，由横纵向进给秧箱进行供苗，取苗方式与水稻插秧机的原理类似，与水稻插秧机的区别在于栽植轨迹不同。这种移栽机在取苗时需要取苗爪向前插入钵苗基质，然后夹取基质向后退回，将钵苗从苗盘中取出，因此要求取苗爪低速或零速取苗，在高速栽植条件下难以获得良好的取苗质量。

针对旱地移栽机具存在的问题和现状，农业农村部南京农业机械化研究所吴崇友带领的团队提出了能够适应油菜移栽农艺要求和油菜毯状苗特性的取-送-栽一体化栽植技术及栽植装备系统。本章首先对油菜毯状苗移栽机的取-送-栽一体化栽植系统的结构设计思路和工作原理进行了介绍，对栽植系统的切块取苗、夹持、运移和栽插机理以及旱地仿形装置的仿形原理进行了分析，构建了取-送-栽一体化栽植系统中栽植机构的运动学模型，并设计优化了适宜油菜毯状苗的栽植轨迹；其次分析了自动供苗装置的横向移箱和纵向送秧原理，优化了切块取苗作业参数；然后研究了油菜毯状苗移栽栽植过程中的立苗条件；最后设计了栽植系统的液压仿形机构。

5.1 取-送-栽一体化栽植系统结构与工作原理

栽植系统是油菜毯状苗移栽机的核心部件，担负着准确、高速、平稳可靠地完成供苗、取苗、栽插动作的任务。为了能够适应稻茬田黏重的土壤条件，在借鉴水稻插秧机栽植方式的基础上，吴崇友团队提出了适应油菜移栽农艺要求和油菜毯状苗特性的取-送-栽一体化栽植技术及栽植装备系统，该系统能够实现切块取苗、运送苗、栽插苗3个动作环节由一个机构在连续顺畅旋转一周内完成，苗块全程受控，同时通过横纵向自动送秧，创造了目前世界上最高的旱地移栽栽植频率纪录，栽植频率最高能够达到400次/(分·行)。

取-送-栽一体化栽植系统的结构设计如图5-1所示，主要由自动供苗装置、非圆齿轮行星轮系栽植装置和旱地仿形装置组成。3个部件均固定安装在栽植机架上。

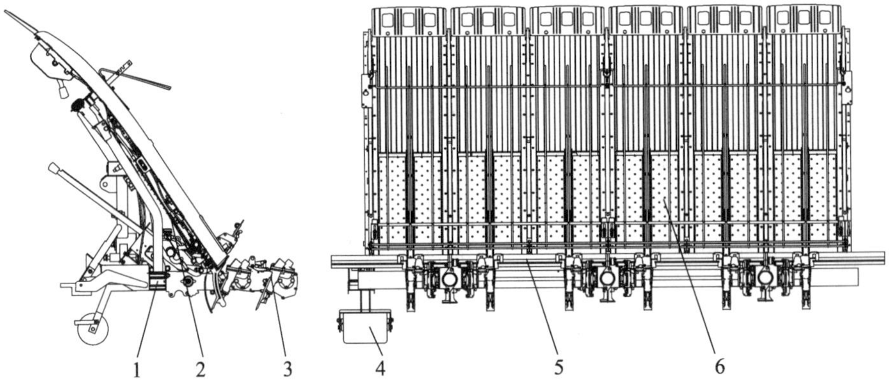

1—栽植机架；2—纵向送苗装置；3—非圆齿轮行星轮系栽植装置；4—旱地仿形装置；5—横向移箱装置；6—秧箱

图5-1 取-送-栽一体化栽植系统结构示意图

取-送-栽一体化栽植系统的动力由移栽机的底盘提供，作业时，非圆齿轮行星轮系栽植装置的秧针按一定顺序、连续不间断地从秧门处把秧箱内的秧苗取走，同时横向移箱装置配合带动秧箱横向运动，按时定量、均匀地将秧箱内的秧苗往秧门处补充。当取完整排秧苗后，通过纵向送苗装置将秧箱内秧苗整体向下送，往秧门处补充新一排秧苗。秧针取苗后夹持油菜毯状苗块底部的苗片，并携带运送到推苗处，通过推苗杆将苗块整体栽插到事先开好的沟缝中。取苗、运送苗、栽插苗3个动作均由栽植装置控制完成，苗块全程受控，高效地保证了移栽效率。整个栽植系统通过平行四边形仿形杆与插秧机底盘连接，栽植系统中设置液压仿形机构，根据感应轮获取田间土壤高低平整变化的信息实时控制栽植系统的高度升降，从而保证移栽机的栽植深度。取-送-栽一体化栽植系统的取苗—运送苗—栽插苗动作过程如图 5-2 所示。

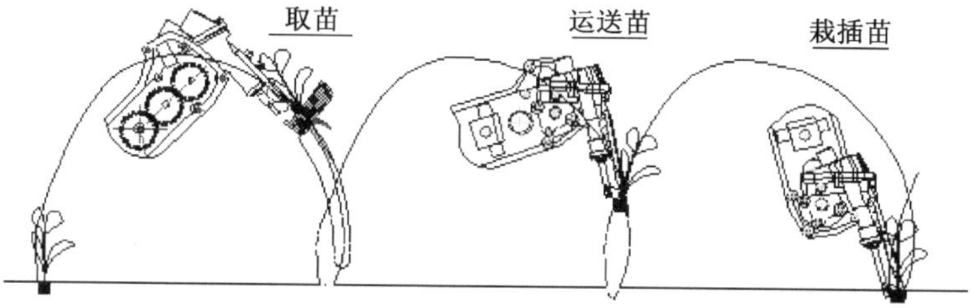

图 5-2　取苗—运送苗—栽插苗动作示意图

5.2　油菜毯状苗移栽机栽植机构设计与轨迹优化

栽植机构是移栽机的核心工作部件，承担完成秧苗栽插的任务。栽植机构性能的好坏直接影响移栽机的栽植质量和作业效率。对于油菜毯状苗移栽，为了打破传统旱地移栽机栽插效率极低的局限，提出取-送-栽一体化回转式栽植机构。该栽植机构与水稻高速插秧机的插秧原理相类似，是一种非圆齿轮行星轮系分插机构。但由于油菜秧苗与水稻秧苗的生物特性之间存在差异，需要重新设计栽植机构的栽植轨迹，以满足油菜毯状苗的土壤条件、农艺要求和移栽要求。本节的主要内容是介绍油菜毯状苗移栽机栽植装置的结构与工作原理，提出满足油菜毯状苗移栽的栽植轨迹设计要求，分析椭圆齿轮的传动原理，建立椭圆齿轮行星轮系分插机构的运动学模型，优化油菜毯状苗移栽的栽植轨迹，并通过建立运动学仿真分析模型来模拟栽植机构的栽插过程。

5.2.1　油菜机械化移栽的栽植方式

油菜移栽机械主要有裸苗移栽、钵苗移栽和毯状苗移栽 3 种栽植方式。

在油菜毯状苗移栽技术出现之前，国内主要采用的是裸苗移栽和钵苗移栽。裸苗移栽主要用于半自动移栽机，栽植装置一般采用链夹式栽植器。裸苗移栽时需要对幼苗进行检查，包括病症、害虫、杂草等，操作复杂。由于油菜秧苗性状特殊，秧苗娇嫩细长，移栽时容易损伤根茎和叶片，不利于油菜的生长及养分的吸收，并影响油菜移栽后的成活，因此裸苗移栽机具的研制难度大，生产效率、伤苗率和可靠性问题不易真正解决，给其推广应用带来很大的困难。

油菜钵苗移栽是目前比较常用的移栽方式。因为钵体苗根部有定量的基质，不仅能为秧苗根系提供营养,使秧苗的生长比较均匀,还能在栽植时通过苗钵有效控制幼苗的自由度且保护秧苗免受损伤,缩短栽植后的缓苗期,秧苗易成活,综合效益较好。另外,定量的基质增加了秧苗底部的重量,秧苗在分苗下落的过程中,其根部能始终保持朝下的方向,有利于落苗和立苗,充分满足了油菜机械化的农艺要求。相对于裸苗移栽来说,采用钵苗移栽能降低机具复杂程度和生产成本,提高栽植质量和工作可靠性,是更具有发展前景的一种油菜栽植模式。但目前国内在油菜钵苗移栽机方面的研究还不够成熟和深入,市场上主流的机具主要是仿制机或通过改进传统的旱地移栽机获得,没有形成自己的核心技术。尤其是对于长江流域的冬油菜种植区,移栽机对稻板田土壤环境的适应性差,甚至可以说是无法移栽。另一个瓶颈问题是移栽机的栽植效率,油菜移栽机的栽植机构从取苗到投苗整个过程动作复杂,需要多个机构交接完成,秧苗不能全程受控,依靠苗自重下落投苗,从根本上限制了栽植效率的提升。

为了进一步满足油菜机械化的农艺要求,在前人相关研究的基础上,国内的科研人员探索出了一种油菜毯状苗的育苗方法。油菜毯状苗的育苗方法借鉴了水稻毯状苗的育苗方法,主要包括备盘、铺土、播种、摆盘施肥等步骤,最终育出可连同无纺布一起取出移栽的油菜毯状苗。通过这种育苗方法培育的油菜苗根系基本上都进入底膜内,弥补了油菜苗根系欠发达的缺陷,因此很好地解决了油菜苗形成毯状的问题。故毯状苗不仅具备钵体苗的特性,还能免去人工投苗的环节,降低了劳动强度。与此同时,科研人员研制出了配套油菜毯状苗的移栽机具,在油菜移栽机械方面首次提出了油菜毯状苗切块取苗+切缝整形+对缝插栽+推土镇压的移栽方式,作业效率达到 4~6 亩/小时,比人工移栽提高 40~60 倍,接近链夹式移栽机移栽效率的 10 倍。油菜毯状苗移栽的栽植过程摆脱了对土壤流动性的依赖,对黏重土壤适应能力强,是一种非常具有发展前景的油菜移栽的栽植方式。

5.2.2 栽植机构的类型和特点

分插机构是一种广泛应用于全自动移栽机上的栽植机构,它的特点是能够在一个机构上独立完成取苗、运送苗、栽插苗 3 个移栽动作,且能够在高速运转下稳定移栽,因此在水稻插秧机上得到广泛应用。按其发展历程可以把分插机构分为传统分插机构和高速分插机构。传统分插机构的转速一般较低,最高转速通常低于 270 r/min,主要分为滚动直插式分插机构、往复直插式分插机构和曲柄摇杆式分插机构。其中,滚动直插式分插机构有摇臂导槽滚动直插式分插机构和摆动偏心盘连杆控制式滚动直插分插机构 2 种类型;往复直插式分插机构主要有摇臂导槽往复直插式分插机构和凸轮控制五杆往复直插式分插机构 2 种类型。高速分插机构通常是指采用异形齿轮行星轮系作为传动机构的分插机构。高速分插机构首先由日本学者发明，这种分插机构旋转一周可以插秧 2 次，其插植臂对称布置易于实现动平衡，能满足高速作业要求，栽植频率可达 400～600 次/min，秧爪尖的平均线速度比曲柄摇杆式分插机构还要低，插秧质量好、能适应高速作业。因此，高速分插机构是插秧机分插机构今后发展的重要方向。高速分插机构的主要类型有偏心齿轮行星轮系分插机构、椭圆齿轮行星轮系分插机构、正齿行星轮系分插机构和节曲线不规则异形齿轮行星轮系分插机构等。不同类型的分插机构对比见表 5-1。

表 5-1　栽植机构的类型和特点

栽植机构类型	机构示意图	适用范围	栽插速度	结构特点
转臂滑道控制直插式	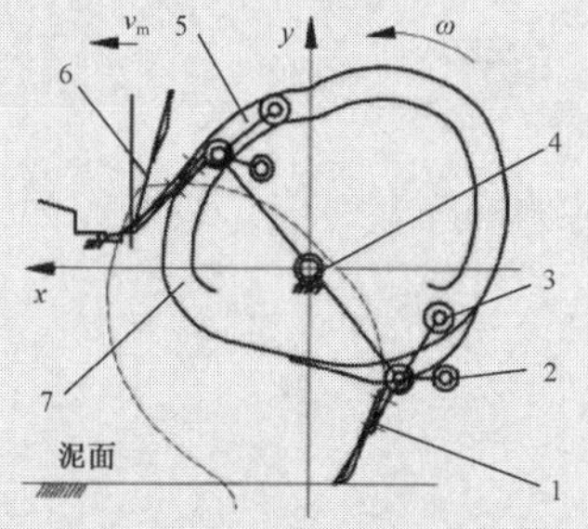 1—秧爪；2—短滚轮；3—长滚轮；4—分插轮；5—取秧滑道；6—秧箱；7—插秧滑道	毯状苗	传统低速	① 秧爪一边随分插轮转动，一边在滑道的约束控制下相对分插轮臂做转动；② 秧爪轨迹、取秧角度、取秧高度均由滑道控制，插秧时采用失控无约束方式；③ 易磨损，高速稳定性差
摆动偏心盘连杆控制式	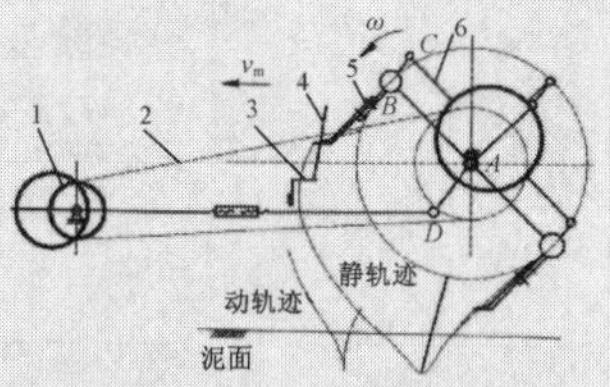 1—偏心盘摇杆机构；2—传送链；3—秧门；4—秧帘；5—秧爪；6—平行四杆机构	毯状苗	传统低速	① 秧爪运动由偏心轮平行四杆机构控制；② 秧爪运动轨迹和分秧角度设计困难，取秧高度和取秧量调节较复杂
摇臂导槽往复直插式	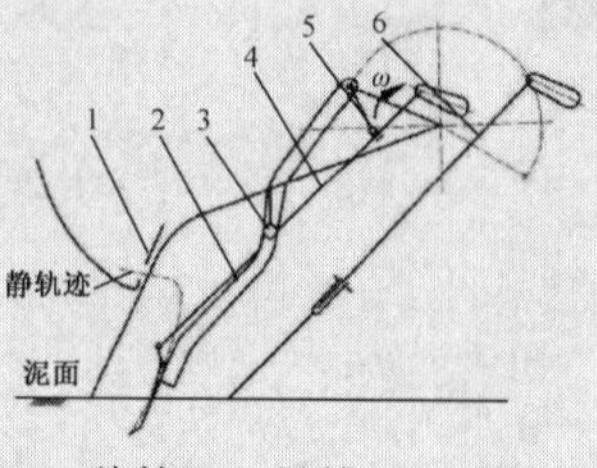 1—秧箱；2—导槽；3—滚轮；4—分插秧操纵杆；5—曲柄；6—方向操纵杆	毯状苗	传统低速	① 通过操纵杆使曲柄摆动，摇臂受到固定滚轮和曲柄的共同约束，从而实现秧爪尖顶点按“7”字形轨迹运动；② 秧夹运动轨迹与人工手插秧相似，但摇臂导槽和滚子容易磨损

续表

栽植机构类型	机构示意图	适用范围	栽插速度	结构特点
凸轮控制五杆往复直插式	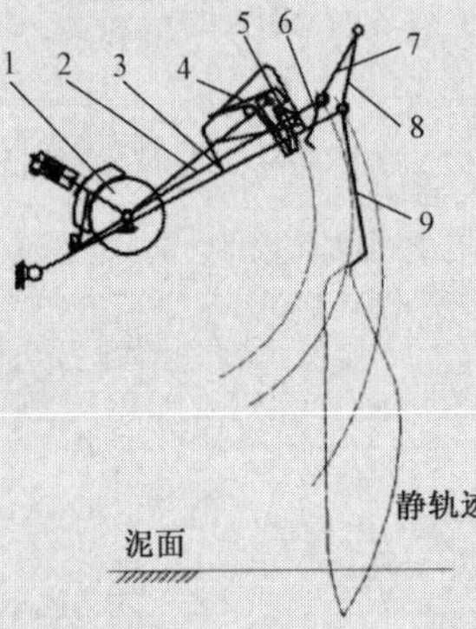 1—滚轮;2—长控制杆;3—摇臂; 4—碰块;5—小凸轮;6—拨杆; 7—短控制杆;8—秧爪摇臂;9—秧爪	毯状苗	传统低速	① 由两个平面五杆机构共同作用; ② 栽植轨迹易实现,采用失控无约束方式栽插,移栽质量较好、耐用性好,但当栽植频率超过 100 次/min 后振动加大
曲柄摇杆式	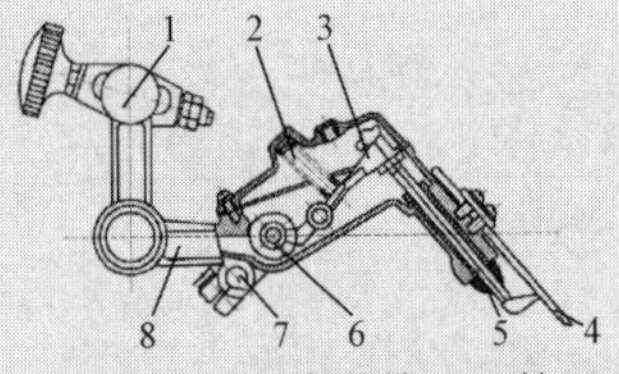 1—摇杆;2—推秧弹簧;3—拨叉; 4—秧爪;5—推秧器;6—凸轮; 7—曲柄;8—插植臂体	毯状苗	传统低速	① 秧爪的运动轨迹由曲柄的圆周运动+摇杆的往复摆动的复合运动组成; ② 转动过程中难以实现动平衡,高速作业时振动大
偏心齿轮行星轮系	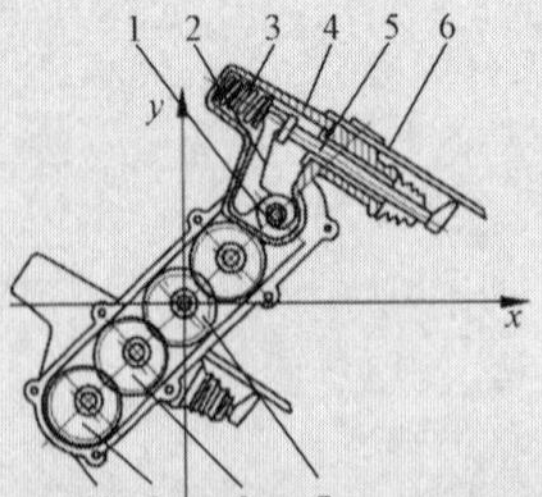 1—推秧凸轮;2—推秧摆杆;3—推秧弹簧; 4—插植臂;5—推秧杆;6—秧爪; 7—太阳轮;8—中间轮;9—行星轮; 10—旋转箱	毯状苗	高速	由 5 个全等的偏心齿轮组成,插植臂固定在行星轮上,随行星架绕太阳轮公转,同时随行星轮自转

续表

栽植机构类型	机构示意图	适用范围	栽插速度	结构特点
椭圆齿轮行星轮系	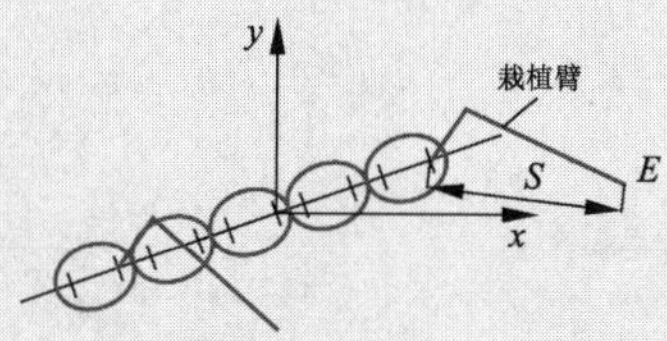	毯状苗	高速	① 由 5 个完全相同的椭圆齿轮组成，结构原理与偏心齿轮行星轮系分插机构类似；② 椭圆齿轮的节曲线可用解析形式的数学表达式精确描述，方便齿轮的建模与计算
正齿行星轮系	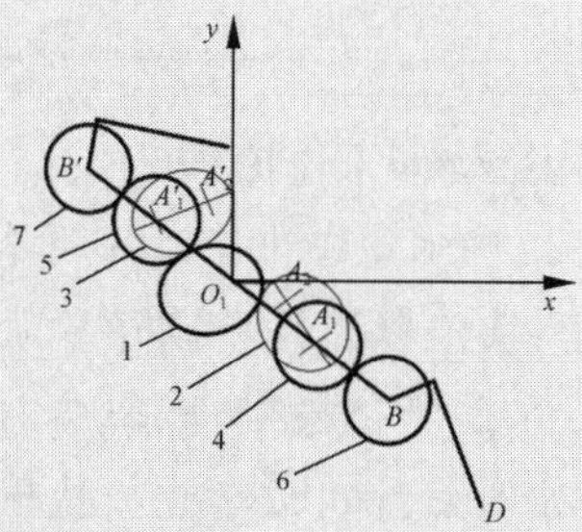 1—中心椭圆齿轮；2，3—中间椭圆齿轮；4，5—中间圆齿轮；6，7—行星圆齿轮	毯状苗	高速	由 4 个全等正圆齿轮和 3 个全等椭圆齿轮组成。中间正齿轮与中间椭圆齿轮、行星轮与插秧臂固定在一起，插秧臂一边绕旋转中心做匀速圆周运动，一边随行星轮做非匀速转动
节曲线不规则异形齿轮行星轮系	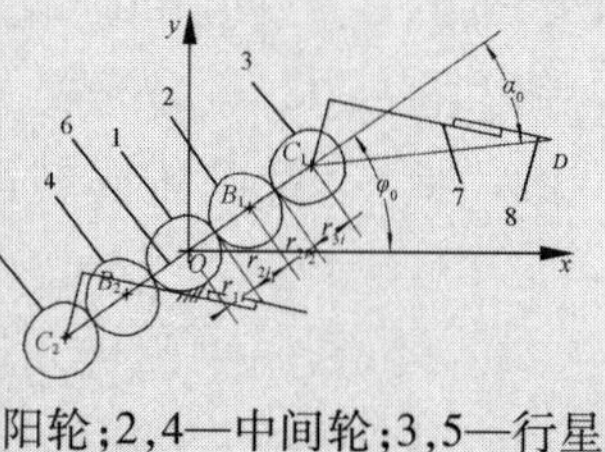 1—太阳轮；2，4—中间轮；3，5—行星轮；6—行星架；7—栽植臂；8—秧爪	毯状苗	高速	非圆齿轮是圆齿轮的一种变形，其节曲线形状是根据传动比函数要求设计出的封闭的不规则曲线，可以实现任意传动比

续表

栽植机构类型	机构示意图	适用范围	栽插速度	结构特点
非圆-不完全非圆齿轮行星轮系	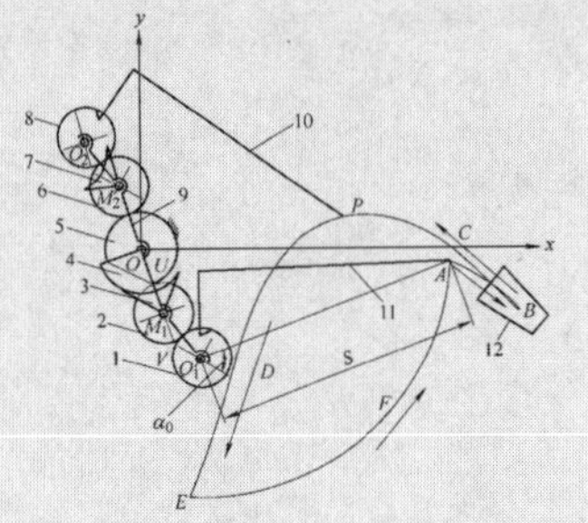 1,8—行星椭圆齿轮;2,6—中间椭圆齿轮; 3,7—凹锁止弧;4—凸锁止弧; 5—不完全非圆齿轮;9—行星架; 10,11—秧爪;12—钵苗盘	钵体苗	低速	① 由不完全非圆齿轮(太阳轮)、4个全等的椭圆齿轮、凸锁止弧、凹锁止弧组成; ② 用于全自动钵苗移栽,与高速分插机构的主要区别在于取苗方式不同,采用插入夹取式的取苗方式; ③ 栽植频率不宜过高

5.2.3 油菜毯状苗移栽机栽植机构结构与工作原理

油菜毯状苗移栽机栽植机构整体的结构示意图如图 5-3 所示。油菜毯状苗移栽机的栽植机构主要由栽植中间传动箱、栽植伞齿轮传动箱和旋转插植部件等组成,其中,共有 3 个栽植伞齿轮传动箱、6 个旋转插植部件,每个栽植伞齿轮传动箱左右两侧各安装 1 个旋转插植部件,可实现 6 行同时作业。栽植伞齿轮传动箱和栽植中间传动箱分别通过螺栓固定在机架上,栽植中间传动箱将底盘动力通过齿轮传动到中间的栽植伞齿轮传动箱上,再通过中间传动轴分别将动力传动到左右两侧的栽植伞齿轮传动箱上。在栽植伞齿轮传动箱的左右两侧对称布置有 2 个旋转插植部件,通过锥形销固定连接。旋转插植部件主要由行星架、插植臂、秧针和推秧装置组成。行星架内部安装有 5 个齿轮,分别是 1 个太阳轮、2 个中间轮和 2 个行星轮。太阳轮固定在栽植伞齿轮传动箱上,2 个中间轮通过销轴固定在行星架上,2 个行星轮通过行星轴与行星架固定在一起。秧针通过螺栓与插植臂固定在一起,推苗装置的推苗杆安装于秧针的内侧,通过凸轮旋转运动实现间歇式推苗,推苗运动的方向与秧针平行。

栽植机构的传动方式如图 5-4 所示,动力由栽植中间传动箱的输入轴 1 通过栽植伞齿轮传动箱中的锥齿轮 2、3 换向,经扭矩限制器传递给纵向传动轴,再由锥齿轮 6、9 和插植离合器传递给插植臂驱动轴,带动旋转插植部件中的行星架转动。旋转插植部件中的太阳轮固结在行星架中心,随行星架一起匀速转动,在太阳轮两边各对称布置有 2 个中间轮和 2 个行星轮,通过非圆齿轮行星轮系传动实现行星轮的不等速转动并带动插植臂运动。运动过程中,行星架做匀速转动,插植臂绕行星齿轮的回转中心做往复摆动。

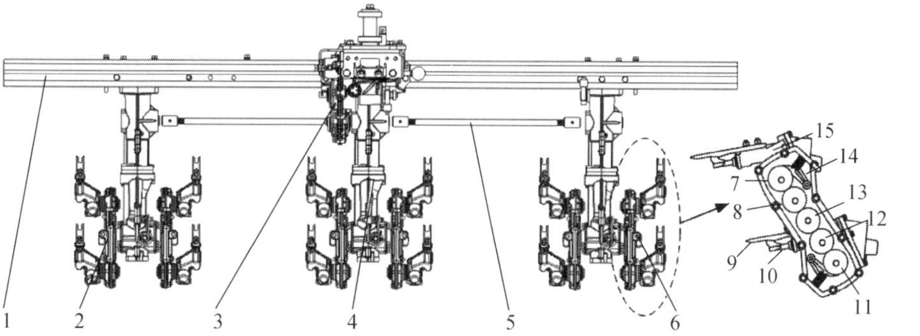

1—机架;2—左侧旋转插植部件;3—栽植中间传动箱;4—栽植伞齿轮传动箱;5—中间传动轴;6—右侧旋转插植部件;7,11—行星轮;8,12—中间轮;9—秧针;10—推苗装置;13—太阳轮;14—行星架;15—插植臂

图 5-3　油菜毯状苗移栽机栽植机构结构示意图

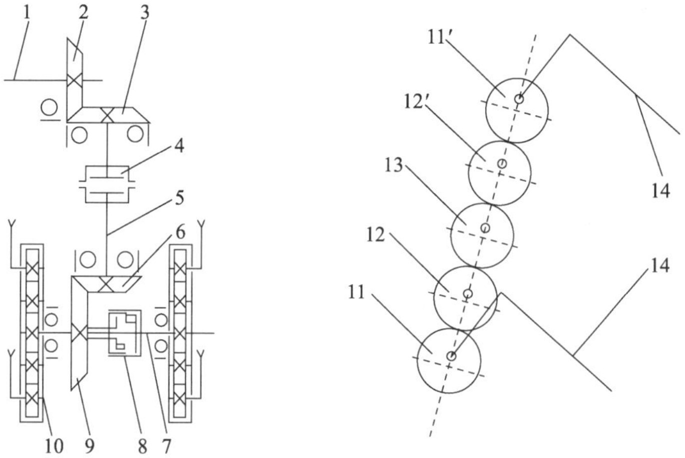

1—动力输入轴;2,3—锥齿轮;4—扭矩限制器;5—纵向传动轴;6,9—锥齿轮;7—插植臂驱动轴;8—插植离合器;10—行星架;11,11′—行星轮;12,12′—中间轮;13—太阳轮;14—秧针

图 5-4　油菜毯状苗移栽机栽植机构传动图

油菜毯状苗移栽机为 6 行同时作业,共有 5 组旋转插植部件,每组的栽植工作原理相同。油菜毯状苗移栽机栽植机构的工作原理如图 5-5 所示。栽植作业过程可分为 4 个阶段,分别是取苗、运移苗、推苗和回程。作业时,行星架高速旋转,秧针到达取苗位置依靠剪切作用力将苗块从苗盘中切割并撕扯下来,然后携带苗块按照栽植轨迹运动,整个过程苗块都在秧针的携带下受控运动。当秧针到达推苗位置时,推苗装置中的弹簧配合凸轮转动瞬时将推苗杆弹出,使苗块与秧针分离并

栽植入土。为了避免秧针回程时碰倒已插秧苗，推苗后的秧针快速回程，旋转至取苗点做下一次的栽植运动。栽植机构的整个作业过程中没有间歇停顿，在旋转一周内完成取苗、送苗和栽插 3 个动作，栽植效率有很大的提升。

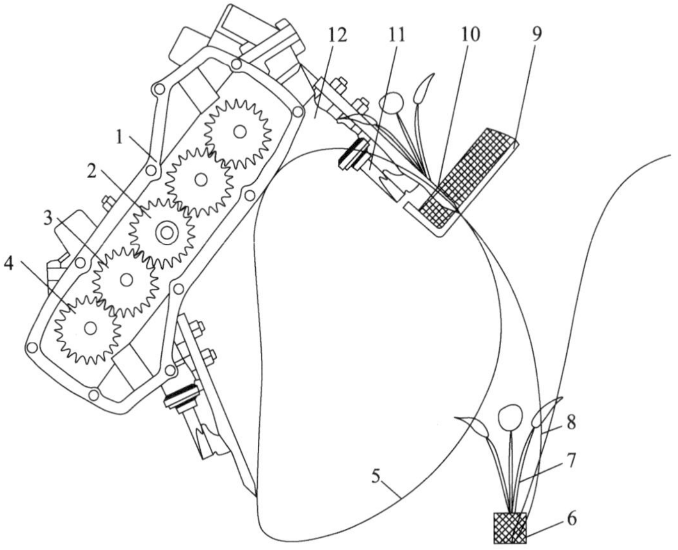

1—行星架；2—太阳轮；3—中间轮；4—行星轮；5—静态轨迹；6—苗片；7—秧苗；
8—动态轨迹；9—秧箱；10—秧针；11—推苗装置；12—插植臂

图 5-5　油菜毯状苗移栽机栽植机构的工作原理

5.2.4　栽植机构的运动学分析

旋转式齿轮行星轮系传动的分插机构依靠行星架内的齿轮相互啮合使得秧针尖点形成所需要的栽植轨迹，具有高效栽插、振动小、传动比变化大等优点。目前旋转式高速分插机构主要有偏心齿轮行星轮系分插机构、正齿行星轮系分插机构、椭圆齿轮行星轮系分插机构、傅里叶节曲线非圆齿轮系分插机构、差速旋转式分插机构和异形齿轮行星轮系分插机构几种类型。油菜毯状苗移栽机栽植机构采用椭圆齿轮行星轮系分插机构，因此本节重点针对椭圆齿轮行星轮系分插机构进行运动学分析，叙述了椭圆齿轮的传动特性与优点，分析了椭圆齿轮行星轮系啮合传动过程中的传动比、角位移变化规律，建立了油菜毯状苗移栽机栽植机构的运动学模型，计算出了椭圆齿轮行星轮系上关键点的位移、速度和加速度方程，得到了椭圆齿轮行星轮系分插机构的运动轨迹的参数表达式，根据油菜移栽要求优化了栽植轨迹，并对栽植过程进行了动力学仿真分析。

（1）椭圆齿轮的传动特性与优点

在对椭圆齿轮行星轮系分插机构进行运动学分析之前，先要分析椭圆齿轮的啮合特性。椭圆齿轮的转动中心为椭圆的焦点，如图 5-6 中的 O_1 和 O_2 分别为椭圆齿轮Ⅰ、Ⅱ的焦点，均为椭圆齿轮的轴心。图 5-6a 为两齿轮的起始位置，齿轮Ⅰ、Ⅱ的长轴共线。

设 L_0 为齿轮轴心 O_1O_2 之间的距离，C 为椭圆齿轮Ⅰ上的另一焦点。P_0 为起始位置的啮合点，则在起始位置处两啮合的椭圆齿轮满足

$$\begin{cases}L_0=O_1P_0+O_2P_0=2a\\CP_0=O_2P_0\end{cases}\tag{5-1}$$

由椭圆的性质可知，随着椭圆转动，椭圆的两个焦点到任意啮合点的距离之和不变，如图 5-6 所示，即

$$L_1=O_1P_1+O_2P_1=2a\tag{5-2}$$

由图 5-6a 位置转到图 5-6b 位置，两齿轮啮合齿数相等，故 $O_2P_1=CP_1$，因此满足

$$L_1=O_1P_1+CP_1=2a\tag{5-3}$$

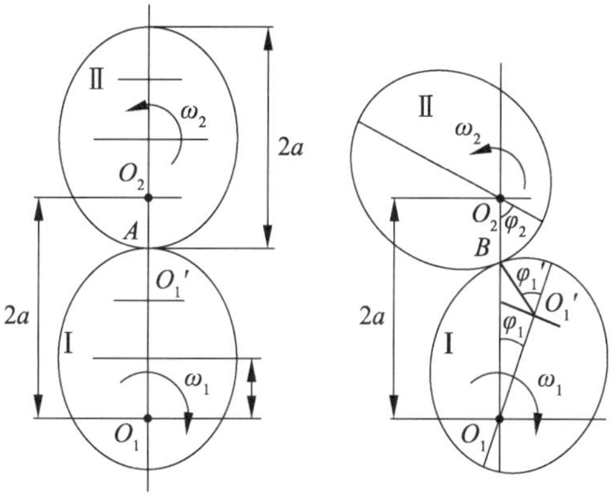

图 5-6　椭圆齿轮传动及其节曲线

上述分析说明，任意啮合点均位于 O_1O_2 的连线上。所以，两齿轮在整个啮合过程中，既不会分离也不会切入，轮齿间会出现相互挤压的现象，传动更加平稳、精度更高、可靠性更好、易于实现动平衡，这是椭圆齿轮啮合最大的优点。综上所述，椭圆齿轮传动具备以下 3 个特点：① 椭圆齿轮节点在两椭圆齿轮轴心的连线上；② 啮合点到两椭圆齿轮轴心距离之和保持不变，说明椭圆齿轮啮合没有齿侧间隙变化，故传动平稳；③ 由于啮合点在 O_1O_2 的连线上变化，故传动比随着齿轮Ⅰ角位移的变化而变化。

近年来，随着计算机辅助设计和制造技术的快速发展，椭圆齿轮传动分插机构

的应用日益广泛，相比于其他几种类型的旋转式分插机构，椭圆齿轮行星轮系分插机构具备很多优势：

① 与偏心齿轮分插机构相比。偏心齿轮由偏心量引起的齿侧间隙和挤压现象，会使系统产生振动从而导致系统传动不平稳。为解决这一问题添加的减振装置，使得机构的结构更加复杂。椭圆齿轮传动过程中不会产生齿隙变化和挤压现象，结构简单，传动平稳，工作可靠性高。

② 与差速分插机构相比。差速分插机构具有两个自由度，必须为行星架和太阳轮分别提供一个动力源才能使系统具有确定的相对运动，两个动力源的加入使系统变得复杂。而椭圆齿轮分插机构中只有一个旋转自由度，只需一个动力源就可以满足工作要求，动力传动系统简单且高效。

③ 与偏心链轮分插机构相比。偏心链轮机构占用空间较大，在传动过程中链条长度会发生变化，瞬时速度不均匀，会产生较大的动载荷和噪声。而椭圆齿轮变速比传动较平缓且结构紧凑。

(2) 椭圆齿轮行星轮系传动比和行星轮摆角计算

目前高速分插机构常用的行星轮系为太阳轮固定的周转轮系，为了简化分插机构的结构形式，通常惰轮(又称中间轮)分别与太阳轮和行星轮直接啮合，即要求太阳轮和行星轮的节曲线形式完全相同。根据机械传动原理，假设给整个栽植机构施加一个与行星架相反的运动，则行星轮系即可转化为定轴轮系进行研究。

图 5-7 中，O、$A_1(A_2)$、$B_1(B_2)$分别表示太阳轮、中间轮和行星轮的回转中心，太阳轮 4 记作Ⅰ，中间轮 3 记作Ⅱ，行星轮 2 记作Ⅲ。

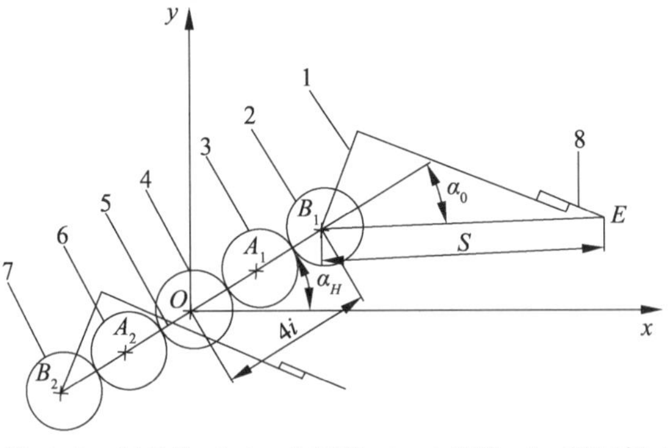

1—插植臂；2,7—行星轮；3,6—中间轮；4—太阳轮；5—行星架；8—秧针

图 5-7 栽植机构结构简图

当行星轮系的行星架转过的角度为 φ_H 时，行星轮Ⅲ的转角为 φ_3，则行星轮Ⅲ相对行星架的转角关系可以定义为

$$\varphi_3 = F(\varphi_H) \tag{5-4}$$

行星轮Ⅲ相对行星架的传动比为

$$i_{3H}=\frac{d\varphi_3}{d\varphi_H}=F'(\varphi_H) \tag{5-5}$$

式中：φ_H ——行星架的转角，rad；

φ_3 ——行星轮的转角，rad。

给行星架施加一个绕 O 点逆时针转动的角速度 $-d\varphi_H/dt$，可将行星轮系转化为定轴轮系。在转化后的定轴轮系机构中，齿轮Ⅰ和齿轮Ⅲ的转角分别用 φ_1^H 和 φ_3^H 表示，则

$$\begin{aligned}\varphi_1^H&=-\varphi_H\\ \varphi_3^H&=\varphi_3-\varphi_H\end{aligned} \tag{5-6}$$

定轴轮系中的行星轮相对行星架的传动比 i_{31}^H 为

$$i_{31}^H=\frac{d\varphi_3^H}{d\varphi_1^H}=\frac{d\varphi_3-d\varphi_H}{-d\varphi_H}=1-F'(\varphi_H)=1-i_{3H} \tag{5-7}$$

式中：φ_3^H ——定轴轮系机构中行星轮的转角，rad；

φ_1^H——定轴轮系机构中太阳轮的转角，rad。

根据椭圆齿轮定轴轮系传动特性，计算得到定轴轮系机构中，行星架相对行星轮的传动比 i_{13}^H 为

$$\begin{cases}i_{13}^H=\dfrac{1-2k_1\cos\varphi_1^H+k_1^2}{1-k_1^2}\\ k_1=\dfrac{2k}{1+k^2}\end{cases} \tag{5-8}$$

式中：k——椭圆齿轮的偏心率；

k_1——椭圆齿轮的当量偏心率。

联立式(5-5)和式(5-7)得

$$i_{3H}=1-i_{31}^H=1-\frac{1}{i_{13}^H} \tag{5-9}$$

由式(5-9)可知，主动轮转角与传动比的关系只与椭圆齿轮的偏心率 k 有关。对式(5-9)在椭圆齿轮偏心率分别为 $k=0.125$、$k=0.150$、$k=0.175$ 时的传动比进行数值计算，求解出不同偏心率下的椭圆齿轮行星轮系传动比，传动比关系如图 5-8 所示。从图中可以看出，在 0~4π 范围内，椭圆齿轮行星轮系转动 2 个周期，传动比变化也为 2 个周期，且随不同椭圆齿轮偏心率变化，传动比变化周期 T 相同但变化幅度改变。

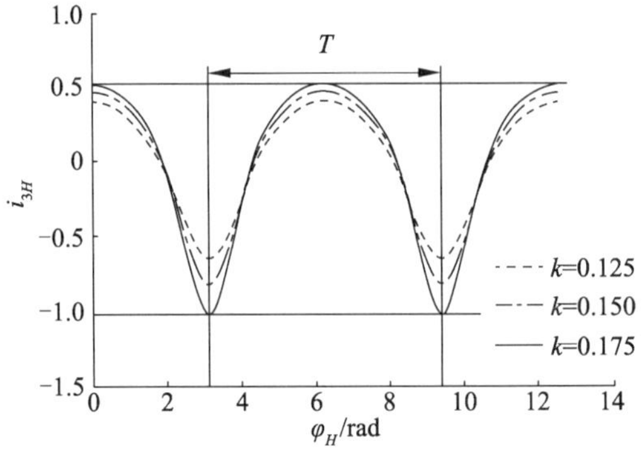

图 5-8　不同偏心率时椭圆齿轮行星轮系传动比关系图

对式(5-9)进行积分,得到行星齿轮的角度变化为

$$\varphi_3 = \int_0^{\varphi_H} i_{3H}\mathrm{d}\varphi_H = (\varphi_H-\pi) - 2\arctan\left[\left(\frac{1+k^2}{1-k}\right)^2 \tan\left(\frac{\varphi_H-\pi}{2}\right)\right] \tag{5-10}$$

由非圆齿轮行星轮系分插机构的结构原理可知,行星轮与插植臂固接,带动插植臂绕回转中心转动,因此根据行星轮的角度变化规律可以得到插植臂的摆动规律。图 5-9 为行星架旋转角度与插植臂绝对摆角的关系图,从图中可以看出,在行星架匀速转动一个周期内,行星轮输出的绝对转角 φ_3 是有正有负的,行星轮带动插植臂做了一次往复的摆动,往复摆动的角度随椭圆齿轮偏心率 k 的增大而增大。

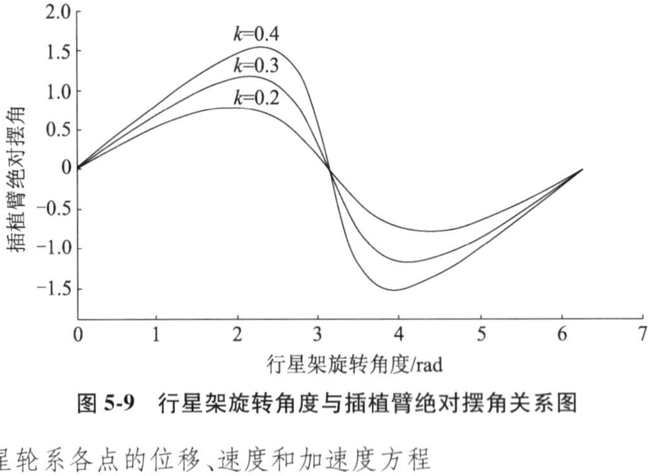

图 5-9　行星架旋转角度与插植臂绝对摆角关系图

(3) 行星轮系各点的位移、速度和加速度方程

对栽植机构进行运动学和动力学分析,首先要求出各点的位移、速度和加速度方程及各构件的角位移、角速度和角加速度方程。图 5-7 为椭圆齿轮行星轮系分插机构简图,在 xOy 直角坐标系下,根据椭圆齿轮传动规律和部件间的位置关系,可以求出椭圆齿轮行星轮系上各点的位移方程。

中间轮旋转中心 A_1 的位移方程为

$$\begin{cases} x_{A1}=2i\cos(\alpha_H-\varphi_H) \\ y_{A1}=2i\sin(\alpha_H-\varphi_H) \end{cases} \tag{5-11}$$

行星轮旋转中心 B_1 的位移方程为

$$\begin{cases} x_{B1}=4i\cos(\alpha_H-\varphi_H) \\ y_{B1}=4i\sin(\alpha_H-\varphi_H) \end{cases} \tag{5-12}$$

行星架旋转一周栽插 2 次，机具前进 2 个栽植株距，栽植株距设定为 H，故行星轮旋转中心的绝对运动方程为

$$\begin{cases} x_{B1j}=x_{B1}-\varphi_H H/(100\pi) \\ y_{B1j}=y_{B1} \end{cases} \tag{5-13}$$

式中：H——栽植株距，m。

秧针尖点 E 的相对运动方程为

$$\begin{cases} x_E=4i\cos(\alpha_H-\varphi_H)+S\cos(\alpha_H-\alpha_0-\varphi_3) \\ y_E=4i\sin(\alpha_H-\varphi_H)+S\sin(\alpha_H-\alpha_0-\varphi_3) \end{cases} \tag{5-14}$$

式中：i——椭圆齿轮节曲线长轴半径，m；

α_H——行星架的初始安装角度(与 x 轴)，rad；

α_0——插植臂与行星架的安装角度，rad；

S——秧针尖点 E 与行星轮回转中心之间的长度，m。

秧针尖点 E 的绝对运动方程为

$$\begin{cases} x_{Ej}=4i\cos(\alpha_H-\varphi_H)+S\cos(\alpha_H-\alpha_0-\varphi_3)+\varphi_H H/(100\pi) \\ y_{Ej}=4i\sin(\alpha_H-\varphi_H)+S\sin(\alpha_H-\alpha_0-\varphi_3) \end{cases} \tag{5-15}$$

根据各点的运动方程，对各式求导，得到机构上各点的速度方程。

对式(5-11)求导，得到中间轮旋转中心 A_1 的速度方程为

$$\begin{cases} v_{A1x}=\dot{x}_{A1}=2i\dot{\varphi}_H\sin(\alpha_H-\varphi_H) \\ v_{A1y}=\dot{y}_{A1}=-2i\dot{\varphi}_H\cos(\alpha_H-\varphi_H) \\ \dot{\varphi}_H=\omega \end{cases} \tag{5-16}$$

式中：ω——行星架的匀速角速度，rad/s。

对式(5-12)求导，得到行星轮旋转中心 B_1 的速度方程为

$$\begin{cases} v_{B1x}=\dot{x}_{B1}=4i\dot{\varphi}_H\sin(\alpha_H-\varphi_H) \\ v_{B1y}=\dot{y}_{B1}=-4i\dot{\varphi}_H\cos(\alpha_H-\varphi_H) \end{cases} \tag{5-17}$$

对式(5-14)求导，得到秧针尖点 E 的相对运动速度方程为

$$\begin{cases} v_{Ex}=\dot{x}_E=4i\dot{\varphi}_H\sin(\alpha_H-\varphi_H)+S\dot{\varphi}_H\sin(\alpha_H-\alpha_0-\varphi_3)\cdot i_{3H} \\ v_{Ey}=\dot{y}_E=4i\dot{\varphi}_H\cos(\alpha_H-\varphi_H)-S\dot{\varphi}_H\cos(\alpha_H-\alpha_0-\varphi_3)\cdot i_{3H} \end{cases} \tag{5-18}$$

秧针尖点 E 的绝对运动速度方程为

$$\begin{cases} v_{Ejx}=\dot{x}_E-\dot{\varphi}_H H/(100\pi) \\ v_{Ejy}=\dot{y}_E \end{cases} \tag{5-19}$$

由各点的运动方程对时间求二阶导数，得到各点的加速度方程。

中间轮旋转中心 A_1 的加速度方程为

$$\begin{cases} a_{A1x}=\ddot{x}_{A1}=-2i\dot{\varphi}_H^2\cos(\alpha_H-\varphi_H) \\ a_{A1y}=\ddot{y}_{A1}=-2i\dot{\varphi}_H^2\sin(\alpha_H-\varphi_H) \end{cases} \tag{5-20}$$

行星轮旋转中心 B_1 的加速度方程为

$$\begin{cases} a_{B1x}=\ddot{x}_{B1}=-4i\dot{\varphi}_H^2\cos(\alpha_H-\varphi_H) \\ a_{B1y}=\ddot{y}_{B1}=-4i\dot{\varphi}_H^2\sin(\alpha_H-\varphi_H) \end{cases} \tag{5-21}$$

移栽机匀速前进，水平方向上没有加速度，因此秧针尖点 E 的相对加速度和绝对加速度相同，即为

$$\begin{cases} a_{Ex}=\ddot{x}_E=-4i\dot{\varphi}_H^2\cos(\alpha_H-\varphi_H)-S\dot{\varphi}_H^2\cos(\alpha_H-\alpha_0-\varphi_3)\cdot i_{3H}\cdot\dot{i}_{3H} \\ a_{Ey}=\ddot{y}_E=-4i\dot{\varphi}_H^2\sin(\alpha_H-\varphi_H)-S\dot{\varphi}_H^2\sin(\alpha_H-\alpha_0-\varphi_3)\cdot i_{3H}\cdot\dot{i}_{3H} \end{cases} \tag{5-22}$$

(4) 栽植轨迹参数分析

如图 5-10 所示，椭圆齿轮的长轴为 a，短轴为 b，椭圆齿轮节曲线方程为

$$r_1=\frac{i(1-k^2)}{1+k\cos\varphi_1}(0\leqslant\varphi_1\leqslant 2\pi) \tag{5-23}$$

式中：φ_1——向径 r_1 的极角；

k——椭圆齿轮的偏心率，$k=\dfrac{\sqrt{a^2-b^2}}{a}$。

椭圆齿轮节曲线的长度计算公式为

$$l_1=4i\int_0^{\frac{\pi}{2}}\sqrt{1-k^2\sin\varphi_1}\,\mathrm{d}\varphi_1 \tag{5-24}$$

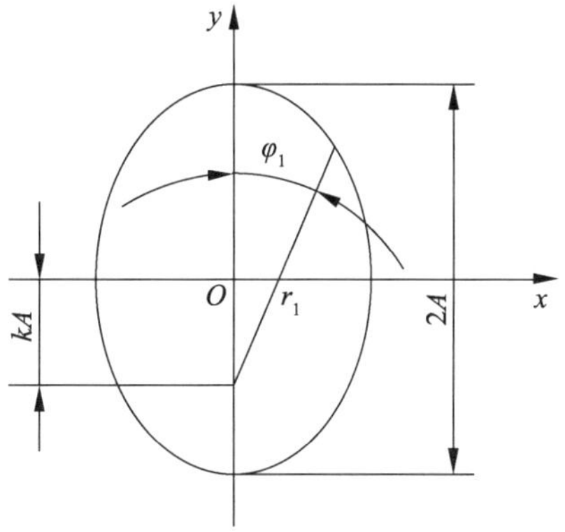

图 5-10　椭圆齿轮节曲线

椭圆齿轮的轮齿在椭圆齿轮节曲线上均匀分布,因此满足

$$l_1 = \pi m z \tag{5-25}$$

式中:m——椭圆齿轮模数;

z——椭圆齿轮齿数。

将式(5-23)、式(5-24)和式(5-25)代入式(5-14)中,得到秧针尖点 E 的静态轨迹参数表达式为

$$\begin{cases} x_E = \dfrac{\pi m z}{\int_0^{\frac{\pi}{2}} \sqrt{1 - k^2 \sin^2 \varphi_1}\, \mathrm{d}\varphi_1} \cos(\alpha_H - \varphi_H) + S\cos\left(\alpha_H - \alpha_0 - \int_0^{\varphi_H} i_{3H} \mathrm{d}\varphi_1\right) \\ y_E = \dfrac{\pi m z}{\int_0^{\frac{\pi}{2}} \sqrt{1 - k^2 \sin^2 \varphi_1}\, \mathrm{d}\varphi_1} \sin(\alpha_H - \varphi_H) + S\sin\left(\alpha_H - \alpha_0 - \int_0^{\varphi_H} i_{3H} \mathrm{d}\varphi_1\right) \end{cases} \tag{5-26}$$

从式(5-26)可以看出,影响椭圆齿轮行星轮系栽植机构静态轨迹的参数共有 6 个,具体见表 5-2。在确定这 6 个参数的情况下,可以得到一条固定且唯一的静态运动轨迹。

表 5-2　影响栽植机构静态轨迹的参数

序号	参数变量	含义
1	k	椭圆齿轮的偏心率
2	m	椭圆齿轮模数
3	z	椭圆齿轮齿数
4	S	秧针尖点 E 与行星轮回转中心之间的长度
5	α_H	行星架的初始安装角度(与 x 轴)
6	α_0	插植臂与行星架的安装角度

（5）栽植机构的运动轨迹与仿真分析

受旱地土壤特性和秧苗形态特征的影响，适应水田栽插的栽植机构的运动轨迹不能够满足油菜毯状苗旱地栽插的要求。稻茬田土壤黏重，流动性差，田间土块多，栽插过程中不易形成穴孔，导致移栽后油菜苗栽植深度、立苗质量以及覆土压实均不能达到合格水平。油菜毯状苗冠层有叶片，苗幅宽大，秧针携带秧苗的过程中，油菜苗不能够较好地贴合秧针运动，导致苗块入土后前倾，立苗率下降。结合旱地土壤特性、立苗条件和油菜苗形态特征，对油菜毯状苗移栽提出了大倾角投苗，直立快速回程的栽植轨迹设计思路。大倾角使秧苗贴合秧针运动，快速回程避免碰倒已插秧苗，从而提高稳苗效果。

根据栽植机构的不同结构参数值对秧针运动轨迹的影响，以取秧角、推秧角和秧针的运动姿态为优化目标，通过改变设计变量的结构参数，借助专家经验和田间试验经验，得到一组满足农艺要求的结构参数，并设计出一条适宜油菜毯状苗移栽的运动轨迹，实现了低速取苗、快速运移、按压入土、提前推秧、高速回程，栽植过程高速、准确、平稳。优化结果如表 5-3 所示。

表 5-3　影响栽植机构静态轨迹的参数数值

参数	数值
椭圆齿轮的偏心率 k	0.152
椭圆齿轮模数 m	2
椭圆齿轮齿数 z	21
秧针尖点 E 与行星轮回转中心之间的长度 S/m	0.162
行星架的初始安装角度 α_H/(°)	35
插植臂与行星架的安装角度 α_0/(°)	52

栽植机构的静态轨迹、动态轨迹、插植臂绝对摆角（即行星轮转角）变化曲线、秧针尖点在各个方向上的速度变化曲线和加速度变化曲线如图 5-11 所示。

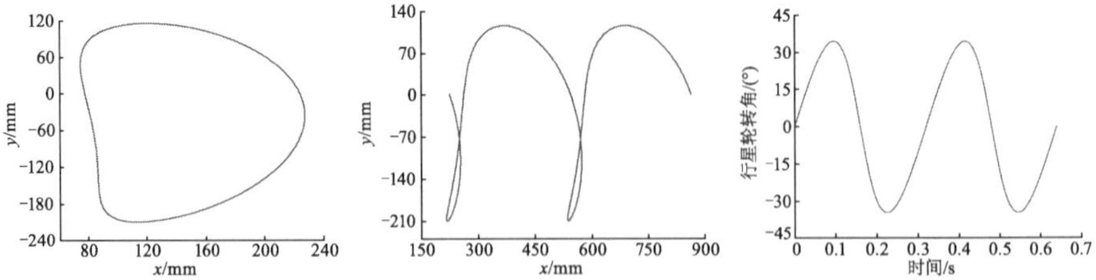

(a) 静态轨迹　(b) 动态轨迹　(c) 行星轮转角

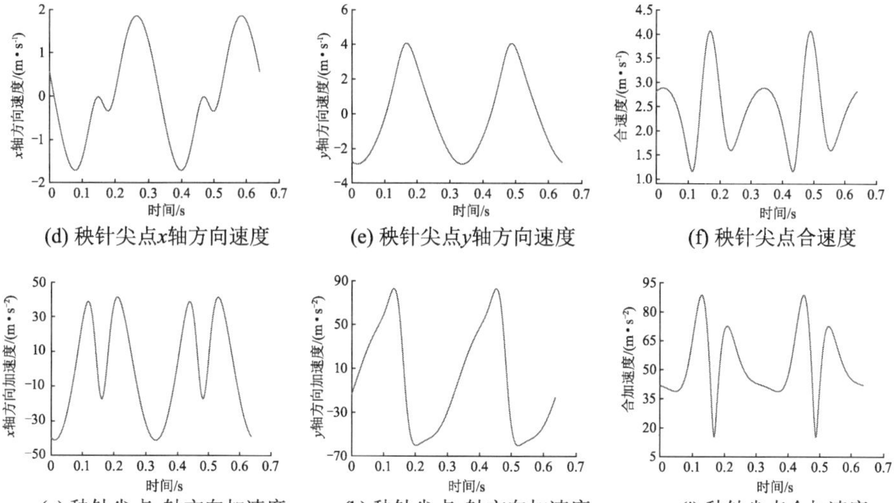

(d) 秧针尖点x轴方向速度　(e) 秧针尖点y轴方向速度　(f) 秧针尖点合速度

(g) 秧针尖点x轴方向加速度　(h) 秧针尖点y轴方向加速度　(i) 秧针尖点合加速度

图 5-11　栽植机构运动学分析

栽植机构中的零部件主要为椭圆齿轮,加工复杂且成本较高。因此,在设计好栽植机构的各个结构参数之后,首先建立油菜毯状苗移栽的椭圆齿轮行星轮系栽植机构的三维实体模型,并利用 ADAMS 软件进行动力学仿真分析,对栽植机构的理论分析和设计方法进行验证和优化。

ADAMS 是一款强大的动力学分析软件,但其建模功能与专业的三维制图软件相比要弱一些,为了方便起见,首先利用 SolidWorks 软件进行三维建模并建立各个零部件之间的约束关系。在一个行星架上装有 2 个栽插臂,行星架旋转一周栽插 2 次,为了方便计算,在建模时只看其中 1 个插植臂的运动情况。将模型导入 ADAMS 之后,根据表 5-4 对各个零部件添加装配约束关系。

表 5-4　虚拟样机约束

运动副类型	连接构件	运动副类型	连接构件
固定副	太阳轮回转中心轴—中间轮回转中心轴	旋转副	中间轮—中间轮回转中心轴
固定副	太阳轮回转中心轴—行星轮回转中心轴	旋转副	行星轮—行星轮回转中心轴
固定副	太阳轮回转中心轴—行星架	接触副	太阳轮—中间轮
固定副	行星轮—插植臂	接触副	中间轮—行星轮
旋转副	太阳轮—太阳轮回转中心轴	接触副	太阳轮—大地

在行星架上施加旋转驱动,表示栽植机构的旋转角速度。在太阳轮上施加平

移驱动，表示栽植机构的前进速度。仿真后得到秧针尖点的静态轨迹和动态轨迹，如图 5-12 所示。

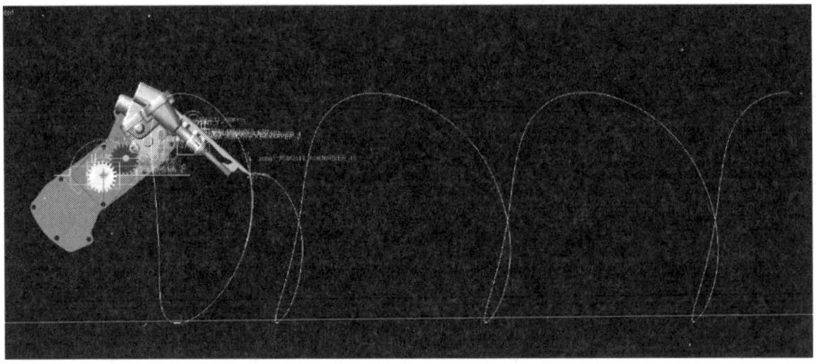

图 5-12　仿真运动轨迹曲线

在 ADAMS 的后处理模块中获取秧针尖点的分速度（x 方向和 y 方向）和合速度曲线，如图 5-13 所示，与理论速度变化曲线图 5-11d，e，f 对比，可以发现速度的变化趋势完全一致。但通过 ADAMS 仿真得到的速度曲线存在波动，这是由于齿轮之间的约束关系是通过接触副建立的，在本次仿真中没有考虑接触作用力的形式和大小，在椭圆齿轮转动过程中，直接碰撞会产生冲击振动，因此得到的速度曲线图不是完全光滑的。

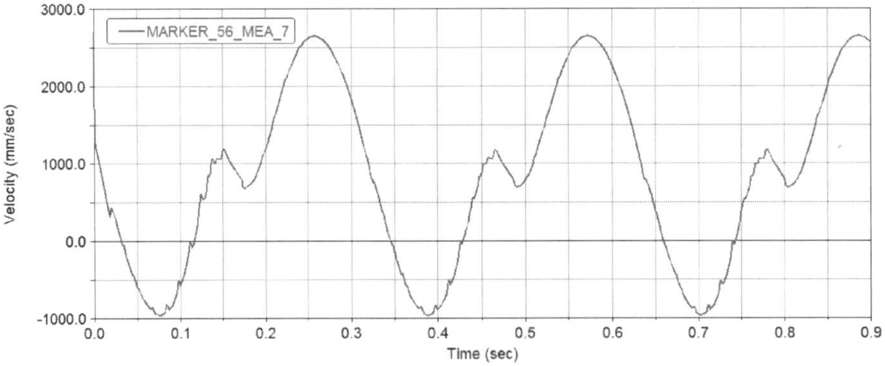

(a) 秧针尖点x方向速度曲线

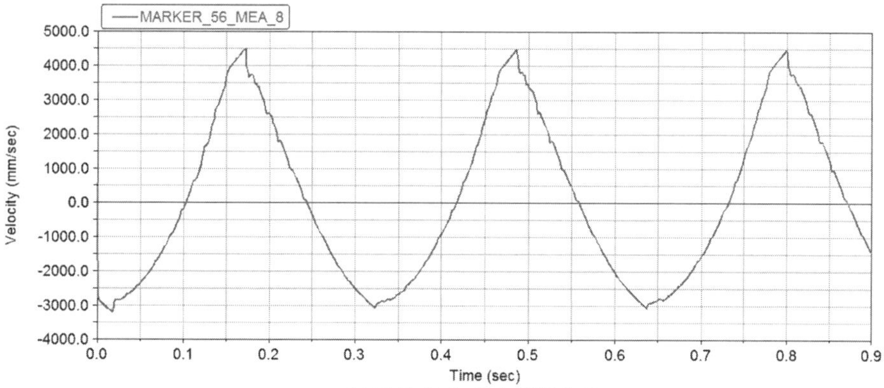

(b) 秧针尖点y方向速度曲线

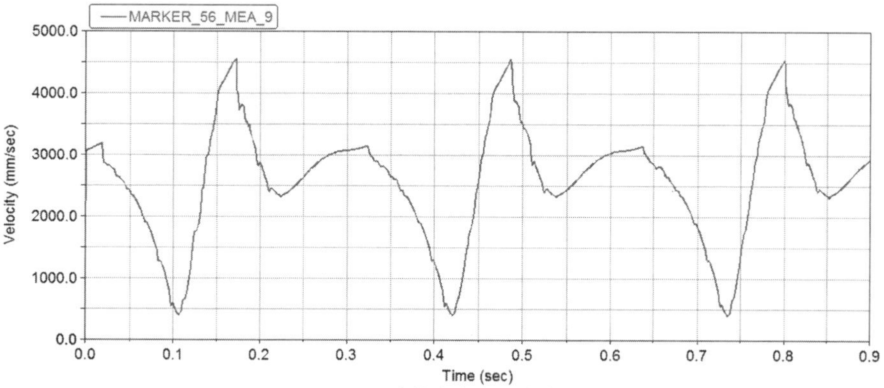

(c) 秧针尖点合速度曲线

图 5-13　仿真分析运动参数变化曲线

5.3　油菜毯状苗移栽机切块取苗关键部件设计与影响因素研究

油菜毯状苗移栽机由自动供苗装置和栽植装置配合完成取苗动作。油菜毯状苗移栽机的切块取苗原理与水稻插秧机类似,采用了秧针切块的取苗方式,秧针在到达秧门处通过剪切和撕扯的作用力将油菜毯状苗底部的苗片切下一块,在切块取苗时会对苗片造成挤压和一定程度的破坏。由于油菜与水稻的生物特性不同,特别是油菜根系的生长特性与水稻有很大的差异,因此采用水稻插秧的切块取苗作业参数并不能较好地适应油菜毯状苗切块,在田间作业中容易出现伤苗、苗片散碎、苗片不易夹持、移栽后秧苗倒伏等现象,严重影响油菜毯状苗的移栽质量以及种植产量。

针对上述问题,本节首先分析了自动供苗装置的结构与工作原理,提出了供苗装置的传动系统、横向移箱装置和纵向送苗装置 3 个关键部件的设计方法，分析了自动供苗装置和栽植装置中诸多参数与切块取苗效果之间的关系，优化了影响切块取苗质量的结构和作业参数。主要包括：① 提出了自动供苗装置实现全自动横向连续送苗+纵向间歇整排送苗的传动系统设计方案；② 研究了横向移箱装置的移箱原理，选择了移箱机构的类型，对横向进给螺旋轴、横向送秧量调节机构和导程滑块等关键部件的参数进行了设计；③ 分析了纵向送苗装置的工作原理以及多挡位送苗量可调的设计方案，建立了纵向送苗量与抬把转动角度之间的数学关系式；④ 通过单因素和正交试验重新优化设计了油菜毯状苗移栽机的切块取苗作业参数。

5.3.1 自动供苗装置的工作原理

供苗装置是油菜毯状苗移栽机的重要组成部分，供苗装置需要在合适的参数下与栽植装置相配合才能获得良好的切块取苗效果。自动供苗装置主要包括横向移箱装置、纵向送苗装置、秧箱及传动系统 4 部分，采用了横向连续送苗+纵向间歇整排送苗的供苗原理。工作时，利用横向进给螺旋轴旋转推动槽内的滑块横向移动，从而带动秧箱往返移动实现连续横向送苗，当秧箱被移动到端部时，通过凸轮转动一定的角度带动棘轮机构转动，实现整排纵向送苗。

5.3.2 自动供苗装置的传动系统设计

油菜毯状苗移栽机的供苗装置的传动特点是动力分散传递并实现变速。图 5-14 为油菜毯状苗移栽机自动供苗装置的传动示意图。如图所示，底盘动力通过一组锥齿轮传递到动力输入轴Ⅰ。一方面，动力输入轴Ⅰ通过 2 组齿轮传动将动力传递到轴Ⅳ，并通过 3 组完全相同的锥齿轮分别将动力传递给 3 组栽植装置的插植纵向传动轴，带动插植臂旋转，实现栽插动作；另一方面，动力输入轴Ⅰ通过齿轮传动将动力传递给动力输入轴Ⅱ，经过横向移箱调节机构实现三级变速，从而实现 3 种移箱回数调节。当需要变速时，根据指示用力拉或者推动手柄，带动拨叉轴、移动环，移动环带动滑键在横向移送传动主轴上滑动，从而改变啮合传动齿轮组，实现横向变速，即改变横向送秧量。动力输入轴Ⅱ带动横向进给螺旋轴实现横向送秧动作，同时带动纵向送苗移动轴使钩状轮转动，只有当秧箱移至左右极限位置时，纵向送苗移动轴上的钩状轮才能碰到随动凸轮上的抬把，带动随动凸轮向上运动，输送皮带向下运动一段距离，实现秧箱纵向送秧动作。纵向送秧结束后，纵向送苗移动轴上的钩状轮与随动凸轮上的抬把分离，在扭力弹簧的作用下，随动凸轮回位，由于随动凸轮采用的是超越离合器轴承，单向传递动力，故回位时不带动秧箱运动，实现纵向间歇送秧。

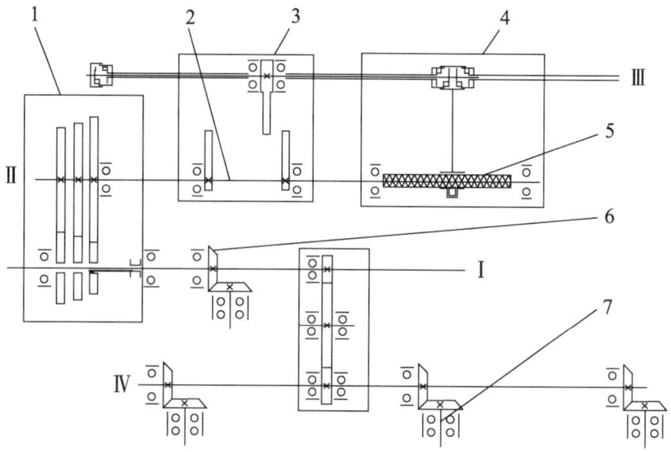

1—横向移箱调节机构;2—纵向送苗移动轴;3—纵向送苗机构;4—横向移箱机构;
5—横向进给螺旋轴;6—底盘动力传动锥齿轮;7—栽植装置插植纵向传动轴

图 5-14　油菜毯状苗移栽机自动供苗装置的传动示意图

5.3.3　横向移箱装置设计

横向移箱装置通过移动秧箱的方法均匀不断地从横向往秧门位置补充秧苗。油菜毯状苗移栽机需要配备良好的横、纵向送苗能力,如果送秧能力不足或位置不当,会造成堵苗、漏栽或苗数和切块大小不均匀等问题。如果送苗不稳或取苗位置不理想,会增加伤苗。因此,合理设计移箱装置是提升栽植质量的一个关键因素。

移箱装置的设计需要满足以下几点要求:① 移箱距离应与秧针每次切块宽度相对应,要求移距准确、可靠,以保证切块量均匀;② 移箱的行程应与秧盘宽度相配合,以保证秧盘前排秧苗能逐格取出;③ 秧盘移至左、右两端各停移一次,使栽植机构能够把纵向送来的下一排的第一块秧苗取出。移箱装置的设计内容主要包括分析移箱原理、制订移箱方案、选择移箱机构类型、设计移箱装置传动和换向方法以及关键部件和参数(主要包括横向进给螺旋轴、横向送秧量调节机构和导程滑块)等。

(1) 移箱原理

油菜毯状苗移栽机的取苗顺序:作业开始时,秧针从秧箱的一端开始取苗,在秧箱横向移动过程中顺序取苗,秧针在取完第一排秧苗后至第二排开始取苗前实现换向,并在回到第一排最后一次取苗位置附近处时进行整排纵向送苗,且保证每排秧苗都可以依次取完。横向移箱顺序示意图如图 5-15 所示。

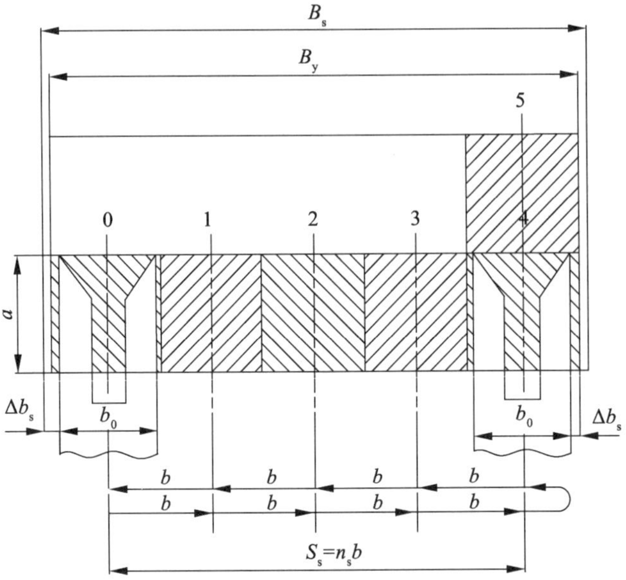

图 5-15　横向移箱顺序示意图

从图 5-15 中可以看出,移箱的总行程

$$S_s = n_s b \tag{5-27}$$

式中:S_s——单排移箱的总行程;

b——秧箱每次的移距,可根据横向移箱调节机构中的齿轮组配比进行调节;

n_s——单排秧箱总行程中的移箱次数。

对于带土苗,为了使秧爪抓秧牢固,移距一般应大于秧爪宽度。秧爪宽度可通过取中间值的方法确定,即在横向移箱次数调到最高、移距最小时,秧爪宽度应略大于最小移距;在横向移箱次数调到最低、移距最大时,秧爪宽度应略小于最大移距。

同样,由图 5-15 可以得到秧箱内宽与总行程的关系:

$$B_s = S_s + b_0 + 2\Delta b_s \tag{5-28}$$

式中:b_0——秧爪宽度;

Δb_s——秧爪与秧箱的侧向间隙,一般取 2~3 mm;

B_s——秧箱内宽,油菜毯状苗移栽机采用的是标准整体分格式秧箱,秧箱内宽即为行距。为使块状秧苗能在秧箱内顺利向下整体送秧,苗片的宽度一般比秧箱内宽稍小。

(2) 移箱机构类型

横向移箱机构在水稻插秧机中应用广泛,按照秧箱的运动特点主要可以分为连续移箱和间歇移箱。油菜毯状苗移栽机采用双向螺旋轴式连续移箱机构,在栽植机构运转过程中,秧箱连续移动,移至两端时秧箱可以自动换向。在整个移箱过程中,双向螺旋轴为等速单向转动,这种传动方式的优点是结构简单,传动平稳,理论上可以达到较高的转速,即实现高速移箱和换向。此外,采用螺旋轴式横向移箱机构,只需要通过不同的变速齿轮就可以实现移距可调。油菜毯状苗移栽机可以实现 3 组移距的调节。

螺旋轴式横向移箱机构主要由横向进给螺旋轴、滑块、滑块支座以及连接秧箱的连接板、秧箱导轨、秧箱等主要部件组成。其中,螺旋轴和滑块是移箱机构的核心部件,螺旋轴上带有左、右螺旋槽,滑块在槽内运动,当螺旋轴转过一定角度时,带动滑块在螺旋槽内横向移动相应的距离,使秧箱横向连续送秧。横向进给螺旋轴及滑块如图 5-16 所示。

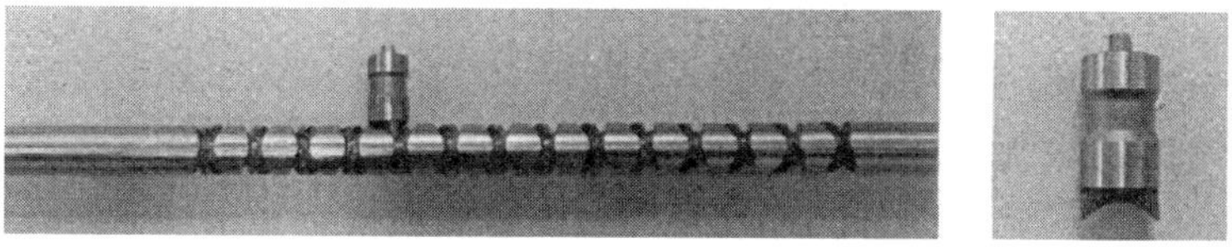

图 5-16　横向进给螺旋轴及滑块

移箱两端的换向动作通过在螺旋槽两端各留出一圈左、右螺旋槽公用的带有一定弧度的螺旋槽完成,转一圈可使滑块回到原点,带有圆弧的螺旋槽接近于直槽,但实现换向时性能比直槽要好,换向冲击较小,延长了螺旋槽和滑块的使用寿命。随着栽植机构速度的不断提高,螺旋轴式移箱机构在工作过程中受到的振动和接触磨损大大增加,尤其是反向段圆弧齿槽在换向时受到来自秧箱的冲击力较大,对过渡圆弧的研究和设计提出了更高要求。

(3) 横向进给螺旋轴设计

横向进给螺旋轴是移箱机构横向送秧传动的主要工作部件。横向进给螺旋轴+滑块的传动方式具有成本低、性能稳定以及操作方便等优势。要保证移箱机构的传动质量,即保证移箱机构具备较好的传动效率、较长的使用寿命以及较高的送秧精度,就必须在设计螺旋轴时考虑其强度,保证传动平稳可靠等。横向进给螺旋轴各项参数设计的主要内容包括螺纹种类的选择、螺旋轴直径的确定和校核计算、螺旋槽螺距的确定、螺旋轴上螺纹曲线的数学模型建立、螺旋廓线压力角和螺旋廓线升角的确定,以及螺旋槽反向段曲线的建立。

1) 螺纹种类的选择

螺旋传动中螺纹的种类主要有梯形螺纹、锯齿形螺纹、矩形螺纹、圆螺纹和三角形螺纹。为了保证具有较高的传动效率,且与滑块配合具有较小的工作间隙以使运动平稳,选用矩形螺纹。但矩形螺纹相比梯形螺纹、锯齿形螺纹强度较低,易磨损,且磨损后的间隙难以补偿和修复,因此螺纹加工完成后必须经过后处理,以增强螺纹的强度和耐磨性。

2）螺旋轴直径的确定和校核计算

横向进给螺旋轴上有正反旋的螺旋槽交叉存在,螺旋槽依据要求设计不同的深度、宽度和螺旋升角。为了避免移箱时机构的自锁或受力过大,在钢与钢或者钢与铸铁相互滑动时,通常取许用压力角[at]≤38°。为了满足油菜毯状苗移栽要求,螺纹杆轴外径一般不小于22 mm。当螺纹杆轴的外径增大时,螺旋槽的升角减小,沿螺旋槽作用的压力角也减小,可以减小移动秧箱的推力,降低移箱功耗。螺纹杆轴的外径太小时刚性达不到要求,同时轴上的螺旋槽不能切得太深。但螺纹杆轴的外径也不能太大,否则会显著增加重量。

式(5-29)为实心螺旋轴螺旋处轴颈需满足的强度计算公式。由于对螺旋轴的传动精度要求不高,且转速中等,故一般选用40Cr、40CrMn合金钢,热处理为调质230~280 HBS淬火,低温回火45~50 HRC。

$$d \geqslant 17.2\sqrt[3]{\frac{T}{\tau_p}} = A\sqrt[3]{\frac{P}{n}} \tag{5-29}$$

式中:d——轴端直径,mm;

T——轴传递的转矩,N·m,$T=9\ 550P/f$;

P——轴传递的功率,kW;

n——轴的工作转速,r/min;

τ_p——许用扭转切应力,MPa,按表5-5选取;

A——系数,按表5-5选取。考虑到螺旋轴工作过程中主要受到扭矩作用,所受弯矩较小,轴向载荷较大,在反向处载荷不平稳,故系数A应取较大值,此处A取110。螺旋轴材料选40Cr,轴外圆、轴空心部分内圆及螺旋槽槽面高频淬火,硬度45~55 HRC。

表5-5 几种常用轴材料的性能参数值

轴的材料	Q235-A、20	Q275、35	45	1Cr18Ni9Ti	40Cr、35SiMn
τ_p/MPa	15~25	20~35	25~45	15~25	35~55
A	126~149	112~135	103~126	125~158	97~112

3）螺旋槽螺距的确定

螺旋槽螺距能够决定移箱的速度,同时横向移箱速度必须和秧爪取苗的频次相对应。秧爪每取苗一次,移箱移动的距离为一个移距。移距与螺旋槽螺距之间的关系如下：

$$b=Sz_{主}/z_{从} \tag{5-30}$$

式中：b——移距，mm；

S——螺旋槽螺距，mm；

$z_{主}$——主动齿轮齿数；

$z_{从}$——从动齿轮齿数。

若知道传动到螺旋轴的齿轮齿数 $z_{主}$ 和 $z_{从}$ 及要求移距 b，就可以求得螺旋槽的螺距，也可根据螺距和移距确定 $z_{主}$ 和 $z_{从}$ 的数值。通常取主动齿轮在移箱一个行程的转数和秧爪取秧次数相同。移距通常根据农艺要求（即每穴的株数），通过每次纵向取秧量和横向取秧量的搭配来确定。每行程取秧次数多的用于小苗或者每穴要求株数少的情况，而每行程取秧次数少的用于大苗或者每穴要求株数多的情况。由于油菜育成毯状苗的育苗密度比水稻要小，为了保证满足油菜的取苗要求，在设计时应增加单次切块的面积，对应每一行程的取苗次数会减少。

4）螺旋轴上螺纹曲线的数学模型建立

螺旋轴上的螺纹曲线采用阿基米德蜗杆原理进行设计，阿基米德螺旋线的标准极坐标方程为

$$r(\theta)=a+b(\theta) \tag{5-31}$$

式中：b——阿基米德螺旋线系数，mm/(°)；

θ——极角，即阿基米德螺旋线转过的总度数，(°)；

a——当 $\theta=0°$ 时的极径，mm。

式(5-31)中，a 影响螺线形状，b 用来确定螺距，一般为固定常量。

双向螺旋轴槽面为矩形，如图 5-17 所示，对于矩形齿槽上的任意一点 A，当其运动到 B 时，它的坐标(x,y,z)满足以下公式：

$$\begin{cases} x=\pm S\dfrac{\gamma}{2\pi}+k \\ y=r\cos\gamma \\ z=r\sin\gamma \end{cases} \tag{5-32}$$

式中：S——螺旋轴螺距，mm；

γ——螺旋轴旋转的角度，(°)；

r——齿槽上任意点 A 在平行于螺旋轴圆柱端面的平面内的半径 OA，mm；

k——系数。k 值的选择与半径 r 和坐标位置的选择有关，在本模型建立的坐标系中，$k=0$。

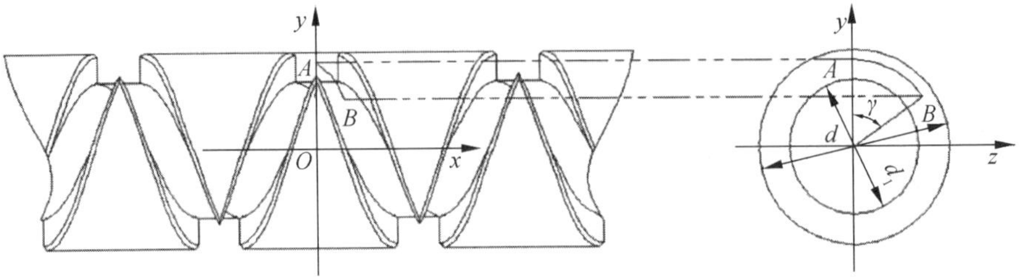

图 5-17　螺旋轴模型

5）螺旋廓线压力角和螺旋廓线升角的确定

螺旋轴工作齿槽的设计不仅要满足工作行程需要，更要满足具备较高的传动效率要求，其原理与空间凸轮机构中直动从动件圆柱凸轮曲线的设计相似。螺旋轴的螺旋廓线压力角，即为螺旋轴齿槽作用在滑块上的作用力与滑块运动方向之间所夹的锐角，压力角的大小直接影响螺旋传动的受力情况和工作效率。从理论上来说，在螺旋传动中，压力角与螺旋廓线升角相等。但实际上，考虑到其他方面的一些因素，滑块底部宽度在设计时与螺旋轴齿槽宽度并不完全一致，存在间隙，因此，在运动过程中，滑块压力角的方向和大小是变化的，并不总等于螺旋廓线升角。

横向进给螺旋轴的螺旋廓线压力角和螺旋廓线升角之间的关系可用式（5-33）表示：

$$\alpha \approx \gamma_1 = \arctan \frac{P}{\pi d} \tag{5-33}$$

式中：α——螺旋廓线压力角，（°）；

γ_1——螺旋廓线升角，（°）；

P——螺旋轴螺距，mm；

d——螺旋轴直径，mm。

6）螺旋槽反向段曲线的建立

移箱机构在两端实现换向时，较高的移箱速度和较大的秧箱负载使得滑块与卡簧间的冲击接触力非常大，对滑块和螺旋轴换向段齿槽的冲击磨损加剧，极易造成零件提前损坏。对于换向冲击力的处理方法，目前主要有两种：一种是通过在移箱机构的两端加装弹簧，利用弹簧吸收移箱换向时的冲击能，可以显著减少滑块和螺旋轴齿槽间的冲击力；另一种是通过合理的机构设计，降低滑块与螺旋轴齿槽的接触力，提高接触作用的稳定性。其中，螺旋轴的反向段曲线是影响滑块与螺旋轴的换向冲击力的一个重要因素。螺旋槽反向段曲线可以为圆弧、抛物线或正弦曲线，相较于圆弧、抛物线过渡，采用正弦曲线过渡更优，不但类加速度较小，而且最大冲击发生的位置也比较理想。但采用正弦曲线过渡，制造加工要困难很多，且加工成本较高,生产效率低,经济性较差,在几种过渡曲线实际冲击力相差不大且材料技术已经可以满足抵消此类冲击的情况下,并没有得到广泛使用。目前,高速插秧机上多数采用的是以圆弧过渡的方式。油菜毯状苗移栽机上用于横向移箱的螺旋轴也采用了以圆弧过渡,下面建立圆弧过渡曲线的数学模型。

将螺旋轴上的螺旋槽反向段圆弧过渡曲线展开,如图 5-18 所示,x 轴与螺旋轴表面圆周速度方向一致,即为螺旋轴的运动方向,y 轴代表螺旋轴圆柱表面的母线。由于该图上的曲线是在螺旋轴表面上展开的,因此该节圆柱取为螺旋轴外圆柱表面。

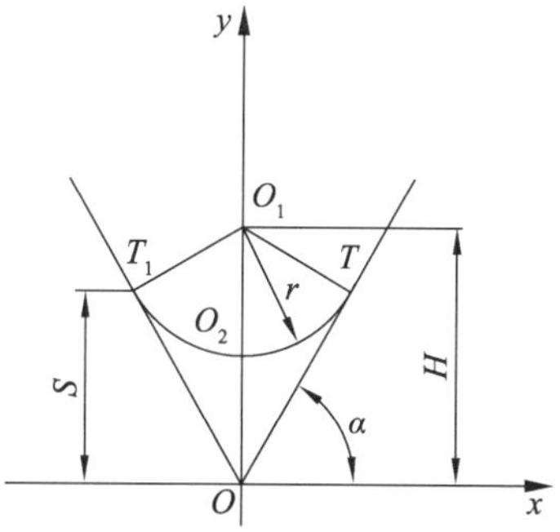

图 5-18　螺旋槽反向段圆弧过渡曲线展开图

如图 5-18 所示,圆弧过渡曲线展开图是沿 y 轴对称的,因此只需对一边进行分析,设(x,y)为右半边圆弧上任意一点坐标,则该点满足的坐标方程为

$$\begin{cases} x^2+(H-y)^2=r^2 \\ x=R_0\gamma \end{cases} \tag{5-34}$$

式中:R_0——螺旋轴节圆柱半径,mm;

H——O_1 的纵坐标,mm;

γ——螺旋轴工作时的转角,rad;

r——圆弧曲线半径,mm。

对式(5-34)求一阶导数,推导出滑块运动的速度 v:

$$v=y'=\frac{\mathrm{d}y}{\mathrm{d}x}=\frac{\mathrm{d}y}{\mathrm{d}\gamma}=\frac{R_0^2\gamma}{\sqrt{r^2-(R_0\gamma)^2}} \tag{5-35}$$

对式(5-34)求二阶导数,得到滑块运动的加速度 a:

$$a=y''=\frac{\mathrm{d}^2y}{\mathrm{d}x^2}=\frac{\mathrm{d}^2y}{\mathrm{d}\gamma^2}=\frac{R_0^2r^2}{\left[\sqrt{r^2-(R_0r)^2}\right]^3} \tag{5-36}$$

加速度大小决定了接触力的大小。从式(5-36)中可以看出,在圆弧曲线不同点处的加速度是不同的,即在不同位置受到的接触力不等。加速度最大的点在切

点 T 和 T_1 处，此时最大加速度 a_{max} 的计算公式如下：

$$a_{max}=\frac{R_0^2r^2}{(H-S)^3}=\frac{R_0^2}{H\cos^4\alpha} \tag{5-37}$$

式中：S——切点 T 或 T_1 的纵坐标，mm；

α——该切点切线与螺旋轴表面速度方向的夹角，rad。

由式(5-37)分析可知，滑块在圆弧过渡曲线与螺旋线的切点处类加速度最大，在此处会产生较大的冲击。

(4) 横向送秧量调节机构设计

移栽机在完成一次移栽作业的过程中，一般不会频繁改变送秧量，因此横向送秧量采用手动式的调节方式，且选择直接布置在变速箱体外，虽然操作舒适性有所降低，但机构更加简便、高效。油菜毯状苗移栽机横向移箱装置的送秧量调节方式如图 5-19 所示，采用了三级调速送秧量调节机构，其内部包含三组始终啮合的齿轮，但每次只有一组在滑键和移动弹簧片的作用下传动。当需要变速时，通过推或拉动手柄，依次带动移动环、滑键在移箱送秧量调节机构传动轴上滑动，从而改变啮合传动的齿轮组，实现不同横向送秧量的调节。这种调节机构具有结构紧凑、体积小、挡位多、便于操作的优点。

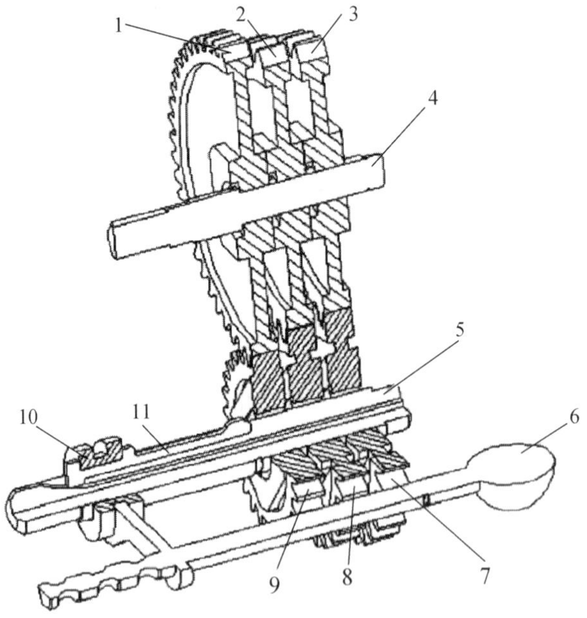

1,2,3—横向送秧量调节齿轮；4—横向移箱主轴；5—移箱送秧量调节机构传动轴；6—手柄；7,8,9—横向送秧量调节啮合齿轮；10—移动环；11—滑键

图 5-19　横向送秧量调节机构

（5）导程滑块参数的确定

图 5-20a 为导程滑块结构和参数示意图，导程滑块采用整体圆柱销形式，主要由圆柱销头、中间圆柱体和导向舌组成，中间圆柱体与圆柱销头配合，起到传递动力的作用，导向舌在螺旋槽中滑动，底部断面在中间部位削出圆弧。要保证滑块在螺旋槽中顺利滑动，从而带动秧箱连续实现移箱动作，就必须要保证滑块在螺旋槽中工作部分，即导向舌的长度 B、宽度 b 以及底部断面圆弧 R 与螺旋轴沟槽相匹配，只有这样才能使滑块正常通过双向螺旋槽相交处和反向段换向过渡圆弧。如果设计不当，就有可能造成滑块无法通过换向段过渡圆弧或在滑动过程中因碰撞左右螺旋槽交接点而导致运动卡死，进而对螺旋轴造成致命损害。设计时采取具有一定长度（作为导向）和粗细的柱体。端部的导向舌除了要保证强度和耐磨性以外，其宽度 b 与凸轮轴的螺旋槽配合，应略小于螺纹槽的宽度；其长度 B 不能过短，要大于螺旋槽交叉处的长度，这样才能具有良好的导向作用，防止到“十字路口”出现顶撞和乱转现象，但导向舌也不能过长，否则会在端部换向时产生很大困难。图 5-20b 为导程滑块与螺旋槽的配合断面图，从图中可以看出，在传动时螺旋槽与导程滑块之间的配合角取 $\gamma=110°$，因为螺旋槽具有一定升角，所以螺旋槽断面呈椭圆形状。

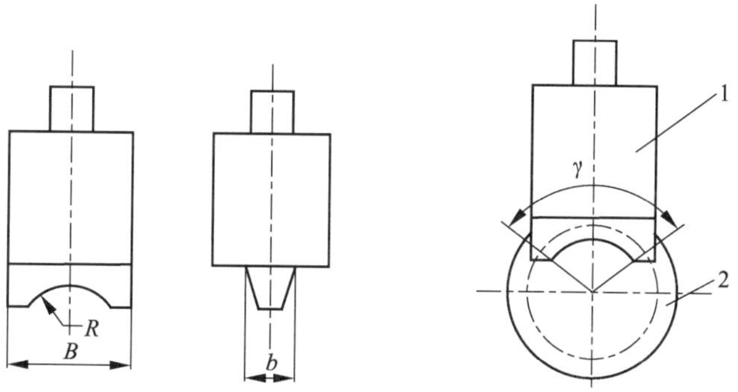

(a) 导程滑块结构和参数示意图　　(b) 导程滑块与螺旋槽的配合断面图

1—导程滑块；2—螺旋槽断面

图 5-20　导程滑块

（6）秧箱的类型与特点

秧箱是移栽机上用来存储放置秧苗、实现移栽机连续工作的储苗装置。秧箱的结构形式和尺寸需要根据所适应的秧苗类型、栽插原理以及送秧形式来设计。秧箱有横向放置和纵向放置两种：横向放置必须通过送秧装置输送秧苗；纵向放置能够依靠秧苗自身重力或者在纵向送秧装置的配合下实现向秧门方向补充秧苗，纵向放置还能够节省空间，是移栽机上比较常用的一种秧箱放置形式。秧箱在安装时需要倾斜一定的角度，机手一般从秧箱顶端放苗，秧箱底部有阻秧装置结构。秧箱宽度为秧箱两侧板内壁之间的距离，是秧箱上重要的设计参数。秧盘宽度应与移栽行距和横向移箱的行程相配合，并应使秧箱便于装秧。根据安装秧箱宽度可以将秧箱分为整体式、整体分格式和分置式。油菜毯状苗移栽机采用与输送带配合使用的分置式等行距秧箱，属于重力加强制纵向送秧形式，工作可靠，送秧均匀。不同类型秧箱的特点、适用情况以及秧箱宽度的计算公式见表 5-6。

表 5-6　几种秧箱的特点及秧箱宽度的计算公式

秧箱类型	示意图	特点	计算公式	
			单个秧盘宽度	装配后秧箱总宽度
整体式	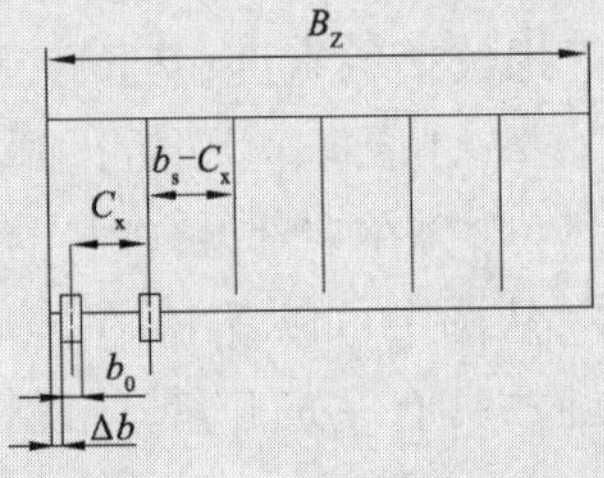	结构简单，耗用材料少，易于制造，多用在人力插秧机上。因随机装秧，秧苗不易安放整齐，机动移栽机一般不采用	$B_Z=Z_xC_x+b_0+2\Delta b$	
整体分格式	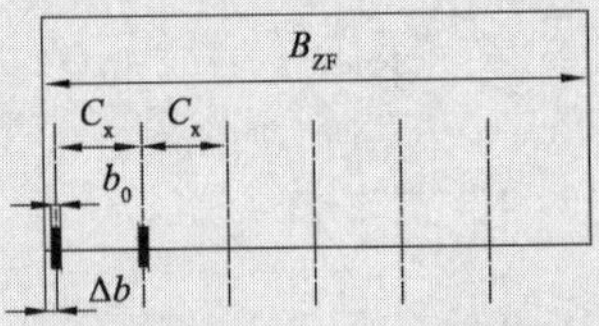	在整体式秧箱内加装隔板，多在人力插秧机上使用	$b_s=C_x-b_g=S_s+b_0+2\Delta b$	$B_{ZF}=Z_xC_x-b_g$
分置式	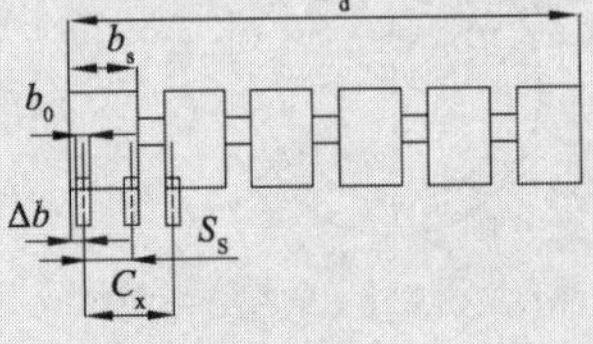	每一个秧箱供一个秧爪取秧，秧箱宽度比单盘苗毯宽稍大，秧苗易摆放整齐。多与输送带式纵向送秧装置配合使用	$b_s=S_s+b_0+2\Delta b$	$B_d=(Z_x-1)C_x+b_g$

注：B_Z——整体式秧箱宽度；B_{ZF}——整体分格式秧箱总宽度；b_s——单格秧箱宽度；B_d——等行距秧箱总宽度；Z_x——行数；C_x——行距；S_s——移箱行程；b_0——秧爪宽度；Δb——秧爪外侧与秧箱侧板内边的最小侧向间隙，一般来说，$\Delta b=2\sim4$ mm；b_g——分格秧箱的隔板厚度。

5.3.4　纵向送秧装置结构设计

纵向送秧装置承担着带动秧苗整体向下运动，往秧门处补充秧苗的任务。在设计时，最重要的是要保证装置纵向送秧的均匀性和稳定性，纵向送秧装置要有足够的送秧能力，每次送秧行程要合适、一致，从而保证秧门处秧苗的密度均匀合适，以免产生取秧不均、伤秧或抓不到秧苗的情况。同时,应能根据秧苗的情况和取秧量的要求对送秧机构的高低位置和送秧行程进行适当的调整,以便较准确地控制取秧量。其次,送秧时间应与取秧和移箱的时间配合良好,纵向送秧一般在移箱终点,也就是到达秧箱的两端,移箱暂停和秧爪取秧之前快速完成。目前常用的纵向送秧装置根据送秧形式不同主要分为重力送秧、对准逐次送秧和全幅周期送秧,其中,全幅周期送秧形式包括托送式、推拨式、星轮式和带式。表 5-7 列出了各种形式的纵向送秧装置的特点和结构示意图。

表 5-7　纵向送秧装置的特点和结构示意图

形式	结构示意图	结构特点	一次送秧宽度范围	与秧箱宽度的配合
重力式	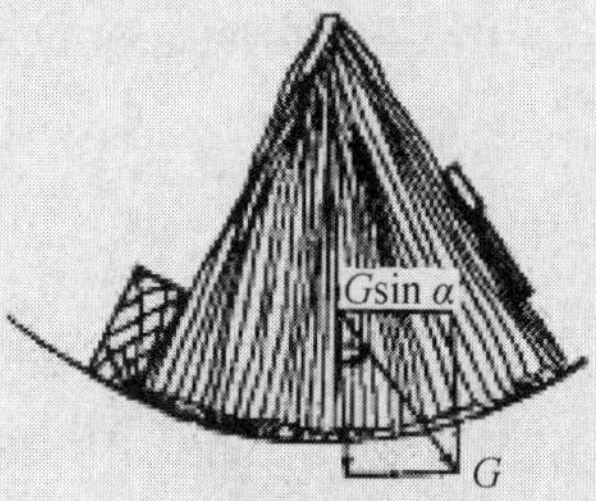	靠秧苗自重与压秧板重力沿秧箱底板的切向推送秧苗,送秧能力弱,但构造简单	全幅	整体式
对准式	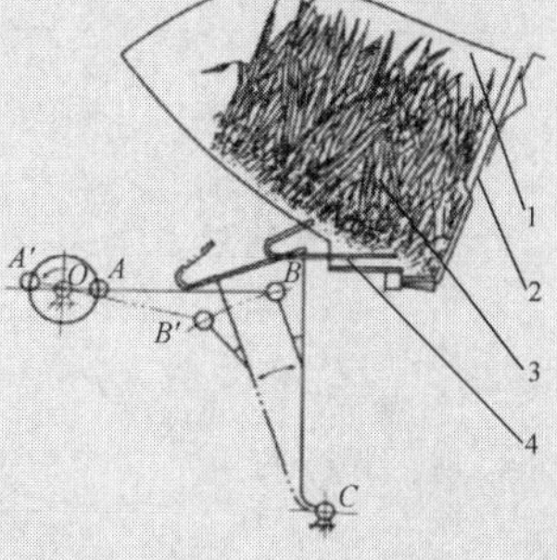 1—秧箱;2—秧帘;3—秧苗;4—送秧叉	通过送秧叉往复运动对取秧位置推送秧苗,送秧能力强	对准	分置式或整体式
托送式	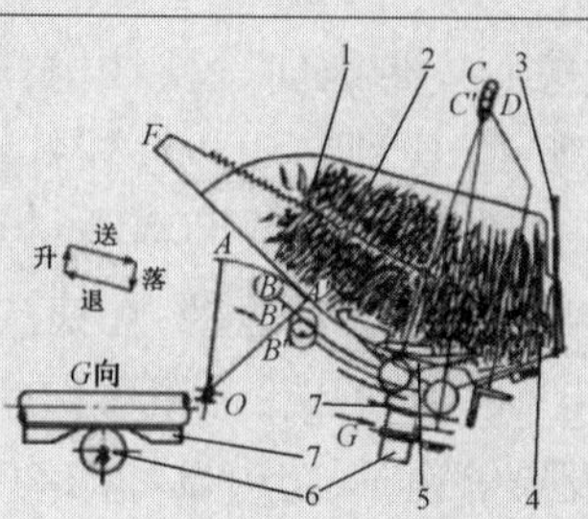 1—回位拉簧;2—秧箱;3—秧帘;4—秧苗;5—送秧齿;6—送秧定位滚轮;7—定位板	送秧齿通过机构操纵,有升、送、落、退 4 个动作。对带土苗的送秧能力较强,但送秧能力不如对准式	全幅	分置式或整体分格式

续表

形式	结构示意图	结构特点	一次送秧宽度范围	与秧箱宽度的配合
推拨式	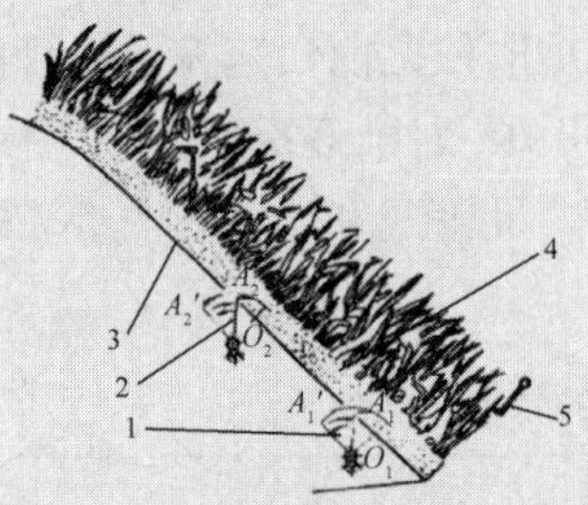 1—下推拨齿;2—上推拨齿;3—秧箱底板;4—带土苗;5—拦秧杆	秧苗主要靠自重,并在推拨齿的作用下沿秧箱底板滑移。有直接推拨带土苗根部和簸动推拨秧箱使秧苗滑移两种方式	全幅	分置式或整体分格式
星轮式	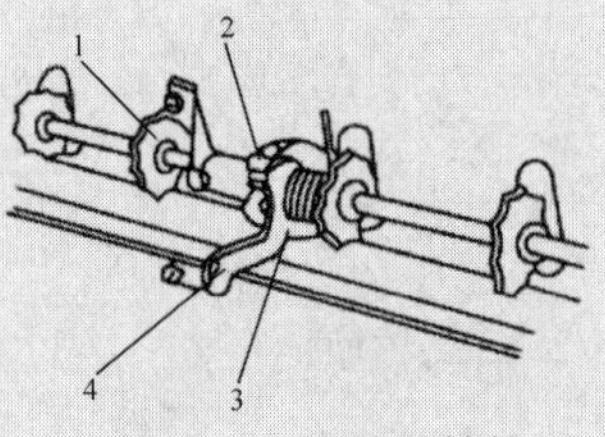 1—星轮;2—棘爪和棘轮;3—扭簧;4—摆杆	靠星轮转动和重力共同作用完成纵向送秧,通常增设压苗杆和挡苗杆帮助准确输送带土苗或无土育苗	分置全幅	分置式
带式	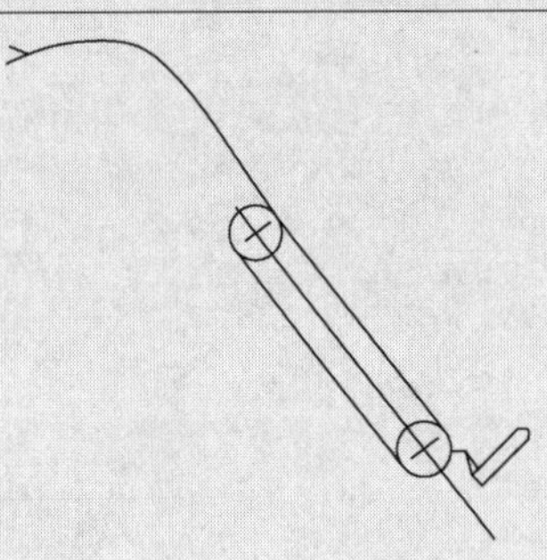	秧苗在重力和输送带的带动下实现纵向送秧。送秧能力强,性能稳定,但结构较复杂,秧箱重量较大	全幅	分置式

油菜毯状苗移栽机采用了整体推送式橡胶皮带纵向送秧结构,属于带式类型的纵向送秧装置,其结构示意图如图 5-21 所示,这种结构能够较好地适应带土毯状苗的取苗要求。纵向送秧轴的两端固定有两个钩状轮,距离与移箱的行程保持一致,在移栽机作业时钩状轮随纵向送秧轴始终做旋转运动,在横向上没有运动。当秧箱向左运动时,纵向输送驱动轴连同其上的随动凸轮也跟着向左运动,随动凸轮上固定一个抬把,当秧箱运动到左端的极限位置时,左边端部的钩状轮就可以拨到随动凸轮上的抬把,使抬把摆动固定角度,通过随动凸轮将摆动传递给纵向输送驱动轴,实现主动辊轮每次转动一个固定的角度,从而带动送秧皮带向下移动固定

行程,完成纵向送秧。随动凸轮靠连接在其上的拉力弹簧回位,随动凸轮内装有超越离合器轴承,只单向传递运动,回位时不传递运动。当秧箱向右运动到极限位置时,右边的钩状轮同样也能拨到随动凸轮上的抬把,完成一次纵向送秧。当秧箱在左右极限位置之间时,左右钩状轮均与随动凸轮上的抬把互相错位,钩状轮空转,送秧皮带不运动。

纵向送秧量可以通过手动调节。从图 5-21 可以看出,当纵向送秧轴和纵向输送驱动轴的相对位置固定后,钩状轮能够带动抬把转动的最大角度 θ 就能确定(钩状轮和抬把从接触到分离运动轨迹如图中虚线所示),即纵向最大送秧量确定。因此,只需要通过控制钩状轮与抬把的接触位置,即可控制抬把转动量,实现纵向送秧量可调。纵向送秧量调节可根据实际需求,设置多个挡位。设主动辊轮直径为 d,皮带厚度为 t,抬把转动角度为 θ,则纵向送秧量 z 的计算公式为

$$z=\frac{\theta}{360}\pi(d+2t) \tag{5-38}$$

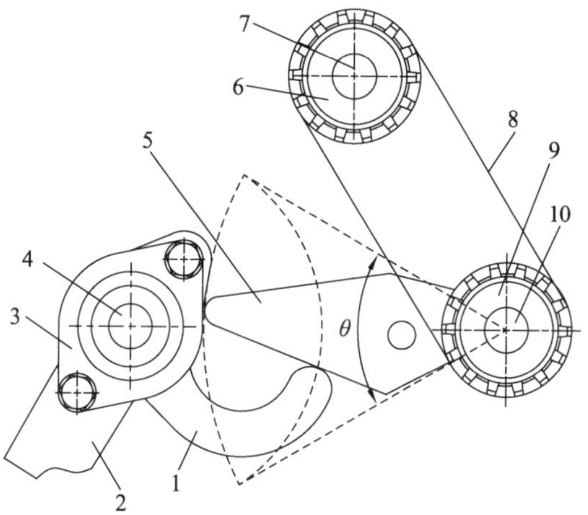

1—钩状轮;2—送秧轴支架;3—夹持架;4—纵向送秧轴;5—抬把;6—从动辊轮;
7—纵向输送从动轴;8—送秧皮带;9—主动辊轮;10—纵向输送驱动轴

图 5-21　纵向送秧机构结构示意图

油菜毯状苗移栽机的秧箱结构如图 5-22 所示,最常用的油菜毯状苗移栽机采用的是 6 行同时作业,共用 6 个独立的秧盘组成秧箱整体。纵向送秧装置的输送带采用双长皮带形式,这种形式是在短宽单皮带式送秧机构的基础上发展而来的,能有效解决短宽单皮带送秧带来的送秧不可靠、易走偏等问题,输送皮带由主动辊轮驱动,橡胶皮带表面有圆形小凸起,增大了表面附着力。它的纵向送秧性能和防侧向挤压性能都较好,能明显提高移栽均匀度、降低漏栽率,已达到国家标准要求,是一种理想的纵向送秧机构。

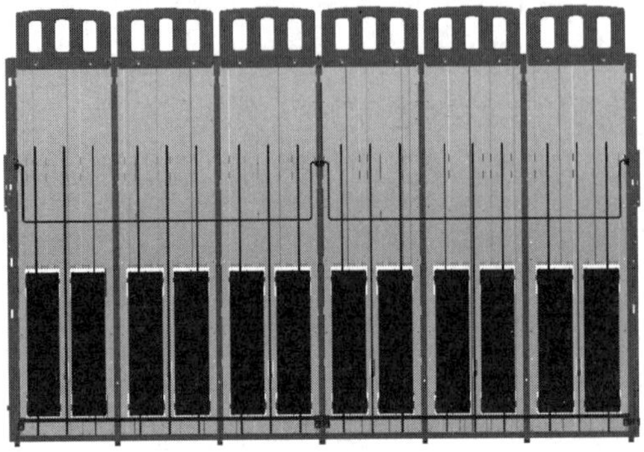

(a) 正视图

(b) 侧视图

图 5-22　输送带送秧分置式秧箱结构示意图

5.3.5　切块取苗质量参数优化试验

切块取苗质量是评价移栽机性能的重要指标，主要是评价供苗装置的性能以及供苗装置与秧爪匹配作业的性能。油菜毯状苗移栽机的切块取苗原理与水稻插秧机类似，但由于水稻毯状苗与油菜毯状苗生物性能的不同，将水稻插秧机上的切块取苗作业参数应用在油菜毯状苗移栽机上时，出现了油菜毯状苗块易散碎、不成块、幼苗损伤率高等一系列问题。这些问题会直接影响后续的运移、栽插效果，主要问题有：① 秧针在携带切块质量不好的苗块运移时，苗块很难夹持，途中容易直接脱离秧针掉落；② 底部苗片散碎会影响栽插后的稳定性，稳苗立苗率低，栽插效果差；③ 被秧针剪切到的幼苗会出现损伤、断裂，进而影响油菜移植的产量。针对上述问题，本节根据油菜种植农艺要求和毯状苗培育的密度等制约因素，对影响切块取苗效果的油菜毯状苗移栽机供苗装置和栽植装置的结构参数与工作参数进行重新设计。

(1) 试验条件

本试验选用由扬州大学农学院培育的油菜毯状秧苗，采用 280 mm×580 mm 规格标准的育秧硬盘，育秧时间 2015 年 9 月 25 日，育秧地点为江苏省苏州市吴江区同里镇北联村。试验测得每盘苗数约 600 株，苗高 125.4 mm，基质厚 20.8 mm。切块取苗试验于 2015 年 11 月 7—8 日在农业农村部南京农业机械化研究所综合试验室进行。

(2) 试验评价指标

根据移栽机性能要求，栽插系统在切块取苗质量方面需要满足以下要求：① 每块苗数不应差异过大，缺苗率应控制在较低水平；② 切块取苗时不应对油菜苗造成伤害；③ 应保证切下的苗块完整，不应出现基质散碎或秧苗与基质分离的现象。根据上述要求，提出取苗空穴率、伤秧率和苗块散碎率 3 个评价指标。

(3) 切块取苗质量影响因素设计

分析油菜毯状苗移栽机切块取苗过程得知，切块取苗环节由移栽机的供苗装置与栽植装置上的秧针共同配合完成，与切块取苗环节相关的作业参数有秧箱横向移箱回数、秧门宽度、横向取苗间隙、纵向取苗间隙和切块取苗速度。

① 秧箱横向移箱回数、秧门宽度和秧针宽度三者之间存在匹配关系，移箱回数越大，切块个数越多，移栽效率越高，但由于油菜叶片面积大，培育油菜毯状苗时生长空间受限，在 280 mm×580 mm 规格的秧盘上育苗，秧苗密度约为 600 株/盘，远小于水稻毯状苗的秧苗密度，增大移箱回数会导致切块面积减小，切块取苗后的空穴率增加。因此，首先通过单因素试验研究移箱回数对空穴率的影响，选取满足取苗空穴率指标的最优移箱回数，根据移箱回数可以设计相匹配的秧门宽度。

② 秧针宽度应略小于秧门宽度，在重合秧门位置处形成一定的间隙，即为横向取苗间隙。横向取苗间隙的存在是为了使秧针在取苗时与苗毯、秧门形成剪切作用力，这样才能有效切割苗毯。改变秧针宽度时，横向取苗间隙可相对应调整。

③ 纵向取苗间隙可通过调整秧箱高度来调节，移栽机上的调节范围为 2~6 mm。

④ 切块取苗速度可以通过改变栽植机构转速进行调节。

最终确定了 5 个试验可调的切块取苗作业参数，分别为秧针宽度(*A*)、栽植机构旋转速度(*B*)、纵向取苗间隙(*C*)、横向移箱回数(*D*)、秧门宽度(*E*)，如图 5-23 所示。

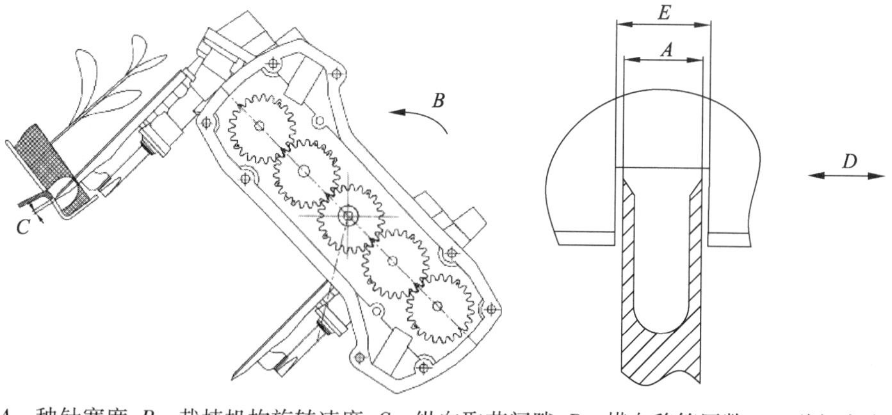

A—秧针宽度；*B*—栽植机构旋转速度；*C*—纵向取苗间隙；*D*—横向移箱回数；*E*—秧门宽度

图 5-23　切块取苗试验参数示意图

(4) 横向移箱回数单因素试验

通过单因素试验研究不同移箱回数对取苗空穴率的影响，并为油菜毯状苗移栽机移箱回数与秧门宽度的设计提供依据。参照水稻插秧机所用移箱回数以及实践经验，设定移箱回数的参数范围，试验结果如表5-8所示。

表5-8 横向移箱回数单因素试验结果

试验	1	2	3	4	5
横向移箱回数/次	10	12	14	16	18
取苗空穴率/%	6.33	8.00	12.00	15.67	18.33

由试验结果可以看出，总体上随着移箱回数的增大，取苗空穴率增大。当移箱回数小于12次时，取苗空穴率为8%，低于行业标准10%。为了提高栽植效率，在保证取苗空穴率和苗块素质的情况下，移箱回数越大越好。因此，油菜毯状苗移栽机的移箱回数为12次时，既能满足行业标准，又能获得较低的取苗空穴率。根据常用的280 mm×580 mm秧盘规格，可计算得到秧箱每次的移距约为23.33 mm，秧门宽度应略大于移距，故秧门宽度设计为25 mm。

(5) 正交试验

通过单因素试验确定横向移箱回数和秧门宽度后，影响油菜毯状苗移栽机栽插系统切块取苗效果的参数即为横向取苗间隙、纵向取苗间隙和栽植机构旋转速度。横向取苗间隙过小，对装置的安装精度要求过高，秧针容易碰撞秧门，取苗后秧针也不易夹持苗片。在固定秧门宽度的情况下，可通过改变秧针宽度来调整横向取苗间隙，根据《农业机械设计手册》设计要求，取苗间隙不得小于2 mm，否则秧针很容易碰撞到秧门造成损坏，因此选择了3种常用规格的秧针，宽度分别为13.4 mm、17.0 mm和20.0 mm，对应5.8 mm、4.0 mm和2.5 mm三种横向取苗间隙。纵向取苗间隙通过调节秧箱的上下高度实现，结合实践经验将试验范围设定为2~6 mm。秧针切块速度主要由栽植机构旋转速度决定，为了保证移栽株距符合要求，栽植机构转速与移栽机前进速度保持定比，在实际作业中，依据土壤条件和农艺要求，设定栽植机构转速的变化范围为100~300 r/min。因此确定了三因素三水平正交试验（$L_9(3^3)$）的各项因素水平，具体见表5-9。

表5-9 正交试验因素水平

水平	因素		
	秧针宽度 A/mm	栽植机构旋转速度 B/(r·min^{-1})	纵向取苗间隙 C/mm
1	13.4	130	2
2	17.0	200	4
3	20.0	270	6

试验的评价指标为伤秧率和苗块散碎率。根据三因素三水平正交试验($L_9(3^3)$)设计原理,设计 D 为空列用于估计随机误差,试验方案和试验结果见表 5-10。

表 5-10　试验设计方案及试验结果

序号	因素水平				伤秧率/%	苗块散碎率/%
	A	B	C	D 空列		
1	1	1	1	1	15.00	27.33
2	1	2	2	2	10.67	9.33
3	1	3	3	3	24.33	16.00
4	2	1	2	3	13.67	24.67
5	2	2	3	1	8.67	7.67
6	2	3	1	2	20.00	9.00
7	3	1	3	2	12.67	24.67
8	3	2	1	3	5.33	2.33
9	3	3	2	1	18.33	9.00

对表 5-10 正交试验结果进行极差分析,得到对伤秧率、苗块散碎率影响的关系曲线,分析结果见表 5-11 和图 5-24。

表 5-11　正交试验极差分析结果

试验指标		因素			极差			较优方案	主次关系
		A	B	C	R_A	R_B	R_C		
伤秧率/%	T1j	49.97	41.34	40.33	4.55	12.65	1.77	$A_3B_2C_1$	$B\ A\ C$
	T2j	42.34	24.67	42.67					
	T3j	36.33	62.63	45.64					
	X1j	16.66	13.78	13.44					
	X2j	14.11	8.22	14.22					
	X3j	12.11	20.88	15.21					
苗块散碎率%	T1j	52.66	76.67	38.66	5.55	19.11	3.23	$A_3B_2C_1$	$B\ A\ C$
	T2j	41.34	19.33	43.00					
	T3j	36.00	34.00	48.34					
	X1j	17.55	25.56	12.89					
	X2j	13.78	6.44	14.33					
	X3j	12.00	11.33	16.11					

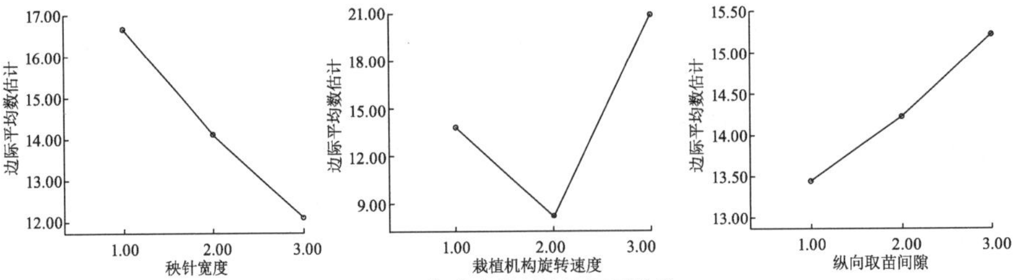

(a) 伤秧率的预估边际平均值

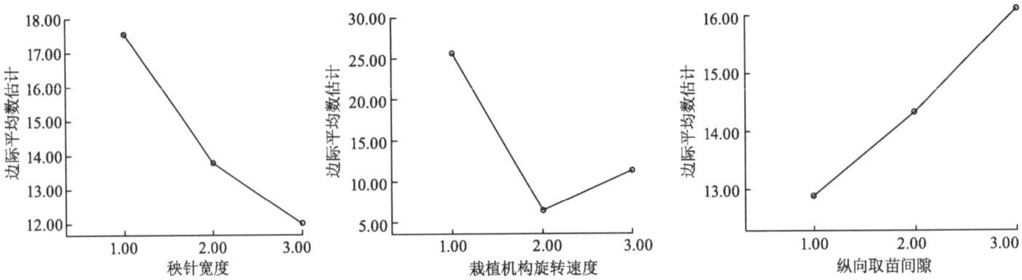

(b) 苗块散碎率的预估边际平均值

图 5-24　伤秧率、苗块散碎率影响关系曲线

1）伤秧率影响结果分析

从表 5-11 的分析结果可以看出，各项参数对伤秧率影响的大小关系（即主次关系）为栽植机构旋转速度 R_B>秧针宽度 R_A>纵向取苗间隙 R_C，其中伤秧率最小的参数组合为 $A_3B_2C_1$。随着栽植机构旋转速度的增加，伤秧率先减小后增大。当转速较慢时，秧针更多的是通过撕扯作用将苗片分割下来，由于苗片内部根系盘结在一起，秧针撕扯时很容易影响秧苗的位置和姿态，导致下一次切块取苗时秧针易切割到秧苗造成伤苗。当转速过快时，取苗速度过大，伤苗率显著增加。随着秧针宽度的减小，伤秧率小幅度增大。因为油菜秧苗在自然状态下并不是完全竖直生长的，在取苗时小秧针很容易接触到弯曲生长的秧苗。随着纵向取苗间隙的增大，伤秧率小幅度减小，但纵向取苗间隙对伤秧率影响并不显著。

2）苗块散碎率影响结果分析

各项参数对苗块散碎率影响的大小关系（即主次关系）为栽植机构旋转速度 R_B>秧针宽度 R_A>纵向取苗间隙 R_C，其中苗块散碎率最小的参数组合同样为 $A_3B_2C_1$。随着栽植机构旋转速度的增加，苗块散碎率先极速下降，然后又小幅度上升。因为当转速较低时，秧针通过撕扯作用取下苗片，在撕扯时容易因为根系被拉扯断裂导致苗片不成块，切块效果差，苗块很容易散碎。当转速过高时，取苗时秧针对苗片的冲击作用大，容易造成基质散碎。随着秧针宽度的增大或纵向取苗间隙的减小，苗块散碎率小幅度降低。因为秧针与秧门间的间隙越小，秧针可以通过剪切作用切块取苗，取苗效果比撕扯作用好。

以切块取苗时秧苗损伤少、苗块散碎程度低为目标，综合各性能指标，选取最优参数组合为秧针宽度 20.0 mm，栽植机构旋转速度 200 r/min，纵向取苗间隙 2 mm，在此参数下达到了最优水平，切块取苗效果最好。

通过正交试验的极差分析获得了各项参数对伤秧率和苗块散碎率影响的主次关系和最优参数组合，但还不能确定各项参数对切块取苗质量各项指标的影响是否显著。因此，需要通过方差分析来判断参数对指标影响的显著性，方差分析的结果见表 5-12。

表 5-12　方差分析结果

	变异来源	平方和	自由度	均方	F 值	P 值
伤秧率/%	模型	277.814	6	46.302	233.811	0.004
	A	31.296	2	15.648	79.017	0.012*
	B	241.741	2	120.871	610.355	0.002**
	C	4.777	2	2.388	12.061	0.077
	误差	0.396	2	0.198		
	总和	2 117.762	9			
苗块散碎率/%	模型	655.453	6	109.242	983.18	0.001
	A	48.246	2	24.123	217.107	0.005**
	B	591.535	2	295.767	2 661.907	<0.001***
	C	15.673	2	7.836	70.527	0.014*
	误差	0.222	2	0.111		
	总和	2 533.453	9			

注：*** 表示 $P<0.001$（极显著），** 表示 $P<0.01$（较显著），* 表示 $P<0.05$（显著）。

方差分析的结果表明，栽植机构旋转速度对苗块散碎率的影响达到极显著水平；栽植机构旋转速度对伤秧率的影响、秧针宽度对苗块散碎率的影响达到较显著水平；秧针宽度对伤秧率的影响、纵向取苗间隙对苗块散碎率的影响达到显著水平；纵向取苗间隙对伤秧率的影响不显著。

（6）试验结果讨论与验证

油菜移栽过程中，伤秧率低，栽插的油菜成苗率高；苗块散碎率低，秧针切块的效果好，有利于秧针运移苗块以及栽插后立苗。油菜毯状苗切块取苗的理想状态是伤秧率低、苗块散碎率低，从上述正交试验得到的最优参数组合结果中可以看出，当秧针宽度为 20.0 mm，栽植机构旋转速度为 200 r/min，纵向取苗间隙为 2 mm

时,伤秧率和苗块散碎率分别为 5.33%和 2.33%。

2015 年 11 月 8 日对最优参数组合进行试验验证,试验过程和切块取苗试验效果如图 5-25 所示。试验结果见表 5-13。

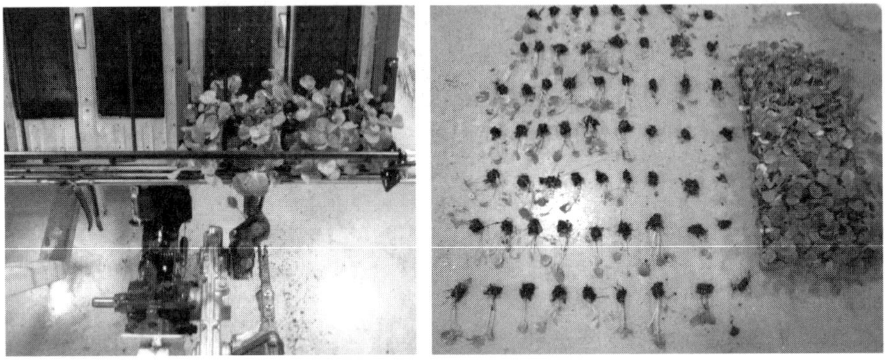

图 5-25　室内试验及切块取苗效果

表 5-13　室内试验及切块结果

试验组数	伤秧率/%	切块合格率/%
1	4.60	3.20
2	5.00	4.20
3	5.20	4.60
平均值	4.93	4.00

从表 5-13 中的数据可以看出,3 次试验的伤秧率平均为 4.93%,切块合格率平均为 4.00%。这能够表明栽植机构参数对油菜毯状苗切块质量的影响关系是正确的,以栽植机构最优参数组合进行油菜毯状苗切块试验,伤秧率降低到 5%以下,苗块散碎率小于 5%,切块质量也明显优于优化前。从图 5-25 可以看到,苗块的成块性较好,切块均匀且没有散碎苗块。

5.4　油菜毯状苗移栽栽植过程立苗条件研究

油菜毯状苗移栽机在完成切块取苗后携带着苗块将其运送到底部进行栽插。移栽机的作业性能最终是通过反映移栽效果的性能指标进行评判的,一般包括埋苗率、露苗率、漏栽率、立苗率及伤苗率等。其中,立苗率是反映栽植质量的重要性能指标,在保证移栽效率的同时,提高立苗率是实现高质量移栽的关键。移栽后的秧苗如果无法直立,出现多数倒伏的现象,会直接影响油菜的种植产量。由于插植臂作业速度很快,很难在栽植装置运行过程中观察到秧针与苗块的作业关系以及苗块的运动姿态,因此难以判断苗块倒伏的原因。为此,通过高速摄影观察试验油菜毯状苗移栽机的栽植过程,发现移栽过程中有2个阶段存在导致移栽后秧苗倒伏的问题:① 在秧针运移苗阶段,时常出现秧针无法稳定地夹持住苗块完成运移,苗块在半空中掉落,苗块在运移整个过程中整体姿态处于前倾,当脱离秧针失去控制后,受到自身惯性作用,存在向前进方向倾倒的运动趋势,落地后容易倒伏;② 秧针在能够稳定夹持苗块运移的情况下,苗块由秧针夹持至推苗点处通过推苗入土完成栽插,在推苗入土—栽插—稳苗整个过程中,苗块落地后仍具有速度,容易发生翻倒。

本节的重点是在明确油菜毯状苗移栽后苗块容易倒伏的原因之后,建立油菜毯状苗移栽机立苗机理的研究方法。从苗-机构-土三者之间的互作关系出发,根据倒伏原因将栽植机构的作业过程分解为运移和栽插2个阶段,分别建立2个阶段苗块的动力学模型,得到运移阶段苗块的运移平衡条件方程和栽插阶段苗块落地后的翻转运动方程,找到影响苗块立苗的主要因素,通过参数化方程从理论分析角度分析不同作业参数下苗块的运动状态和落地姿态的变化规律,为立苗机理研究和移栽机参数设计提供理论依据。

5.4.1　栽植装置的作业阶段

分插机构在旋转一周内,依次完成取苗、运移苗、推苗栽插和回程4个动作环节。从秧针取苗后到栽插的整个过程中,苗块完全在秧针的控制下运动。根据秧针与苗块的作用力情况,可以将整个受控过程分解成2个阶段,分别是运移阶段和栽插阶段。

(1) 运移阶段

运移阶段是秧针夹持着苗块将其从取苗点处运送到栽插位置处的过程,从苗块被秧针从秧箱中取出后开始,到秧针到达推苗点处准备推苗时结束。在理想的状态下,苗块与秧针的相对位置不变,处于相对固定状态。但在实际作业时,经常会出现秧针夹持不住苗块的情况,由于苗块底部的基质块夹持不稳,在高速的惯性作业力下,苗块上的秧苗会偏离秧针或整个苗块直接脱离秧针在半空中掉落下来,落地后直接倒伏。因此,要想保证油菜毯状苗移栽机移栽后的立苗质量,首先要保证在运移阶段秧针能够稳定地夹持住苗块,不能出现秧苗摆动和苗块脱落的现象。

(2) 栽插阶段

栽插阶段从推苗杆弹出时开始,到苗块落地后达到稳定状态时结束。这个阶段苗块先是在推苗杆的作用下与秧针分离,然后与土壤接触,落地后达到稳定状态。苗块落地后达到的稳定状态有2种:或是直立,或是倒伏。苗块落地后的状态受到诸多因素的影响，如苗块自身的形态和素质、机具的作业参数以及土壤环境。其中，苗块的秧苗和基质以及土壤条件是多样且复杂的，在进行理论分析时，建模参数和动作分解越详细，越能得到符合实际作业情况的理论模型，但同时计算和分析也会越复杂。因此，在简化建模参数和苗块运动过程的同时，能够建立符合实际作业情况的理论模型是分析的难点。

5.4.2 运移阶段秧针稳定夹持苗块的平衡条件

想要保证秧针取苗后能够稳定夹持苗块运移，需要研究运移阶段秧针与苗块的夹持作用关系，包括秧针与苗块的夹持位置关系、接触部位、接触面积和接触作用力的类型等因素，分析夹持松动时苗块产生运动趋势的形式，建立秧针夹持苗块不产生相对运动的动力学平衡条件，获取影响夹持力的主要因素以及苗块脱离秧针掉落的临界条件，分析这些因素与秧针夹持苗块过程中苗块的运动姿态之间的关系，探明苗块掉落的本质原因。

（1）苗块的运移平衡方程

图 5-26 为运移过程中秧针与苗块的夹持位置关系简化示意图，从图中可以看出，秧针夹持的是苗块底部的苗片，苗片在秧针内侧，秧苗贴合于秧针外侧自然形成一个夹角，正常运移苗情况下秧苗与基质块的夹角为 25°左右。

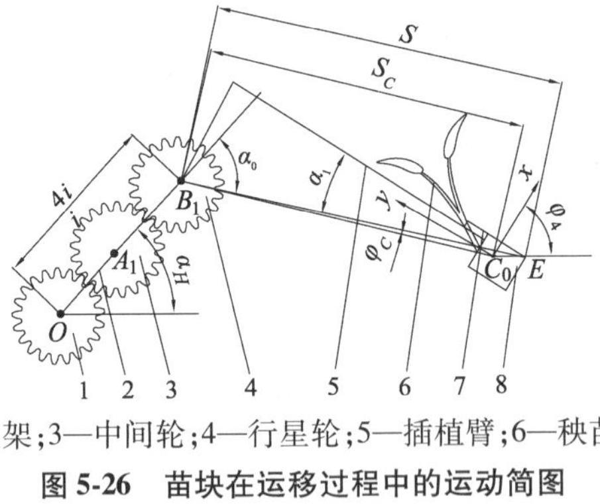

1—太阳轮；2—行星架；3—中间轮；4—行星轮；5—插植臂；6—秧苗；7—秧针；8—基质

图 5-26 苗块在运移过程中的运动简图

假设在苗块不发生掉落的情况下，在夹持运移的过程中，苗块与秧针之间不存在相对运动，根据图 5-26 中苗块与秧针的位置关系可以得到苗块质心 C_0 与秧针尖点 E 之间的位置关系表达式：

$$S_C=\sqrt{(S\sin\alpha_1-x_C)^2+(S\cos\alpha_1-y_C)^2} \tag{5-39}$$

$$\varphi_C=\arctan\left(\frac{S\sin\alpha_1-x_C}{S\cos\alpha_1-y_C}\right) \tag{5-40}$$

式中：S_C——苗块质心到行星轮转动中心的距离，m；

φ_C——秧针尖和行星轮转动中心连线与质心和行星轮转动中心连线之间的夹角,rad;

α_1——秧针尖和行星轮转动中心连线与秧针所成夹角,rad。

因为夹持过程中苗块与秧针的相对位置不变,在建立了秧针尖点 E 与苗块质心 C_0的位置关系之后,就可以将 5.2 节中秧针尖点 E 的加速度曲线转换成苗块质心 C_0的加速度曲线方程。因此,联合式(5-39)、式(5-40)和式(5-22),可得到在运移阶段苗块质心处的加速度变化方程:

$$\begin{cases} a_{Cx}=-4i\omega^2\cos(\alpha_H-\varphi_H)-S_C\omega^2\cos(\alpha_H-\alpha_0-\varphi_3-\varphi_C)\cdot i_{3H}\cdot \dot{i}_{3H} \\ a_{Cy}=-4i\omega^2\sin(\alpha_H-\varphi_H)-S_C\omega^2\sin(\alpha_H-\alpha_0-\varphi_3-\varphi_C)\cdot i_{3H}\cdot \dot{i}_{3H} \end{cases} \tag{5-41}$$

式中:a_{Cx}——苗块质心位置在 x 轴方向的加速度,m/s^2;

a_{Cy}——苗块质心位置在 y 轴方向的加速度,m/s^2。

根据牛顿第二定律,苗块能够按照栽植轨迹运动的条件下需要满足的受力关系为

$$\begin{cases} F_x=a_{Cx}m_z=-4im_z\omega^2\cos(\alpha_H-\varphi_H)-S_Cm_z\omega^2\cos(\alpha_H-\alpha_0-\varphi_3-\varphi_C)\cdot i_{3H}\cdot \dot{i}_{3H} \\ F_y=a_{Cy}m_z=-4im_z\omega^2\sin(\alpha_H-\varphi_H)-S_Cm_z\omega^2\sin(\alpha_H-\alpha_0-\varphi_3-\varphi_C)\cdot i_{3H}\cdot \dot{i}_{3H} \end{cases} \tag{5-42}$$

式中:F_x——苗块质心位置在绝对坐标系下 x 方向合力,N;

F_y——苗块质心位置在绝对坐标系下 y 方向合力,N;

m_z——单次移栽的油菜毯状苗苗块总质量,kg。

运移阶段秧针带动苗块做复合运动,如果直接在绝对坐标系下不方便计算,就需要对坐标系进行旋转变换,将绝对坐标系逆时针旋转一个角度。如图 5-26 所示建立坐标系,根据坐标系旋转公式,可以得到在动态坐标系下苗块的受力关系表达式:

$$\begin{cases} F'_x=F_x\cos\varphi_4+F_y\sin\varphi_4 \\ F'_y=-F_x\sin\varphi_4+F_y\cos\varphi_4 \end{cases} \tag{5-43}$$

$$\varphi_4=2/\pi-(\alpha_0-\alpha_H+\alpha_1+\varphi_3) \tag{5-44}$$

式中:F'_x——苗块质心位置在转换后的动态坐标系下 x 方向合力,N;

F'_y——苗块质心位置在转换后的动态坐标系下 y 方向合力,N;

φ_4——动态坐标系 x 轴与水平面的夹角,rad;

φ_3——行星轮的摆角,rad。

图 5-27 为旋转坐标系下的苗块受力关系曲线。通过图中曲线可以看出,在秧针携带着苗块按照栽植轨迹运移的过程中,苗块受到的合力在 x 轴方向的分力先

为负后为正，力的大小先逐渐减小，改变方向后再逐渐增大；在 y 轴方向的分力始终为正，且逐渐增大。从苗块与秧针之间作用力的特点来说，苗块重力是影响苗块掉落的主要作用力之一，当苗块所受合力在 x 轴的分力 F'_x 与苗块重力在 x 轴的分力 G_x 的方向相同时，F'_x 与 G_x 的大小关系会改变苗块的相对运动趋势，因此在建立苗块脱离秧针掉落的临界条件方程时，将运移过程以 $G_x \leqslant F'_x<0$、$F'_x \leqslant G_x<0$、$F'_x \geqslant 0$ 划分为 3 个阶段。

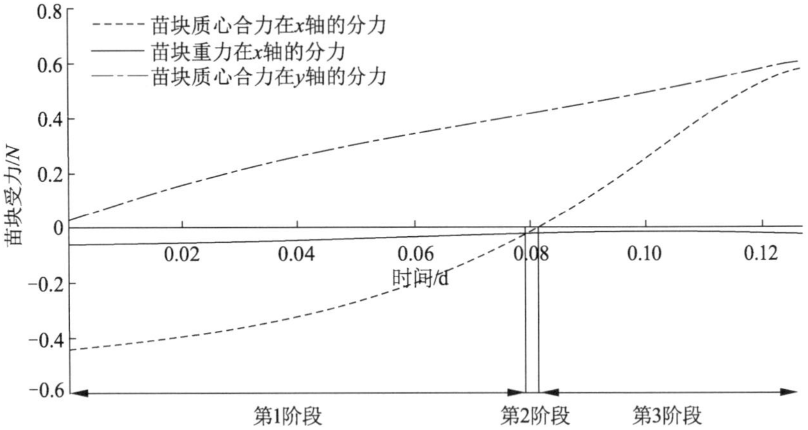

图 5-27　转换坐标系下苗块的受力关系曲线

由于切块过程中有撕扯作用，并且苗块基质本身存在弹性变形，切下的苗块略大于秧针内槽尺寸，因此存在部分基质贴合在秧针外壁的上表面。分析运移苗过程中秧针与苗块的受力可以发现，秧针和推苗杆与苗块接触部位存在接触作用力，苗块自身受重力，当接触作用力与重力的合力不足以提供苗块按照栽植轨迹运动所需的作用力时，苗块沿秧针竖直方向产生滑动，并脱离掉落，3 个阶段的苗块受力分析过程列于表 5-14 中，同时为了方便分析，在下方列出了苗块在运移过程中的动力学分析相关参数（符号）。

表 5-14　3 个阶段苗块受力分析示意图及运移平衡方程

	说明	受力示意图	运移平衡方程
第1阶段	x 方向受力为负，且 $F'_x \geqslant G_x$，y 方向为正，此时合力在动态坐标系的第Ⅱ象限	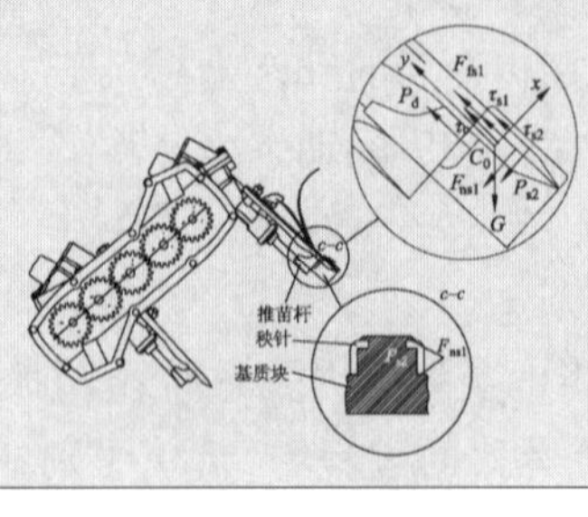	$\begin{cases} F'_y > F_{fs1}+\tau_s+\tau_c+P_d-G\cos\varphi_4 \\ F'_x = F_{ns1}+P_{s2}+G\sin\varphi_4 \\ F_{fs1}=F_{ns1}\cdot f \\ \tau_s=\tau_{s1}+\tau_{s2} \end{cases}$ $(F'_x \geqslant G_x)$

续表

<table>
<tr><th>说明</th><th></th><th>受力示意图</th><th>运移平衡方程</th></tr>
<tr><td>第2阶段</td><td>x 方向受力为负，且 $F'_x<G_x$，y 方向为正</td><td>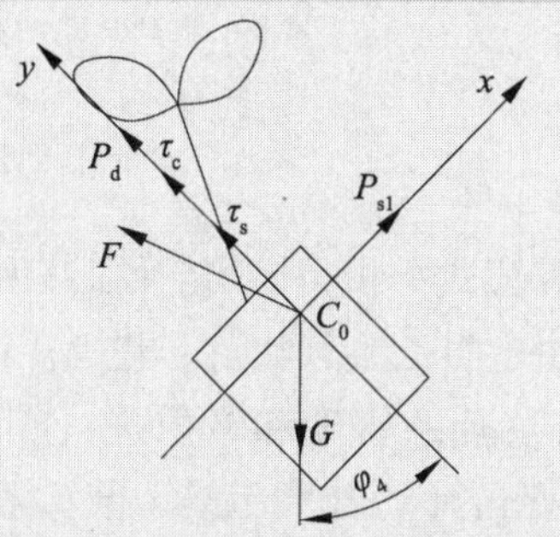
</td><td>$\begin{cases} F'_y>\tau_s+\tau_c+P_d-G\cos\varphi_4 \\ F'_x=G\sin\varphi_4-P_{s1} \end{cases}$</td></tr>
<tr><td>第3阶段</td><td>x 方向受力为正，y 方向为正，此时合力在动态坐标系的第Ⅰ象限</td><td>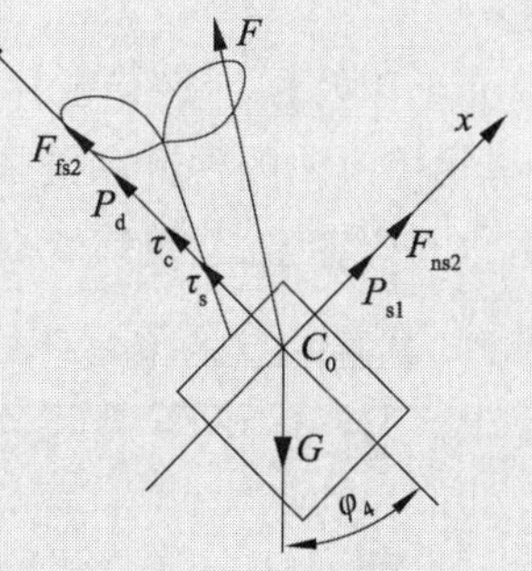
</td><td>$\begin{cases} F'_y>F_{fs2}+\tau_s+\tau_c+P_d-G\cos\varphi_4 \\ F'_x=F_{ns2}+P_{s1}-G\sin\varphi_4 \\ F_{fs2}=F_{ns2}\cdot f \end{cases}$</td></tr>
</table>

注：F_{fs1}——基质块与秧针内壁的上表面接触部位的摩擦力，N；F_{ns1}——基质块与秧针内壁的上表面接触部位的法向支持力，N；F_{fs2}——基质块与秧针外壁的上表面接触部位的摩擦力，N；F_{ns2}——基质块与秧针外壁的上表面接触部位的法向支持力，N；f——摩擦系数；T——单位法向黏附力，N/cm^2；Q——单位切向黏附力，N/cm^2；τ_{s1}——基质块与秧针内壁的上表面接触部位的切向黏附力，N；τ_{s2}——基质块与秧针外壁的上表面接触部位的切向黏附力，N；τ_s——基质块与秧针内、外壁的上表面接触部位的切向黏附力，N；τ_c——基质块与秧针内壁的侧面接触部位的切向黏附力，N；P_d——基质块与推苗杆接触部位的法向黏附力，N；P_{s1}——基质块与秧针内壁的上表面接触部位的法向黏附力，N；P_{s2}——基质块与秧针外壁的上表面接触部位的法向黏附力，N；G——苗块重力，N；C_0——苗块的质心；φ_4——动态坐标系 x 轴与水平面的夹角，rad。

(2) 苗块脱离秧针掉落的临界条件分析

根据苗块的运移平衡方程可以发现，秧针夹持苗块的作用力，也就是秧针能否稳定地夹持住苗块取决于苗块质量、苗片含水率以及栽植机构转速，其中苗块质量受到取苗量和苗片含水率的影响，因此，切块取苗后运移苗块的总质量的计算公式为

$$m_z=\frac{\rho_0 S_a S_b S_c}{1-W/100}+m_1 \tag{5-45}$$

式中：m_z——单次移栽的油菜毯状苗苗块总质量，kg；

ρ_0——完全烘干后苗片的密度，kg/m^3；

S_a——苗片长度,m;

S_b——苗片宽度,m;

S_c——苗片厚度,m;

W——苗片含水率,%;

m_1——裸苗质量,kg。

根据苗块的总质量计算公式分析得到,苗片长度和宽度分别由供苗装置的横向移箱回数和纵向取苗量决定。油菜毯状苗移栽机秧箱的移箱回数为 12 次,纵向取苗量根据移栽时毯状苗苗片的密度和素质进行相应的调节,调节范围为 8~17 mm。因此,主要通过改变苗片的含水率或调节机器的纵向取苗量来改变移栽苗块的总质量。

根据切块取苗后苗片的大小以及秧针夹持苗片的接触位置关系,可得到在夹持苗块运移的过程中,苗片与栽植机构的秧针和推苗杆的接触部位和接触面积,并列出各接触部位的接触作用力的计算公式,见表 5-15。

表 5-15　基质与栽植机构接触面积说明

接触面积参数	接触力计算公式
S_{os}——基质与秧针外壁上表面法向接触面积	$P_{s2}=S_{os}\cdot T$ $\tau_{s2}=S_{os}\cdot Q$
S_{is}——基质与秧针内壁上表面法向接触面积	$P_{s1}=S_{is}\cdot T$ $\tau_{s1}=S_{is}\cdot Q$
S_{ic}——基质与秧针内壁侧面法向接触面积	$\tau_c=S_{ic}\cdot T$
S_d——基质与推苗杆法向接触面积	$P_d=S_d\cdot T$
接触部位示意图	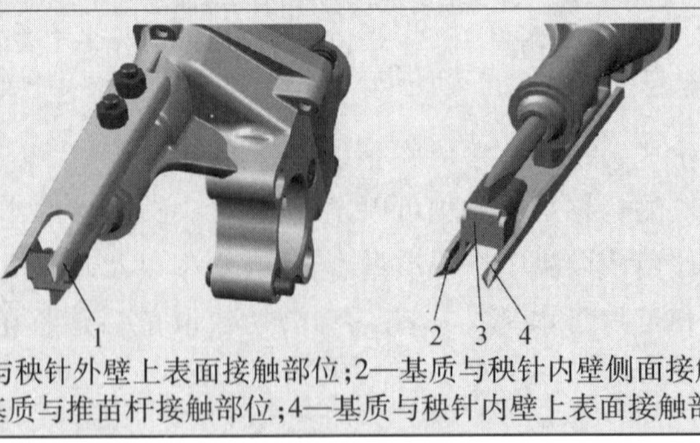 1—基质与秧针外壁上表面接触部位;2—基质与秧针内壁侧面接触部位; 3—基质与推苗杆接触部位;4—基质与秧针内壁上表面接触部位

苗块脱离秧针掉落的临界条件分析:首先根据苗片与秧针之间作用力的试验测定方法,建立油菜毯状苗苗片含水率与单位法向黏附力、单位切向黏附力以及摩擦系数 3 个力学特性指标的关系,苗片与秧针之间作用力的测定方法已经在 3.3

节中给出。本研究以品种为宁杂 1838、苗龄为 40 d 的油菜毯状苗为研究对象。当纵向取苗量为 13 mm 时，苗片的单位法向黏附力 T_1 为 0.071 2 N/cm^2，单位切向黏附力 C_1 为 0.058 3 N/cm^2，摩擦系数 f_1 为 0.585 0，同时计算得到单次移栽切取的苗块总质量为 6.92 g。将上述数据代入 3 个阶段苗块的运移平衡方程，得到栽植机构转速的掉苗临界值 w = 20.4 rad/s，将这组参数代入苗块动力学模型中，得到苗块在 3 个阶段的合力（在 y 轴的分力）变化曲线与苗块不掉落的最大接触作用力变化曲线关系图，如图 5-28a 所示。从图中可以看出，苗块所受合力（y 轴分力）在第 1 阶段逐渐减小，在第 2 阶段基本保持不变，在第 3 阶段逐渐增大。苗块不掉落的最大接触作用力在第 1 阶段逐渐增大，在第 2 阶段小幅度增大，在第 3 阶段持续增大。两条曲线在第 1 阶段末和第 3 阶段初容易产生交叉，而苗块受力（y 轴分力）要在 3 个阶段均小于最大接触作用力才能保证运移过程中苗块不发生脱离秧针掉落的问题。当栽植机构转速为 20.4 rad/s 时，两条曲线在第 3 阶段开头出现了交叉。同时，分别绘制栽植机构转速为 18 rad/s 和 24 rad/s 时的 2 组受力变化曲线图进行直观比较说明，如图 5-29 和图 5-30 所示。从图 5-29 中可以看出，在苗片含水率为 60%，纵向取苗量为 13 mm 的条件下，当栽植机构转速小于 20.4 rad/s 时，在 3 个阶段中，两条曲线均没有交叉，且苗块沿滑移掉落方向（变换坐标系的 y 轴方向）所受最大接触作用力均大于 F'_y，即栽植机构与苗块的接触作用力能够满足按照栽植轨迹运移苗块的合力要求，苗块不会掉落。当栽植机构转速大于 20.4 rad/s 时，如图 5-30 所示，从 0.071 s 到 0.112 s，苗块所受最大接触作用力小于 F'_y，无法满足运移所需合力要求，苗块在此阶段会与秧针产生相对运动并脱离秧针掉落。由此可以判断出：当苗片含水率为 60%、纵向取苗量为 13 mm 时，栽植机构转速为 20.4 rad/s 是苗块脱离秧针的临界值。

同理，取栽植机构转速为 19 rad/s，纵向取苗量为 13 mm 时，计算得到苗片含水率的掉苗临界值为 53.3% 和 66.3%。当苗片含水率为 60%、栽植机构转速为 19 rad/s 时，纵向取苗量的掉苗临界值为 15 mm。将这 3 组理论计算结果作为试验研究中参数范围选择的参考和依据。

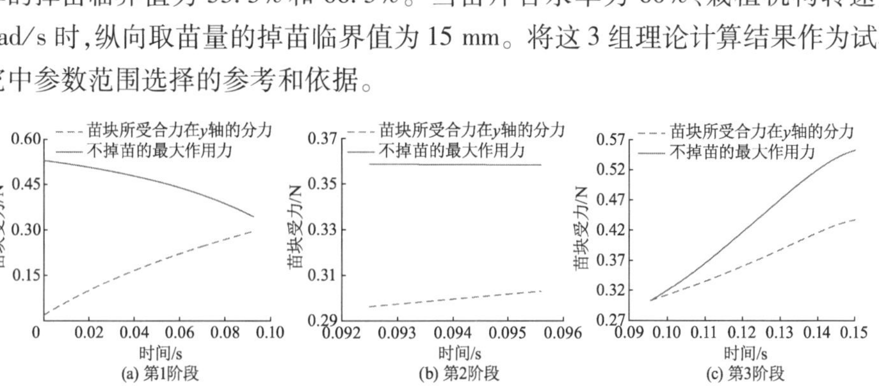

图 5-28　栽植机构转速为 20.4 rad/s 时的苗块受力曲线

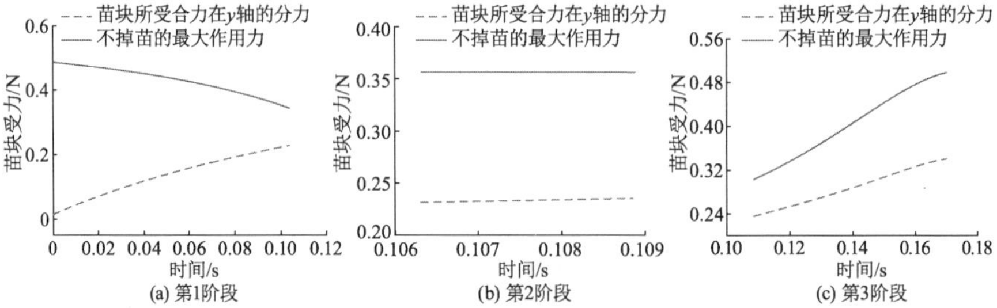

图 5-29　栽植机构转速为 18 rad/s 时的苗块受力曲线

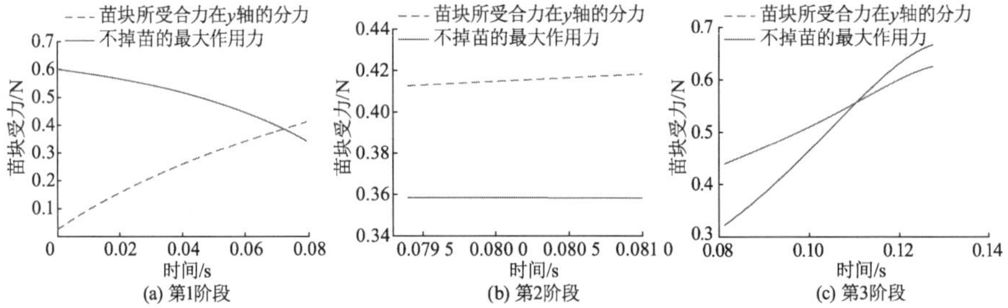

图 5-30　栽植机构转速为 24 rad/s 时的苗块受力曲线

(3) 运移阶段苗块运动的高速摄影试验

由于油菜毯状苗移栽机的栽植频率很高,田间试验难以判断运移阶段秧针夹持苗块的情况。因此通过高速摄影试验来拍摄移栽机栽植系统的作业过程,观察运移阶段苗块的运动姿态。

1) 试验材料和设备

试验地点为农业农村部南京农业机械化研究所。选用的油菜品种为宁杂1838,育苗秧盘规格为280 mm×580 mm,苗龄为40 d。所用仪器包括油菜毯状苗移栽试验样机、高速摄像机(Redlake promotion X2)、笔记本电脑等。

2) 试验方法

为了能够准确观察栽植机构运移过程中苗块的运动姿态以及落苗情况,利用高速摄像机进行图像采集,录制油菜毯状苗栽植过程的运动视频,在后期数据处理过程中仅选取从栽植机构取苗到推苗杆开始运动为一个完整的栽植周期。设定高速摄像机的拍摄速率为200幅/s,每组试验选取150个栽植周期,且保证选取的栽植周期样本均有完整的基质块和秧苗存在,并记录发生脱苗的栽植周期样本数量。表5-16列出了试验各因素设定的参数范围。

表 5-16　单因素试验的参数设定范围

试验组	纵向取苗量/mm	苗片含水率/%	栽植机构转速/(rad·s^{-1})
1	13	60	13/15/17/19/21/23/25/27
2	13	44/48/52/56/60/64/68/72	19
3	9/10/11/12/13/14/15/16/17	60	19

3）试验指标

以脱苗率作为试验评价指标，计算式为

$$\eta=\frac{N_1}{N_0}\times 100\% \tag{5-46}$$

式中：η——脱苗率，%；

N_0——每组试验栽植周期总样本数量；

N_1——发生脱苗的栽植周期样本数量。

4）试验结果与分析

试验结果见图 5-31。

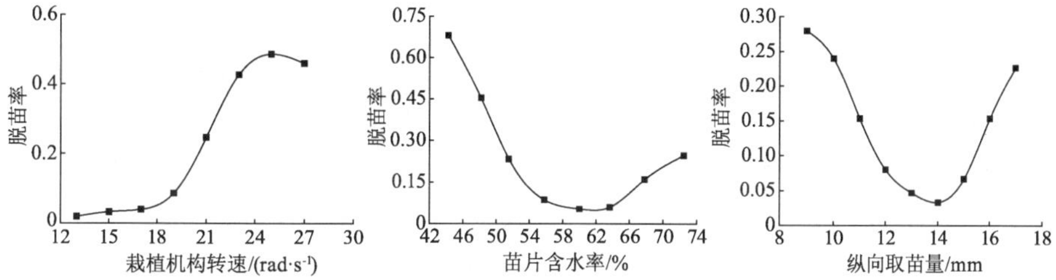

(a) 不同栽植机构转速下的脱苗率　(b) 不同苗片含水率下的脱苗率　(c) 不同纵向取苗量下的脱苗率

图 5-31　不同试验条件下的脱苗率

通过高速摄影可以清楚地观察油菜毯状苗移栽机运移苗块的整个过程，高速摄影试验效果如图 5-32 所示。在苗片含水率 60%（试验中苗片含水率测定值为 59.81%）、纵向取苗量 13 mm 的条件下，考查栽植机构转速在 13～27 rad/s 范围内变化对苗块脱苗率的影响，结果见图 5-31a。从图中可知，当栽植机构转速小于 19 rad/s 时，脱苗率较小且没有明显变化；当转速从 19 rad/s 提升至 21 rad/s 时，脱苗率明显增大；当栽植机构转速在 21～25 rad/s 范围内变化时，随着转速的增加，脱苗率显著增大；当转速增加到 27 rad/s 时，脱苗率略有降低。从高速摄像中观察到，当转速较快时，运移过程中的苗块存在不稳定落苗趋势，但由于从有落苗趋势开始至到达推苗点之间的时间非常短，苗块被运移至推苗位置时并没有与秧针分离掉落。图 5-31b 为在栽植机构转速 19 rad/s、纵向取苗量 13 mm 的条件下，苗片含水率在44%~72%范围内变化对脱苗率的影响结果。从图中可以看出，含水率为44%~56%时，随着含水率的增加，脱苗率显著降低；当含水率在56%~64%范围内变化时，脱苗率趋于稳定；在含水率大于64%后，脱苗率小幅度上升。图5-31c为在栽植机构转速19 rad/s、苗片含水率60%（试验时苗片含水率测定值为59.56%）的条件下，纵向取苗量在9~17 mm范围内变化对脱苗率的影响结果。当纵向取苗量小于12 mm时，脱苗率随纵向取苗量的减小显著升高，结合高速摄像机采集的图像可以发现，减小纵向取苗量后栽植机构切块取苗效果变差，切取的基质形状不规则，散碎不成块，运移苗过程中与栽植机构接触面积减小，使得脱苗率大幅度增大；当纵向取苗量在12~14 mm范围内变化时，脱苗率较小且出现缓慢降低的趋势；当纵向取苗量大于14 mm时，脱苗率开始增大，且纵向取苗量在15~17 mm这一阶段，脱苗率显著增大。试验中观察到，在这个阶段栽植机构取苗效果好，基质完整，但出现掉落的苗块数量较多，可以判断是因为苗块与栽植机构之间的接触作用力无法满足按照栽植轨迹运动所需合力要求，苗块与秧针之间产生相对运动并脱离秧针掉落。同时可以发现，3组试验中脱苗率显著增大的范围与理论计算结果相近，因此也说明了所建立的苗块在运移过程中的运动方程是正确的。

正常运移苗　正常运移苗　正常推苗　完全推苗

(a) 运移阶段苗块不掉落

正常运移苗　掉苗开始　苗块与秧针完全分离　惯性作用下向前翻转

(b) 运移阶段苗块掉落

图5-32　高速摄影试验效果

5.4.3　栽插阶段苗块的运动姿态

秧针夹持着苗块运移到推苗点处直接通过推苗杆将苗块推插入开沟器开好的沟缝中,栽好的苗块需要依靠覆土镇压轮挤压沟缝两边的土壤来稳固,防止秧苗倒伏。然而,由于移栽机安装位置的限制,覆土镇压轮与栽植装置之间有一定的距离,栽植装置将秧苗栽插好后,覆土镇压轮对土壤的挤压作用没办法做到立即稳苗立苗,在这个短暂的过程中,苗块很可能在高速栽插后的惯性作用力下出现不稳定倒伏的现象。根据上述问题,本节重点针对推苗入土阶段苗块的运动姿态进行研究,首先确定秧针运移苗块在推苗点处苗块的初始运动状态以及影响因素,然后建立推苗入土过程中苗块的动力学模型,得到苗块落地时的翻转运动方程。本节的主要内容是从理论分析角度研究苗块的运动姿态以及各个因素对苗块运动姿态的影响,可为探寻移栽后秧苗倒伏的原因以及建立油菜毯状苗移栽机立苗条件提供理论依据。

(1) 苗块在推苗点处的初始运动状态分析

分析苗块在推苗入土阶段的运动姿态之前,应首先确定推苗点处苗块的初始运动状态。苗块运动受到秧针夹持的影响,全程受控,因此可以根据秧针运动轨迹以及苗块与秧针之间的位置关系来建立苗块的运动方程。

秧针夹持基质运移至推苗点处时,基质在秧针内侧,秧苗在外侧并与秧针形成一个偏离角度。以苗块中心位置从底部到顶部每 10 mm 划定一个位置点,利用式(5-39)和式(5-40)计算得到各位置点到行星轮转动中心的距离 S_n,行星轮转动中心和秧针尖点连线与行星轮转动中心和苗块上各位置点连线之间的夹角 φ_n(n 表示苗块上位置点序号)。因此,得到移栽机前进作业过程中苗块上各点的速度变化式为

$$\begin{cases} v_{xn}=4i\omega\sin(\alpha_H-\varphi_H)+S_n\omega\sin(\alpha_H-\alpha_0-\varphi_3+\varphi_n)\cdot i_{3H}+H/(100\pi) \\ v_{yn}=4i\omega\cos(\alpha_H-\varphi_H)-S_n\omega\cos(\alpha_H-\alpha_0-\varphi_3+\varphi_n)\cdot i_{3H} \end{cases} \tag{5-47}$$

式中:v_{xn}——苗块上各位置点在 x 方向的速度,m/s;

v_{yn}——苗块上各位置点在 y 方向的速度,m/s;

H——株距,cm。

绘制一个栽植周期内苗块上各位置点的速度变化曲线,如图 5-33a 所示。将行星架转到推苗点处的时间代入式(5-47),可以得到推苗点处苗块上各位置点的速度变化规律,如图 5-33b 所示。

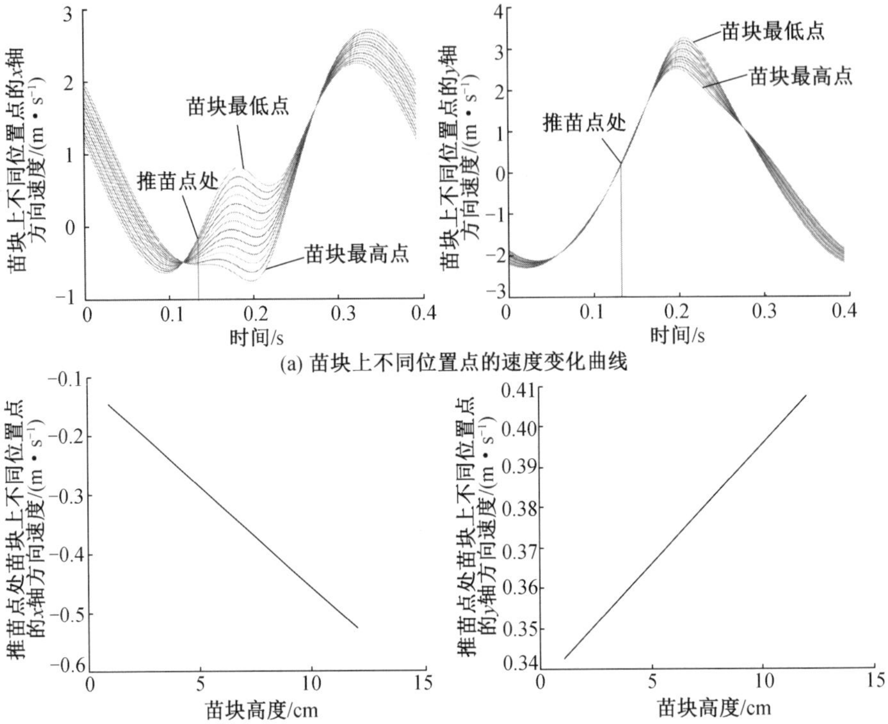

(a) 苗块上不同位置点的速度变化曲线

(b) 推苗点处苗块上不同位置点的速度变化规律

图 5-33 苗块上各位置点速度变化曲线

在运移阶段，秧针携带苗块做平面运动，可以将苗块平面运动分解为随质心的平移运动和绕质心的转动。为了方便分析，将式(5-47)在绝对坐标系下通过式(5-48)旋转坐标系，得到平行(y 方向)和垂直(x 方向)于秧苗建立的直角坐标系下苗块的速度方程。

$$\begin{cases} v'_{xn}=v_{xn}\cos\varphi_5-v_{yn}\sin\varphi_5 \\ v'_{yn}=v_{xn}\sin\varphi_5+v_{yn}\cos\varphi_5 \\ \varphi_5=\alpha_0-\alpha_H+\varphi_3+\varphi_n-2/\pi \end{cases} \tag{5-48}$$

式中：v'_{xn}——苗块上各位置点在转换后坐标系下 x 方向速度，m/s；

v'_{yn}——苗块上各位置点在转换后坐标系下 y 方向速度，m/s；

φ_5——原始坐标系 y 轴与秧苗之间的夹角，rad。

设定苗块质心 x 方向速度为v_{Cx1}，苗块质心 y 方向速度为v_{Cy1}，绕质心的转动角速度为ω_{C1}，建立推苗点处苗块的初始运动状态方程：

$$\begin{cases} v_{Cx1} = v'_{x1} - \omega_{C1} h_C \\ v_{Cy1} = v'_{yn} \\ \omega_{C1} = 100(v'_{x1} - v'_{xn}) / (n-1) \end{cases} \tag{5-49}$$

式中：v'_{x1}——转换坐标系后苗块最低位置点的 x 轴方向速度，m/s；

v'_{xn}——转换坐标系后苗块最高位置点的 x 轴方向速度，m/s；

v'_{yn}——转换坐标系后苗块最高位置点的 y 轴方向速度，m/s；

h_C——苗块最低位置点到质心的距离，m。

在栽植机构加工好之后，其结构参数、运动轨迹不变，由式（5-49）可知影响苗块初始运动状态的参数有栽植机构旋转速度、移栽机前进速度、质心高度和秧苗偏离秧针的角度。

1）栽植机构转速对苗块初始运动状态的影响

设定秧苗偏离秧针的角度为 25°，质心高度为 17.5 mm，移栽机前进速度为 0.7 m/s，图 5-34 为在 13～23 rad/s 范围内不同栽植机构转速与苗块初始状态质心平移速度（v_{Cx1}，v_{Cy1}）、绕质心转动角速度 ω_{C1} 的关系曲线。从图中可以看出，在推苗点处质心速度在 x 方向上为负，在 y 方向上为正，初始角速度为正（设定顺时针转动为正）。随着栽植机构转速增大，x、y 方向上质心速度和绕质心转动角速度均逐渐增大，且三者均呈线性增大。

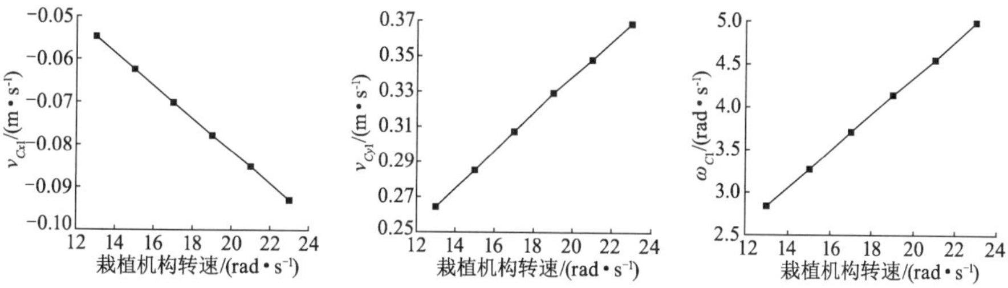

图 5-34　栽植机构转速对苗块初始运动状态的影响

2）移栽机前进速度对苗块初始运动状态的影响

保持苗块质心高度和秧苗偏离秧针的角度不变，当栽植机构转速为 15 rad/s 时，图 5-35 为 0.4～1.2 m/s 范围内不同移栽机前进速度与苗块初始运动状态参数之间的关系曲线。从图中可以看出，前进速度变化只影响苗块质心 x 方向的速度，不改变苗块质心 y 方向的速度以及绕质心转动的角速度。随着前进速度增大，v_{Cx1} 逐渐增大，且当前进速度较大时，v_{Cx1} 由负方向变为正方向。

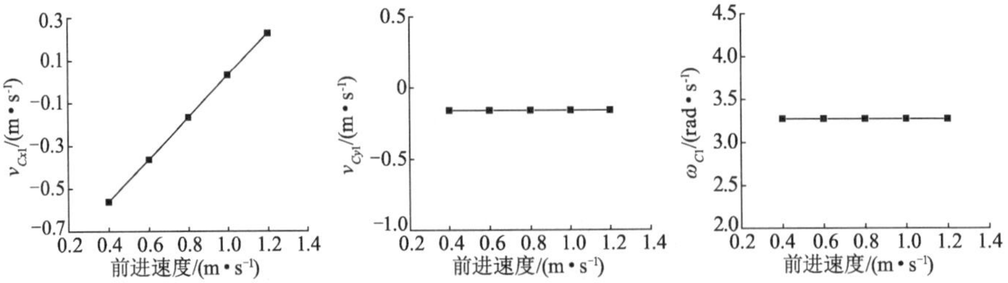

图 5-35　移栽机前进速度对苗块初始运动状态的影响

3）质心高度对苗块初始运动状态的影响

随着苗龄增加，油菜毯状苗苗高增加，裸苗质量变大，影响了苗块的质心高度。当移栽机前进速度为 0.7 m/s、栽植机构转速为 15 rad/s、秧苗偏离秧针的角度为 25°时，不同质心高度与苗块初始运动状态参数之间的关系曲线如图 5-36 所示。质心高度变化只影响苗块质心速度，随着质心高度增加，v_{Cx1}逐渐增大，v_{Cy1}不变。

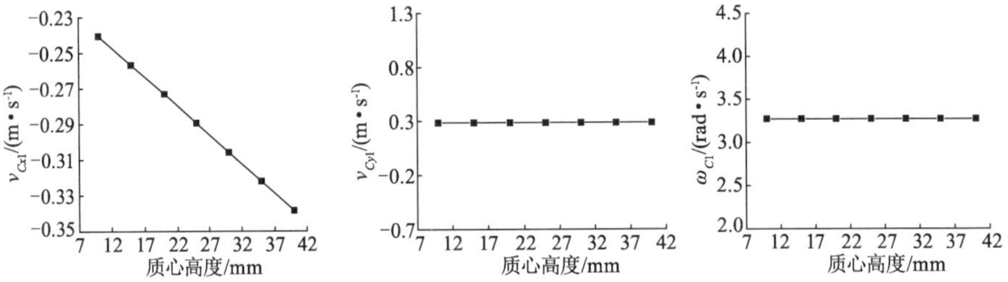

图 5-36　质心高度对苗块初始运动状态的影响

4）秧苗偏离秧针的角度对苗块初始运动状态的影响

由 3.2.4 小节可知，在培育油菜毯状苗时，秧苗的茎秆在自然状态下并不完全直立。此外，由于油菜秧苗冠层叶片大，苗幅宽过大会导致秧针夹持基质运移时秧苗无法贴合秧针，与秧针之间形成较大夹角，对移栽后的立苗质量产生影响。为此，分析秧苗与秧针所成夹角对推苗点处苗块的初始运动状态的影响规律。设定栽植机构转速为 15 rad/s，移栽机前进速度为 0.7 m/s，苗块质心高度为 17.5 mm，分析结果如图 5-37 所示。秧苗偏离秧针的角度只影响苗块初始状态质心平移速

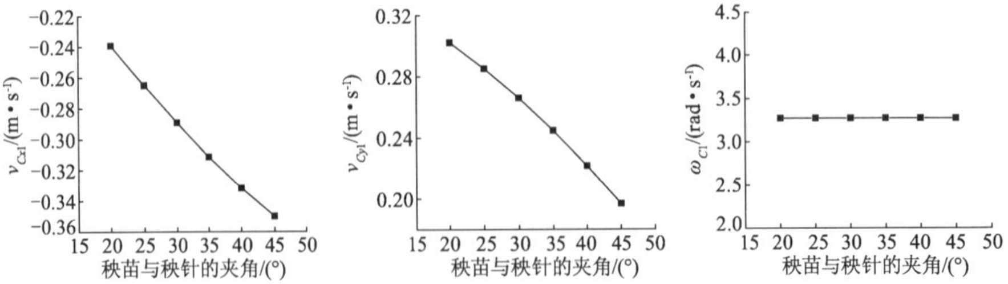

图 5-37　秧苗偏离秧针的角度对苗块初始运动状态的影响

度，不改变绕质心转动的角速度。随着秧苗偏离秧针的角度增大，在 x 方向上质心平移速度为负且逐渐增大，在 y 方向上质心平移速度为正且逐渐减小。偏离角度并不影响苗块转动的角速度。

从上述分析结果可以发现，栽植机构转速、移栽机前进速度、苗块质心高度、秧苗偏离秧针的角度均会影响推苗初始状态时苗块质心的平移速度，但仅有栽植机构转速对苗块转动角速度有影响。由于单次栽插苗块的重量主要集中在底部基质部分，随着秧苗生长，苗块质心改变量较小，对比不同参数下质心速度改变量可以发现，栽植机构转速和移栽机前进速度是影响初始状态时苗块质心平移速度的主要因素。

（2）苗块在推苗入土过程中的动力学方程

在进行动力学分析前，将油菜毯状苗块进行理想化处理，忽略基质与秧苗的变形、弹跳和振动。以苗块质心为原点建立直角坐标系，推苗杆弹出时，苗块的受力分析如图 5-38 所示。推苗杆弹出时作用力大，时间短，因此忽略苗块重力和秧针与苗块之间的接触作用力影响，结合刚体平面运动动量定理和动量矩定理，建立推苗杆作用时苗块的动力学方程。

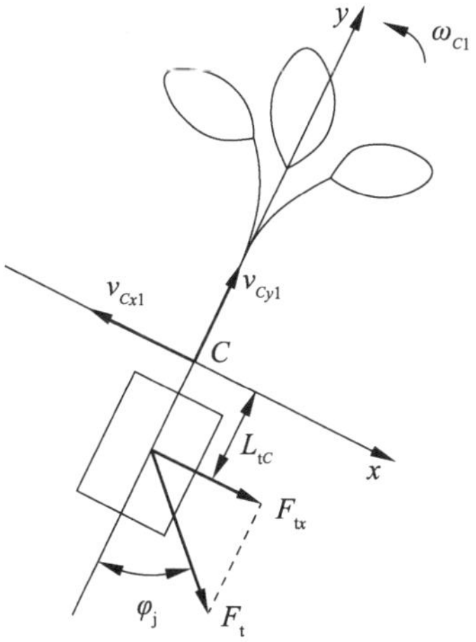

图 5-38　推苗过程中苗块受力分析

$$
\begin{cases}
m_z v_{Cx2} = m_z v_{Cx1} - \int_0^{t_2} F_t \sin \varphi_j \mathrm{d}t \\
m_z v_{Cy2} = m_z v_{Cy1} - \int_0^{t_2} F_t \cos \varphi_j \mathrm{d}t \\
J_C \omega_{C2} = J_C \omega_{C1} + \int_0^{t_2} F_t \sin \varphi_j L_{tC} \mathrm{d}t
\end{cases} \tag{5-50}
$$

式中：v_{Cx2}——推苗杆作用后苗块质心 x 方向速度，m/s；

v_{Cy2}——推苗杆作用后苗块质心 y 方向速度，m/s；

ω_{C2}——推苗杆作用后苗块绕质心转动角速度，rad/s；

m_z——苗块总质量，kg；

F_t——推苗作用力，N；

φ_j——秧针与秧苗之间的夹角，rad；

L_{tC}——推苗作用点到苗块质心的垂直距离，m；

J_C——苗块绕质心的转动惯量，kg·m^2。

栽插高度不同会影响苗块入土时与土壤接触的方式，当栽插高度过高时，基质与秧针完全分离后还未与土壤接触；当栽插高度过低时，秧针插入土壤中推苗，基质四周完全与土壤接触。本节建立中间临界状态下的苗块运动模型，假设在临界状态时基质与秧针完全分离后立即与土壤接触。苗块倾斜与土壤接触，将点 A 设定为接触点，苗块的运动从原来的平面运动变为绕接触点 A 的定轴转动，利用动量矩定理得到苗块绕点 A 转动的角速度 ω_{C3} 为

$$\omega_{C3}=\frac{J_C\omega_{C2}+m_z v_{Cx2}L_C}{J_A} \tag{5-51}$$

式中：L_C——直立状态下苗块质心到底面的竖直距离，m；

J_A——苗块绕接触点 A 的转动惯量，kg·m^2。

与土壤接触后做绕点 A 的定轴转动，苗块的受力分析如图 5-39 所示，此时苗块入土运动姿态的动力学模型为

$$\begin{cases} m_z g L_{AC}=J_A\ddot{\theta}_z \\ L_{AC}=L_C\cos(\theta_0+\theta_z)-\dfrac{a}{2}\sin(\theta_0+\theta_z) \end{cases} \tag{5-52}$$

式中：θ_z——苗块翻转角度，rad；

L_{AC}——苗块质心到点 A 的水平距离，m；

a——基质底部宽度，m；

θ_0——苗块与地面之间的初始夹角，rad。

对式(5-52)进行积分，并联立式(5-50)和式(5-51)，得到苗块翻转运动方程：

$$\theta_z=\theta_0+\left(\frac{J_c\omega_{c1}+m_z v_{cx1}L_C}{J_A}\right)t-\frac{m_z g}{J_A}\iint L_C\cos(\theta_0+\theta_z)-\frac{a}{2}\sin(\theta_0+\theta_z)\,\mathrm{d}t \tag{5-53}$$

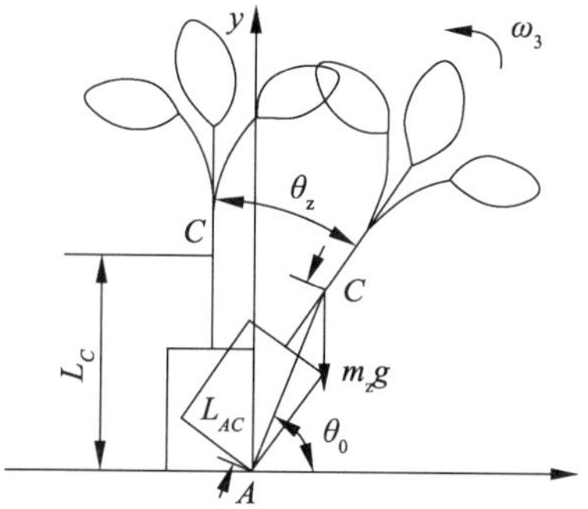

图 5-39　苗块回正立苗时的受力分析

5.4.4　栽植过程立苗条件

栽植过程中苗块的运动对立苗率有很大影响。运移阶段秧针夹持苗块的作用力不够时,苗块在半空中掉落并在惯性作用力下向前翻转,从而导致落地后前倾倒伏。通过分析发现,影响苗块掉落的主要因素有栽植机构旋转速度、苗片含水率和纵向取苗量,在不超过各因素的脱苗临界值时,秧针能够稳定地夹持基质完成运移,脱苗率低。在理论计算得出的脱苗临界值附近,脱苗率会显著增大,夹持稳定性差,掉苗情况严重,苗块落地后很难立苗。

在未耕稻板田上移栽油菜时,田地平整度差,推苗时苗块到地面的高度存在差异,从而影响栽插苗块时苗块与土壤的接触方式。当推苗杆推动苗块与秧针完全分离后,底部基质还未与土壤接触,这种情况下苗块落地时的速度较快,与土壤接触时的稳定性差,很难立苗;当秧针插入土壤后推苗,基质四周被土壤包裹,苗块能够稳定地直立在地面上,但稻板田干旱板结,长时间这样作业可能会损坏秧针,且苗块插入土壤过深时,覆土镇压后容易造成埋苗。为此,本团队成员提出了移栽前机械化耕整地技术规程,通过增强土壤的平整度和细碎度,在提高移栽质量稳定性的同时,减少了苗块入土不稳定易倒伏的现象,有利于立苗。

通过对推苗入土阶段油菜毯状苗的动力学分析可知,油菜毯状苗接触地面后的运动姿态对立苗率有很大影响。毯状苗接触地面时苗身向前倾斜,重力作用会使苗块产生向前倾倒的运动趋势,但秧针推苗释放苗块时,苗块具有向后翻转的角速度,能够克服重力实现回正立苗。移栽机前进速度、栽植机构旋转速度、苗块落地时与地面之间的初始夹角、质心高度和底部基质宽度是影响毯状苗块运动姿态的主要因素。移栽机前进速度过大,苗块落地时与地面之间的初始夹角过小,均会导致苗块接触地面后向前倒伏。苗块质心高度增加或栽植机构转速增大可提升苗块回正立苗的能力,但当秧苗过高时,回程时秧针会碰撞到秧苗,此时移栽机在向前行走,反而会导致苗块向前倒伏;同样,当栽植机构转速过大时,苗块在短时间内向后翻转,会触碰到回程时的秧针,导致苗块倒伏。增大基质宽度会使苗块底部更加稳定,有利于立苗,可通过调节纵向取苗量改变基质宽度。要想得到较高的立苗率,首先应使运移苗块时秧苗尽可能贴合秧针运动,其次可以降低移栽机前进速度,增加纵向取苗量,同时匹配栽植机构旋转速度,以及找到适宜移栽的毯状苗形态特征。

综合两个阶段对苗块的动力学分析,发现影响油菜毯状苗移栽机立苗率的因素很多,为此根据移栽油菜的农机与农艺要求,以高立苗质量为目标,通过参数优化试验来优化油菜毯状苗移栽机的栽植作业参数。

5.4.5 参数优化田间试验

(1) 试验条件

2018 年 5 月在浦口试验田进行油菜毯状苗移栽机栽植作业参数优化,采用五点法测量土壤含水率,测得 5~10 cm 深度的土壤含水率为 20.6%。试验田前茬为水稻,试验前将试验田旋耕整地,平整地表。试验选用苗龄 40 d 的宁杂 1838 油菜毯状苗,育苗秧盘规格 280 mm×580 mm,测量苗高平均 120 mm,育苗均匀度合格率 95.6%,空格率 4.8%,苗片厚 20.4 mm,控制苗片含水率在 60%左右,测得试验前苗片含水率为 60.52%。试验时毯状苗和田间状况如图 5-40 所示。

图 5-40 试验对象和田间状况

主要试验仪器设备:油菜毯状苗移栽试验样机;TZS-1K 型土壤水分测定仪,测量精度±1.00%,浙江托普仪器有限公司生产;S102-113-101 型万能角度尺,测量精度 2′,上海量具刃具厂有限公司生产;取样框;游标卡尺(0.02 mm)等。

(2) 试验参数与方法

试验测定油菜毯状苗移栽机不同作业参数下移栽后秧苗的立苗质量。根据影响运移阶段苗块掉落和推苗入土阶段苗块翻倒的各个因素,对移栽机前进速度、栽植机构旋转速度、单次取苗的苗块质量 3 个作业性能参数进行优化试验。

试验时，栽植机构旋转速度通过改变株距进行调节，设定株距试验范围为 14~18 cm。株距、移栽机前进速度和栽植机构转速三者之间存在匹配关系，见式(5-54)。单次取苗的苗块质量由裸苗质量和苗片质量组成，影响单次取苗苗块质量的因素有切块尺寸和苗片含水率，苗块厚度在育苗时固定，苗块长度由横向移箱回数决定，因此通过改变纵向取苗量来调节单次切块的苗片宽度，进而改变苗块质量。苗片含水率影响运移过程中苗片与栽植机构之间的接触作用力大小，试验发现单位法向黏附力、单位切向黏附力、摩擦系数与苗片含水率之间均呈现抛物线分布规律，接触作用力越大，苗块在运移过程中越不易脱落，因此控制试验过程中苗片含水率在 60%左右，试验前测得苗片含水率为 60.52%。

$$v=\frac{H\omega}{100\pi} \tag{5-54}$$

式中：v——移栽机前进速度，m/s；

H——株距，cm；

ω——栽植机构转速，rad/s。

每组试验区段 7 m，前后各 1 m 为试验准备区，仅选取中间 5 m 作为试验区。在每组试验区内测 150 个栽插样本总数，根据 JB/T 10291—2013《旱地栽植机械》行业标准进行测量。以纵向取苗量 A、移栽机前进速度 B 和株距 C 为影响因素，以直立角度 Y 为评价指标，采用三因素三水平 Box-Behnken 响应曲面试验法进行优化试验，共进行 17 组试验，因素水平如表 5-17 所示。

表 5-17　试验因素及水平

水平	纵向取苗量 A/mm	移栽机前进速度 B/(m·s^{-1})	株距 C/cm
-1	13	0.8	14
0	15	1.0	16
1	17	1.2	18

(3) 试验结果及分析

试验方案及其模型中的直立角度评价指标结果如表 5-18 所示，直立角度的回归方程分析结果如表 5-19 所示。由表 5-19 可知，直立角度回归模型的 P 值小于 0.001，极显著，表明该回归模型具有统计学意义；失拟项 P>0.05，表明该模型拟合度高；其校正决定系数 R^2 为 0.996 4，表明这个模型可以解释 95%以上的评价指标。综上表明，该模型可以用于优化油菜毯状苗移栽直立角度的参数。

表 5-18 试验方案及结果

序号	纵向取苗量 A/mm	移栽机前进速度 B/($m\cdot s^{-1}$)	株距 C/cm	直立角度 Y/(°)
1	13	0.8	16	68.13
2	13	1.0	18	61.09
3	13	1.0	14	46.62
4	13	1.2	16	42.31
5	15	0.8	18	80.45
6	15	0.8	14	73.15
7	15	1.0	16	71.42
8	15	1.2	18	61.86
9	15	1.2	14	45.04
10	17	0.8	16	67.21
11	17	1.0	18	63.17
12	17	1.0	14	54.93
13	17	1.2	16	50.58
14	15	1.0	16	70.86
15	15	1.0	16	69.50
16	15	1.0	16	70.06
17	15	1.0	16	71.79

表 5-19 回归方程分析结果

变异来源	直立角度				
	平方和	自由度	均方	F 值	P 值
模型	1 989.19	9	221.02	213.70	< 0.000 1**
A	39.34	1	39.34	38.04	0.000 5**
B	993.47	1	993.47	960.55	< 0.000 1**
C	274.13	1	274.13	265.05	< 0.000 1**
AB	21.11	1	21.11	20.41	0.002 7**
AC	9.70	1	9.70	9.38	0.018 2*
BC	22.66	1	22.66	21.91	0.002 3**
A^2	525.39	1	525.39	507.98	< 0.000 1**

续表

变异来源	直立角度				
	平方和	自由度	均方	F 值	P 值
B^2	26.27	1	26.27	25.40	0.001 5**
C^2	40.54	1	40.54	39.20	0.000 4**
残差	7.24	7	1.03		
失拟性	3.66	3	1.22	1.36	0.373 7
误差	3.58	4	0.89		
总和	1 996.43	16			

注：** 表示 $P<0.001$（极显著），* 表示 $P<0.05$（显著）。

对于直立角度 Y，将回归方程中各项回归系数在置信度 0.05 下采用 F 检验，得到回归方程为

$$Y=-738.50+85.37A-112.18B+27.64C+5.74AB-0.39AC+5.95BC-2.79A^2-62.45B^2-0.78C^2 \tag{5-55}$$

回归方程分析结果表明：一次项 A、B、C，交互项 AB、BC，二次项 A^2、B^2、C^2 对直立角度影响极显著；交互项 AC 对直立角度影响显著。

（4）各因素对性能指标的影响分析

纵向取苗量、移栽机前进速度、株距交互因素对直立角度影响的响应面图见图 5-41。图 5-41a 为株距位于中间水平（16 cm）时，纵向取苗量与前进速度对直立角度交互作用的响应面图。从图 5-41a 中可以看出，当株距为 16 cm 时，在纵向取苗量各个水平下，直立角度随前进速度的增加呈现下降趋势，且下降的速率随着纵向取苗量的减小而加快。在前进速度各个水平下，直立角度随纵向取苗量的增加呈现先增大后减小的趋势。当前进速度较大时，纵向取苗量为 17 mm 时的直立角度最小；当前进速度较小时，纵向取苗量为 13 mm 时的直立角度最小。可以推测，当前进速度较小时，栽植机构转速低，大取苗量下的苗块在运移过程中脱离秧针掉落的情况较少，栽插入土时，由于苗块基质完整且质量大，落地时底部重心稳定，有助于立苗；当前进速度较大时，栽植机构转速高，大取苗量下的苗块在运移过程中脱离秧针掉落的情况较多，苗块与秧针分离时在惯性作用力下产生转动趋势，落地后向前倾倒，这是影响立苗质量的主要原因。

图 5-41b 为前进速度位于中间水平（1.0 m/s）时，纵向取苗量与株距对直立角度交互作用的响应面图。从图 5-41b 中可以看出，当前进速度为 1.0 m/s 时，在株距各个水平下，直立角度随纵向取苗量的增大呈现先升高后降低的趋势，且在株距较小时，直立角度在小纵向取苗量时下降的程度更大。在纵向取苗量各个水平下，

直立角度随株距的增大而增大。

图 5-41c 为纵向取苗量位于中间水平（15 mm）时，前进速度与株距对直立角度交互作用的响应面图。从图 5-41c 中可以看出，在纵向取苗量为 15 mm 时，减小株距和增加前进速度会导致直立角度减小。随着前进速度增加，直立角度随株距的减小，下降速率加快，这是由于增加前进速度时，栽植机构转速增大，苗块在运移阶段脱落率增大，直接掉落会严重影响立苗质量。在推苗入土阶段，苗块在前进方向上的速度增大，使得其与土壤接触时向前翻转程度大，立苗质量差。

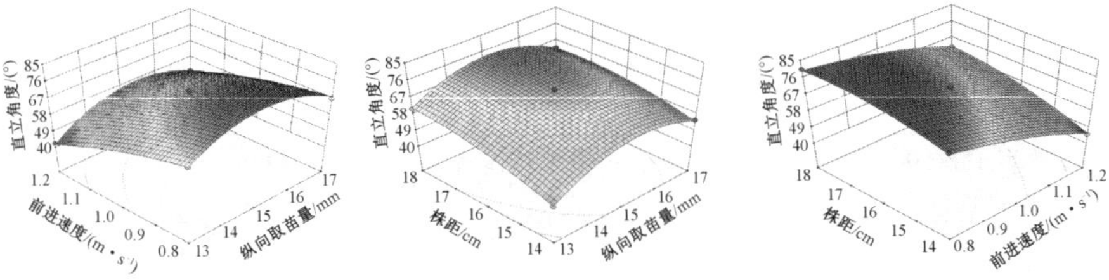

(a) $Y(A, B, 16)$　　(b) $Y(A, 1.0, C)$　　(c) $Y(15, B, C)$

图 5-41　双因素交互作用对直立角度的影响

（5）参数优化与验证试验

油菜毯状苗移栽作业参数优化试验要求满足移栽后立苗质量高的作业要求。根据油菜毯状苗移栽机的实际工作条件、作业性能要求和上述模型分析结果，设定优化约束条件为

$$\begin{cases} \max\ Y=(A,B,C) \\ Y>0 \\ 13\leqslant A\leqslant 17 \\ 0.8\leqslant B\leqslant 1.2 \\ 14\leqslant C\leqslant 18 \end{cases} \tag{5-56}$$

利用 Design-Expert 软件按照约束条件优化求解模型，求得满足约束条件的最大直立角度的最优参数组合：纵向取苗量为 15.07 mm，移栽机前进速度为 0.8 m/s，株距为 16.5 cm，在该参数组合下的直立角度为 80.02°。

为了验证优化结果的可靠性，对优化后的参数组合进行试验验证，试验条件和试验方法与上述相同。考虑机械结构的合理性和测量的便利性，对理论值进行圆整，设定纵向取苗量为 15 mm，移栽机前进速度为 0.8 m/s，株距为 16 cm。试验进行 5 次，取平均值，最后得到苗块直立角度为 78.63°，与预测值的绝对误差为 1.39°。试验结果与预测值之间误差小，验证了该模型的可靠性。在试验时发现，移栽后秧苗直立度高，株距均匀，秧苗向前倒伏的现象显著减少。

5.5 油菜毯状苗移栽机仿形装置设计研究

5.5.1 栽植单元液压仿形系统组成与工作原理

油菜毯状苗移栽机仿形装置组成与原理图如图 5-42 所示,主要包括机械系统、液压系统、地面高度感应系统。机械系统由栽植器、秧箱、平行四杆机构组成,液压系统由液压缸、换向阀、节流阀、溢流阀、卸荷阀、截止阀、油箱等组成,地面高度感应系统由感应轮、高度调节机构、拉线等组成。

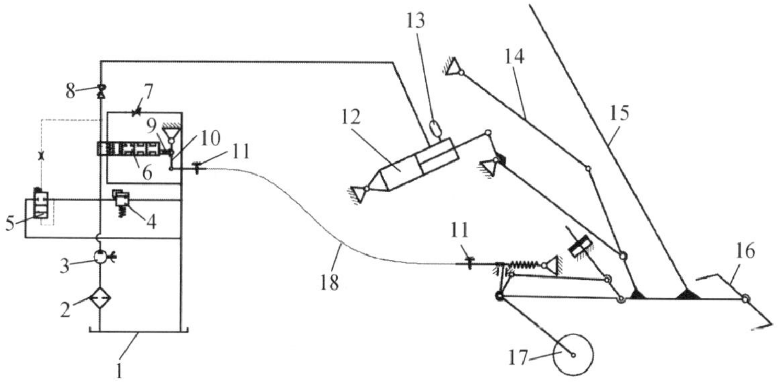

1—油箱;2—过滤器;3—液压泵;4—溢流阀(安全阀);5—卸荷阀;6—换向阀;
7—节流阀(调节仿形油缸下降速度);8—截止阀;9—阀芯;10—阀芯操纵杆;11—闸管固定槽;
12—提升油缸;13—蓄能器;14—平行四杆机构;15—秧箱;16—栽植器;
17—仿形轮机构;18—拉线

图 5-42 液压仿形装置组成与原理图

移栽机在工作前,设置正常工作时仿形轮的高度值及正常工作时拉线长度,使换向阀的阀芯处于中位的中立位置。准备工作的时候,移栽机秧箱放下,仿形轮触碰地面向上抬起,仿形轮机构带动拉线拉动阀芯操纵杆移动阀芯使换向阀处于中位,液压系统液压油直接流回油箱。当遇到地面凸起的时候,仿形轮机构的仿形轮沿着地面向上抬起,带动拉线拉动阀芯操纵杆使换向阀处于左位,液压系统给提升油缸供油,使提升油缸收缩拉动仿形四杆机构向上抬起,完成向上仿形。当遇到地面凹陷的时候,仿形轮机构的仿形轮沿着地面向下落,拉线收缩使阀芯移动到右位,秧箱在重力的作用下拉动提升油缸伸长,提升油缸中的液压油经过换向阀直接流回油箱,完成向下仿形。

5.5.2 油菜毯状苗移栽机仿形装置关键部件设计

仿形轮装置与液压系统是栽植单元液压仿形系统的主要工作部件。在作业过程中，仿形轮装置用于检测地面起伏情况，通过拉线控制液压系统的液压油流向控制提升油缸动作完成仿形，适应于地面起伏情况下的正常栽植作业。

(1) 仿形轮装置设计

图 5-43 为仿形轮装置的结构示意图，仿形轮装置依靠固定机架螺栓固定于栽植单元的主梁上，在挡位板上调节高度调节手柄使其在不同位置，通过铰接在高度调节手柄上的调节连杆拉动高度调节转动体绕高度调节转动轴转动，仿形轮通过仿形轮支架铰接在高度调节转动体上，跟随高度调节转动体转动，使仿形轮实现初始高度的调节以调节不同的栽植深度。在移栽作业时，仿形轮相对高度调节转动体的铰接轴转动从而拉动拉线调节液压系统，拉线可以通过复位弹簧作用回位，在高度调节转动体上有弧形槽控制仿形轮支架在转动过程中的限制位置，从而控制仿形量。

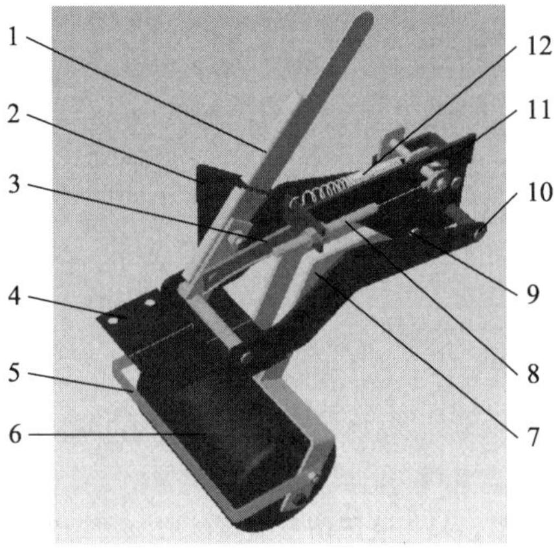

1—高度调节手柄；2—挡位板；3—调节连杆；4—固定机架；5—刮土板；6—仿形轮；
7—仿形轮支架；8—拉线；9—仿形轮支架铰接轴；10—高度调节转动轴；
11—高度调节转动体；12—复位弹簧

图 5-43　仿形轮装置

图 5-44 显示了仿形轮高度变化幅度与阀芯位移的关系。移栽作业前，仿形轮处于自由状态，仿形轮上连杆 AOD 绕点 O 转动，点 O 固定于栽植单元机架上，OA 长为 L，DO 长为 l，点 D 联动拉线拉动比例阀阀芯控制液压系统，比例阀阀芯从下降位移动到上升位距离为 S。作业开始，仿形轮向上移动处于正常工作位置，拉线拉动阀芯处于中位保压位置，提升油缸无动作。当地面有凸起达到最大上仿形量时，仿形轮由正常工作点 A 上升到点 E 处于地面凸起工作位置，拉线端由点 D 移动到点 F，此时 $DF=S/2$，$AE=LS/2l$，阀芯处于上升位，提升油缸开始动作提升栽植单元；当地面有凹陷达到最大下仿形量时，仿形轮由正常工作点 A 下降到点 G，拉

线端由点 D 移动到点 H 处于地面凹陷工作位置，此时 $DH=S/2$，$AG=LS/2l$，阀芯处于下降位，提升油缸中的液压油直接流回油箱，栽植单元下降。根据地形和栽前整地条件，参照播种机的仿形参数，上、下仿形量通常为 80～120 mm。可以近似将距离 AE 和 AG 作为最大上、下仿形量，所以 $AE=AG=LS/2l=120$ mm，本节设计液压比例阀的阀芯移动行程 $S=12$ mm，即 $L/l=20$。

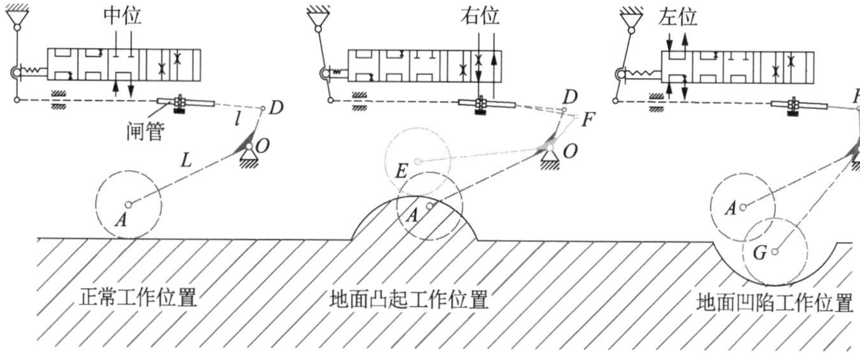

图 5-44　仿形轮高度变化幅度与阀芯位移的关系

仿形轮在地面上被动滚动为纯滚动，滚动阻力为滚动轴之间的摩擦力，摩擦力的大小与压力和摩擦系数有关。由于仿形轮与滚动轴材料为确定值，且在正常滚动情况下压力也为定值，所以滚动阻力为定值，那么滚动阻力矩也就为定值。仿形轮滚动动力为仿形轮与地面的摩擦力，由于压力和摩擦系数为定值，所以摩擦力也为定值，但是仿形轮的直径大小为变化值，所以直径越大，动力矩越大，仿形轮越容易滚动。但仿形轮直径不能过大，一方面仿形轮直径增大会造成结构尺寸变大，不利于机具的布局，同时成本提高；另一方面仿形轮半径大于接触的地面起伏的最小曲率半径时，仿形轮与地面不能完全接触，不利于仿形精度的同时还会造成仿形轮行走困难。综合这些因素，将仿形轮直径设计为 120 mm，材料选用硬聚氯乙烯，以增大摩擦力，减少黏土。

(2) 液压系统设计

液压系统由液压缸、换向阀、节流阀、溢流阀、卸荷阀、截止阀、提升油缸、蓄能器、油箱和阀芯移动机构等组成，如图 5-45 所示，阀芯移动机构包括拉线、阀芯操纵杆等，仿形轮装置的仿形轮可以根据地面情况拉动拉线移动阀芯操纵杆使阀芯分别处于上升位、中立位、下降位，提升油缸也相应处于提升、静止、下降位置，达到栽植单元在提升油缸的作用下随着仿形轮的上升而上升、下降而下降，实现仿形。系统中溢流阀和卸荷阀起到安全作用，防止系统压力过高。在仿形轮感应到地面凸起后，仿形轮抬起，通过连杆拉动拉线控制阀芯移动机构使阀芯处于上升位（左端），液压马达给提升油缸供油，提升栽植单元，完成向上仿形，在提升油缸有杆腔内设置有蓄能器,能起到蓄能缓冲的作用;在仿形轮感应到地面凹陷后,仿形轮下移,拉线缩回控制阀芯移动机构使阀芯处于下降位(右端),液压马达不给提升油缸供油,提升油缸原有的液压油通过换向阀流回油箱,栽植单元下降,完成向下仿形,回油路上设置节流阀来调整栽植单元下降速度;在正常作业时,阀芯处于中立位,提升油缸处于保压状态,栽植单元不动作。

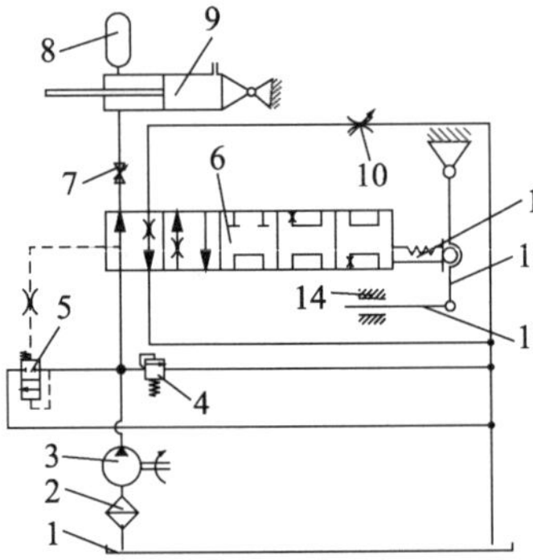

1—油箱;2—过滤器;3—液压泵;4—溢流阀(安全阀);5—卸荷阀;6—换向阀;7—截止阀;8—蓄能器;9—提升油缸;10—节流阀(调节仿形油缸下降速度);11—阀芯;12—阀芯操纵杆;13—拉线;14—闸管

图 5-45　液压系统原理图

液压系统要求在仿形过程中提升油缸能够快速动作,系统液压流量要求在 10 L/min 以上,由公式 $Q=q_0 n\eta_v/1\ 000$(η_v—容积效率,取 0.85;n—泵的转速,1 800 r/min;q_0—泵的排量,mL/r;Q—系统流量,取 10 L/min)可得泵的计算排量为 6.5 mL/r,所以选取泵的公称排量为 8 mL/r,采用定量齿轮泵,型号为 CBTSL-F308-AFφL。由此计算得出系统流量 $Q=12.24$ L/min。

仿形轮距栽植器的距离为 450 mm,按照作业速度 2 m/s 计算,当感应轮感应到地面凸起或凹陷时,移栽机行进使栽植器到达凸起或凹陷的时间为 0.22 s,提升油缸必须满足 0.22 s 使栽植器到达理论高度。提升油缸必须满足高灵敏度,提升速度按式(5-57)计算:

$$V_L=\frac{Q}{60Z\pi\left[\left(\frac{D}{2}\right)^2-\left(\frac{d}{2}\right)^2\right]\times10^{-3}\times60} \tag{5-57}$$

式中:V_L——提升油缸的提升速度,m/min;

Z——油缸数量,取 1;

D——活塞直径,60 mm;

d——活塞杆直径,15 mm。

计算可得V_L=5. 77 m/min。以仿形的极端情况由最低的凹陷到最高的凸起，其仿形量按200 mm来计算，仿形油缸在仿形行程l=20. 26 mm，提升时间为0. 21 s时，提升油缸的提升速度满足要求。

在仿形过程中，高压油会迅速进入提升油缸或液压油快速回油箱，由于油缸和负载（栽植单元）具有惯性，油缸的速度不可能立即改变，这时油缸的速度与进入的流量不平衡，多余（或欠缺）的流量就会引起油缸驱动腔内压力的上升（或下降），导致油缸压力和速度持续振荡，引起冲击。一般经过一段时间后，压力与负载力会达到平衡，进而使运动进入稳定状态。但在实际作业仿形过程中，油缸提升和下降的时间很短，很难在短时间内达到稳定状态，因此提升油缸一直处于这种振荡状态，降低了仿形的稳定性。本节采用在提升油缸的有杆腔内增加蓄能器的方法降低冲击，提高仿形稳定性，并依据油缸的工作压力等条件选用惯性小的气囊式蓄能器（型号：SB330-0. 5A1/112A-330A）。

（3）液压仿形影响因素分析

影响液压仿形精度和灵敏度的因素很多，主要有以下3个方面：

① 栽植单元的质量。提升油缸采用单作用缸，液压油通过有杆腔推动活塞收缩从而提升栽植单元，无杆腔与大气相连，栽植单元的质量影响提升速度，理论上栽植单元质量越轻提升速度越快。但是在栽植单元下降的时候，液压油在栽植单元重力的作用下经过阀、油管、过滤器回到油箱，从提高下降速度来看，栽植单元越重下降速度越快。

② 地面起伏高度差。感应轮在地面上滚动，其反应的灵敏度和精度与地面起伏高度有关，通过不同起伏高度的时间也不尽相同，对仿形的相位差有一定的影响，从而影响仿形效果。

③ 作业速度。本节仿形轮为前置式，存在提前仿形现象，仿形轮动作与栽植机构动作存在时间差，这个时间差不仅与仿形轮到栽植机构的距离有关，还与作业速度有关。

5. 5. 3 仿形装置的仿形效果参数优化试验研究

（1）模拟路面试验

1）试验条件与方法

为检验液压仿形系统的准确性与灵敏性，进行室内的模拟路面试验。制作正弦曲线路面（曲面方程见式（5-58）），如图5-46所示，行走小车推动曲面导轨移动模拟机具前进，行走小车速度可调，油菜移栽联合作业机由电机驱动台架驱动，通过导轨移动模拟移栽机仿形轮在地面上行进，通过高速摄像机拍摄仿形轮在曲面导轨上浮动的视频。利用ProAnalyst高速摄影视频处理软件进行后处理，如图

5-47 所示,选取曲面导轨上一点来测定行走小车的行驶速度,以仿形轮的中心点和栽植机构主梁的角点为标定点,分别测定仿形轮和栽植机构在竖直方向上的位移值。

$$y=25\sin(4\pi vt) \tag{5-58}$$

式中:v——行走小车的前进速度,m/s;

t——时间,s;

y——竖直方向上的位移,mm。

1—行走小车;2—正弦曲线模拟路面;
3—轨道;4—仿形轮;5—栽植单元

图 5-46　模拟路面仿形试验

图 5-47　栽植深度标定

2)试验结果与分析

调整行走小车行驶速度,分别试验不同速度(0.3 m/s、0.6 m/s、0.9 m/s、1.2 m/s)下仿形轮和栽植机构在竖直方向上的位移,利用 MATLAB 软件对仿形轮和机具试验数据点进行一阶正弦曲线拟合(Sum of Sine),得到竖直方向上位移与时间的变化函数,试验结果如图 5-48 和表 5-20 所示。从仿形曲线可观察到,仿形轮和栽植机构在竖直方向上的位移轨迹与正弦曲线路面趋势一致,液压仿形系统作用明显。4 种速度下仿形轮的移动幅值分别为 47.08 mm、42.38 mm、41.16 mm、33.10 mm,而设计路面轨迹幅值为 50 mm,移动幅值分别降低 5.8%、15.2%、17.7%、33.8%,且随着行进速度的增大仿形轮的移动幅值呈下降趋势。栽植机构的移动幅值分别为 42.54 mm、39.26 mm、29.26 mm、22.72 mm,相比仿形轮的移动幅值分别降低 9.64%、7.36%、28.91%、31.36%,相比路面轨迹幅值分别降低 14.9%、21.5%、41.5%、54.6%,且随着行进速度的增大栽植机构的移动幅值呈下降趋势,而且下降变化幅度增大。从图中变化曲线的峰值可以发现,仿形轮和栽植机构相对理论行走轨迹的时间均存在一定程度的滞后,分别将仿形轮和机具的峰值相位与理论行走轨迹的峰值相位做比较,得到仿形轮和机具的相位差,如表 5-20 所示,在不同前进速度下,机具较仿形轮的滞后时间均更长,相位差随着前进速度的增大呈上升趋势。

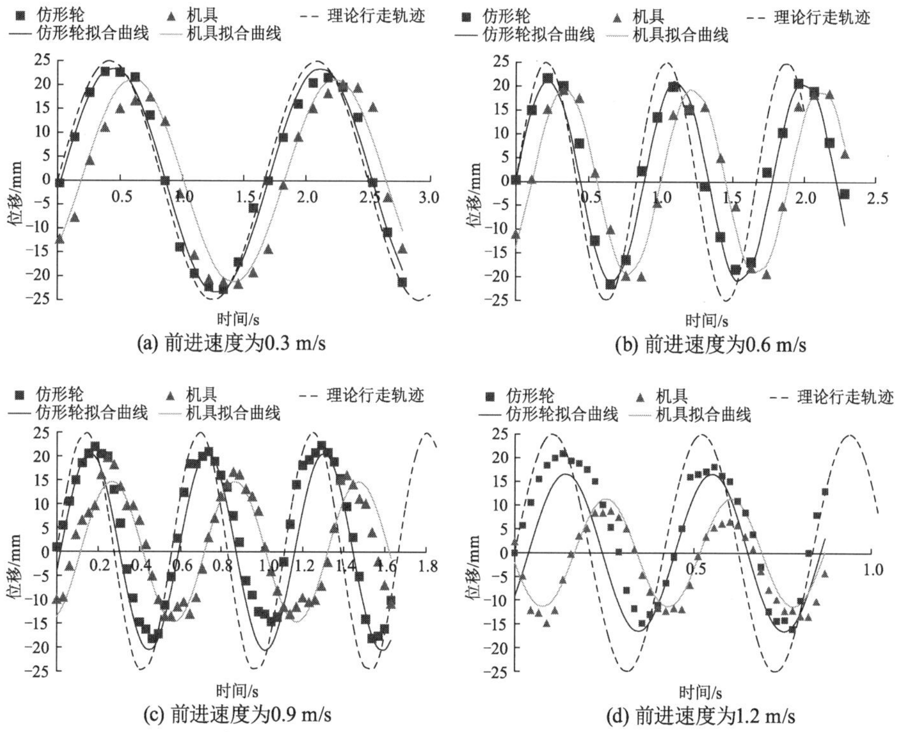

(a) 前进速度为0.3 m/s
(b) 前进速度为0.6 m/s
(c) 前进速度为0.9 m/s
(d) 前进速度为1.2 m/s

图 5-48　不同前进速度下的仿形曲线

表 5-20　不同前进速度下的仿形拟合曲线方程

前进速度/(m·s^{-1})	仿形轮			机具		
	拟合曲线	幅值/mm	相位差/s	拟合曲线	幅值/mm	相位差/s
0.3	$y=23.54\sin(3.755t-0.09396)$	47.08	0.0267	$y=21.27\sin(3.839t-0.7276)$	42.54	0.1820
0.6	$y=21.19\sin(7.062t+0.01525)$	42.38	0.0119	$y=19.63\sin(7.048t-0.7886)$	39.26	0.1264
0.9	$y=20.58\sin(11t-0.2048)$	41.16	0.0225	$y=14.63\sin(10.42t-1.208)$	29.26	0.1278
1.2	$y=16.55\sin(15.37t-0.593)$	33.10	0.0366	$y=11.36\sin(17.89t-2.956)$	22.72	0.1489

（2）田间试验

1）试验条件与方法

试验于 2019 年 11 月在江苏省南京市白马镇进行。试验地土壤为黄壤土，前茬作物为水稻。试验前，测得 0~10 cm 处土壤容积密度为 1.26 g/cm^3，10~20 cm

处土壤容积密度为 1.51 g/cm^3;0~5 cm 处土壤含水率为 21.3%,5~10 cm 处土壤含水率为 26.7%,10~15 cm 处土壤含水率为 27.2%,15~20 cm 处土壤含水率为 29.8%。检测设备包括游标卡尺、秒表、钢尺及卷尺等。

影响液压仿形质量的因素有机组前进速度、栽植单元质量、地面起伏高度差等,液压仿形质量通过栽植深度合格率来衡量,仿形效果直接影响移栽机栽植深度的合格率,故以前进速度、栽植单元质量、地面起伏高度差为影响因素,以栽植深度合格率为试验指标,采用三因素五水平二次正交旋转组合设计方法安排试验。

目前,受油菜移栽联合作业机作业的限制,前进速度控制在 0.4~1.2 m/s,栽植单元质量定为 30~50 kg,地面起伏高度差受田间情况影响在 0~120 mm 范围内。试验因素水平编码如表 5-21 所示。

表 5-21　试验因素水平编码

编码值	因素		
	地面起伏高度差 A/mm	栽植单元质量 B/kg	前进速度 C/($m \cdot s^{-1}$)
-1.682	20	30	0.4
-1	40	35	0.6
0	60	40	0.8
1	80	45	1.0
1.682	100	50	1.2

2)试验指标测定

栽植深度影响秧苗的缓苗和根系的再生,秧苗基质(土)层上表面等高于覆土表面的,其栽植深度按零计。在一个栽植行测定区间内,以当地农艺要求的栽植深度 D(应不小于 1 cm)为标准,所栽秧苗深度在 $D\pm1$(单位:cm)之内为合格,栽植深度合格穴数占设计穴数的百分比为栽植深度合格率,按式(5-59)计算。试验重复进行 4 次,结果取平均值,标准规定该项指标应≥75%。

$$H=\frac{N_D}{N}\times100\% \tag{5-59}$$

式中:H——栽植深度合格率,%;

N_D——栽植深度合格穴数,穴;

N——设计穴数,穴。

3)试验结果与方差分析

运用 Design-Expert 8.0 软件对表 5-22 中试验数据进行方差分析,得到栽植深度合格率回归方程如下:$H = 89.63 - 0.065A - 0.378B + 22.787C + 0.0037AB - 0.07AC - 10.355C^2$。

表 5-22　试验结果

试验编号	因素水平			栽植深度合格率/%
	A	*B*	*C*	
1	−1	−1	−1	85. 8
2	1	−1	−1	88. 7
3	−1	1	−1	81. 4
4	1	1	−1	87. 5
5	−1	−1	1	89. 6
6	1	−1	1	85. 3
7	−1	1	1	83. 1
8	1	1	1	87. 5
9	−1. 682	0	0	84. 6
10	1. 682	0	0	88. 2
11	0	−1. 682	0	91. 8
12	0	1. 682	0	85. 1
13	0	0	−1. 682	80. 4
14	0	0	1. 682	85. 8
15	0	0	0	88. 1
16	0	0	0	89. 0
17	0	0	0	87. 0
18	0	0	0	87. 5
19	0	0	0	88. 0
20	0	0	0	88. 5

对试验数据进行方差分析,结果如表 5-23 所示。从各个因素 P 值可以看出,栽植单元质量、地面起伏高度差、前进速度对栽植深度合格率都有显著影响,强弱次序为 B,A,C。交互项 AB 和 AC 以及二次项 C^2 的 P 值均表现为显著影响,故所选因素与响应值栽植深度合格率之间同时存在因素间的交互作用以及二次非线性关系。模型显著性检验 $F=14.13$,$P<0.0001$,二次回归方程的检测达到显著水平;失拟性检验 $F=4.21$,为不显著,表明试验范围内模型的拟合性很好。由 Design-Expert 8. 0 软件给出的分析报告可知,模型决定系数 $R^2=0.8671$,表明可以

解释响应值 86.71%的变化;该模型误差较小,因此可以使用该模型对栽植深度合格率进行分析和预测。

表 5-23 方差分析结果

变异来源	平方和	自由度	均方	F 值	P 值
模型	126.67	6	21.11	14.13	< 0.000 1
A	16.82	1	16.82	11.26	0.005 2
B	32.81	1	32.81	21.96	0.000 4
C	9.16	1	9.16	6.13	0.027 8
AB	17.7	1	17.7	11.85	0.004 4
AC	9.9	1	9.9	6.63	0.023 1
C^2	40.28	1	40.28	26.96	0.000 2
残差	19.42	13	1.49		
失拟性	16.91	8	2.11	4.21	0.064 9
误差	2.51	5	0.5		
总和	146.09	19			

4)交互作用分析

图 5-49 为试验因素水平范围内栽植单元质量、地面起伏高度差以及前进速度相对于栽植深度合格率的曲面响应,确定任意一个因素为零水平,探究另外两因素的交互作用,其中 AB 交互作用最强烈,AC 次之,BC 最弱。由图 5-49a 可知,当前进速度一定时,栽植单元质量增加,同时地面起伏高度差减小,可以提高仿形效果,即栽植深度合格率会相应增大。由图 5-49b 可知,当地面起伏高度差一定时,栽植单元质量增加,同时前进速度逐渐增大,栽植深度合格率会相应增大;当前进速度增大到一定程度时,栽植深度合格率会相应减小。综合上述变化规律可知,栽植单元质量、地面起伏高度差以及前进速度共同决定栽植深度合格率,为了改善仿形效果,提高栽植质量,应当增加栽植单元质量,减小地面起伏高度差,并且选择合适的前进速度。

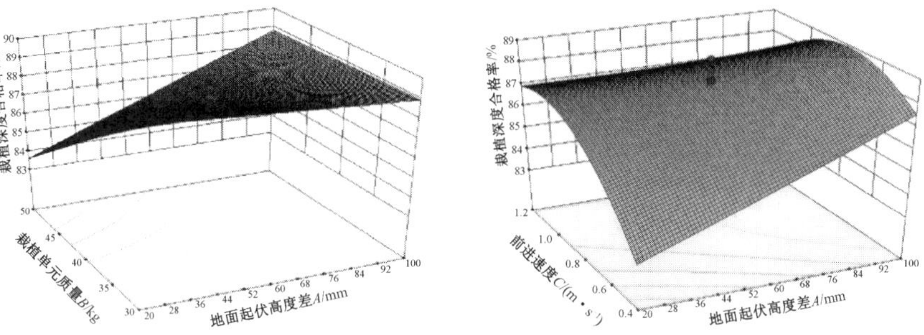

(a)　　　　　　　　　　　　(b)

图 5-50　交互作用分析

5）参数优化

通过试验探究栽植单元质量 B、地面起伏高度差 A 以及前进速度 C 对栽植深度合格率的影响规律，依据试验得到回归方程 $H=89.63-0.065A-0.378B+22.787C+0.0037AB-0.07AC-10.355C^2$，以栽植深度合格率 H 取最大值为优化目标，建立数学模型如下：

$$\max\ H=f(A,B,C) \tag{5-60}$$

$$\text{约束条件：s. t.}\begin{cases}20\leqslant A\leqslant 100\\30\leqslant B\leqslant 50\\0.4\leqslant C\leqslant 1.2\end{cases}$$

经寻优可得三因素优化后最优数值：栽植单元质量 30 kg，地面起伏高度差 20 mm，前进速度 1.0 m/s，此时栽植深度合格率 $H=90.267\%$。

第 6 章　油菜毯状苗移栽开沟与覆土镇压技术

油菜毯状苗移栽在栽插作业前，需要使用开沟装置在黏重板结、留有根茬的地表上开出一条栽植缝，为苗块栽插创造理想的入土条件。在栽插作业完成后，需要使用覆土镇压装置来回土稳固秧苗，使其能够保持直立。国内大部分旱地移栽机的研究还受限于耕作地土壤的前期处理，要求土壤细碎、流动性强、秸秆残留少，然而对于水稻收获后的黏重土壤，通过任何耕整地手段都无法达到土壤细碎、疏松、可流动的状态，所以这些移栽机均不适用于黏重土壤条件下的油菜及其他作物的移栽。关键在于移栽机的开沟与覆土镇压装置对黏重土壤环境的适应性差，主要原因是稻板田中水稻秸秆根须茂盛、结块大、不易破除，开沟器入土十分困难，很难开出理想的沟型。传统的覆土镇压装置需要依靠细碎土壤的回流完成立苗，在土壤流动性差的稻板田中难以实现。综上，摆脱移栽机开沟和覆土镇压环节对土壤流动性的依赖是从根本上解决黏重土壤环境移栽油菜的关键性问题。

本章主要针对油菜毯状苗移栽机的开沟和覆土镇压装置进行研究，结合插秧机底盘空间位置设计了一种驱动型波纹圆盘切茬开沟装置和 V 形轮覆土镇压装置。作业过程中，波纹圆盘锋利的刃口在机器自重的作用下进行切茬破土作业，沟内土壤通过圆盘凹面带出堆积在两侧，开出理想沟型，V 形轮将堆积的土壤重新挤回沟中，实现覆土压实。本章的主要研究内容包括：建立了开沟装置作业性能的理论分析模型；设计了开沟装置的液压驱动系统；开展了基于 ANSYS/LS-DYNA 的开沟器切削土壤的数值模拟仿真分析。为确定覆土镇压轮的最佳设计参数组合进行了田间试验，通过对机具前进速度、轮盘夹角、单轮倾角和开距采用响应面试验分析方法，建立了主要影响因素与考查指标之间的回归数学模型，确定了覆土镇压轮的最佳参数组合。这种“切缝整形+对缝插栽+推土镇压”的移栽方式摆脱了旱地移栽机具所受黏重土壤环境的限制，为实现插秧机底盘的水、旱两用提供了可能。

6.1　波纹圆盘切缝开沟装置的设计与试验研究

我国长江流域冬油菜种植地主要采用稻油轮作的种植模式，这种模式常常是在水稻收获后立即种植油菜，然而水稻收割后田间杂草较多，且留有根茬，采用传统的旱地移栽机在开沟作业时会出现缠草、拥堵的现象。另外，田间的土壤黏重板结、流动性差,移栽机在开沟作业时受到的阻力比较大,难以开出理想的沟型。在油菜毯状苗移栽技术出现之前,油菜机械化移栽沿用传统旱地移栽机的栽植方式,但为了能够适应稻茬田的土壤条件,提出了打孔或挖穴的开沟方式,这种方式需要保证垂直打孔,长时间作业时打孔器上很容易黏附黏土、缠绕杂草,影响打孔效果,且打孔时产生的冲击作用大,效率也很难提升,不适用于高速栽插的移栽机。因此,油菜毯状苗移栽机需要对开沟装置进行重新设计,于是提出了采用驱动型波纹圆盘切缝的开沟方式。

本节重点对油菜毯状苗移栽机的波纹圆盘切缝开沟装置进行了研究,分析了波纹圆盘开沟器的结构和工作原理;对开沟装置田间作业情况进行了运动分析,研究了移栽机前进速度、波纹圆盘直径、波纹圆盘转速以及开沟深度之间的关系;对波纹圆盘刀与土壤接触进行了仿真分析,进行了开沟装置的田间试验研究;对驱动波纹圆盘的液压系统进行了设计。

6.1.1　开沟器的类型与选择

开沟装置一般按照开沟器的入土角进行分类,可以分为锐角开沟器和钝角开沟器。锐角开沟器主要有锄铲式、双翼铲式、船形铲式和芯铧式等;钝角开沟器主要有单圆盘式、双圆盘式和滑刀式等。锐角开沟器开出的沟型一般呈"U"形,它由翼板和尖角的尺寸、形状控制动土量大小。圆盘开沟器随着机具前进,在旋转作用下推挤土壤形成一条窄沟,沟型一般呈"V"形。圆盘开沟器能在很多种类型的田地里工作,对土壤的适应性比较强。在免耕的土壤上移栽时,地表坚实,且有大量的杂草和秸秆覆盖,开沟装置入土困难、阻力大,因此需要开沟器有良好的破茬入土性能。大部分开沟器采用的是被动开沟,即在机具作业前开沟器先入土,之后在机具的牵引下通过滑动或滚动的方式接触土壤,破茬开沟。滑刀式开沟装置的入土性能好,但无法破除田间粗壮的根茬,易将根茬挑起,造成地表高低不平,土壤扰动性差。滚动式开沟部件主要采用各种圆盘式刀盘,常用的圆盘类型有平面圆盘、缺口圆盘以及各种波纹类的圆盘等。各种圆盘的周边都开有刃口,用以切断秸秆和残茬,平面圆盘的切土效果最好,但开出的沟槽宽度太窄,对土壤的扰动小,松土性能不强,不适合开沟,一般只用于破茬。波纹圆盘可以切挤出较宽的松土带,但所需的入土力稍大。圆盘式开沟器具有省力、切割残茬能力强和破茬防堵效果好等优点,在免耕播种机具上得到广泛的应用,是一种通用性较好的开沟装置。被动式开沟装置的每个开沟器需要增加 180~200 kg 的镇压力才能切断秸秆并开出一定深度的沟槽,因此要求机器有足够的重量,导致机身整体十分笨重,价格昂贵。破茬开沟圆盘可以添加驱动,圆盘刀通过高速旋转作业可以达到较好的破茬和切草效果,不易缠草、不需要增加配重、入土能力强、机身轻便,但对耗能、土壤扰动有一定的影响。

为了实现在未经翻耕且有作物残茬和秸秆覆盖的稻板田上进行油菜毯状苗移栽,需要依据移栽油菜的土壤条件,对开沟装置进行重新设计。油菜毯状苗移栽机的移栽要求是开沟装置能够在黏重板结土壤的地表上开出一条窄缝,以便于镇压推土合缝,同时能够破除稻板田间留有的根茬。为了满足移栽要求,油菜毯状苗移栽机的开沟装置采用了驱动型波纹圆盘设计,通过液压驱动波纹圆盘刀慢速转动,能够直接切断田间残留的稻茬,并有效防止秸秆和杂草缠绕,对土壤的扰动小,工作过程可靠,能形成疏松并适合移栽的带状苗床。由于波纹圆盘幅面具有一定宽度,能满足后续插植臂对缝插栽的要求,同时因为大波纹设计能够增加阻力作用,使土壤与圆盘间的摩擦力增大,所以具有更好的开沟效果。

不同开沟方式的沟型比较示意图如图 6-1 所示。

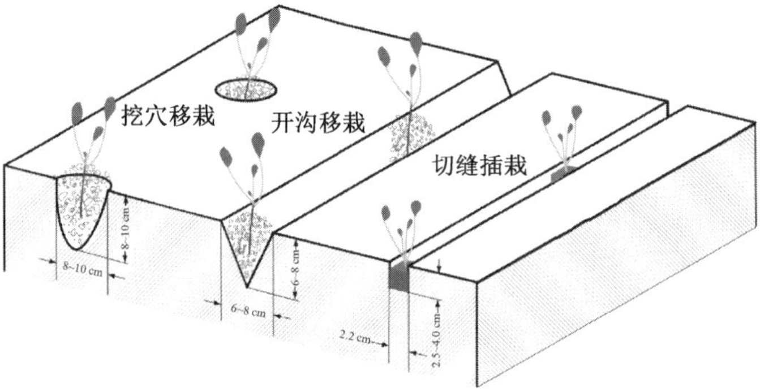

图 6-1　不同开沟方式的沟型比较示意图

6.1.2　波纹圆盘切缝开沟装置的结构与工作原理

波纹圆盘切缝开沟装置的结构原理如图 6-2 所示,该装置主要由波纹圆盘刀、L 型连接柱、联轴器、液压驱动系统和整形轮等组成。为了便于在插秧机底盘上安装,设计一种 L 型连接柱,由竖柱和横柱焊接而成。在竖柱上开设间距为 15 mm、直径为 11 mm 的通孔,横柱上焊接轴承套,通过伸缩万向节连接各开沟单元。整体通过 U 型螺栓和夹板固定在插秧机栽植横梁上。为保证油菜切块推出后保持直立状态,要求开沟宽度略大于秧针宽度,开沟部件应能在未耕地上开出 20~25 mm 的窄沟,因此波纹圆盘幅宽设计为 23 mm。一般直播机用波纹圆盘直径 D 为 400~500 mm,D 值越大,刀轴离地位置越高,有利于提高机具通过性,不易堵塞,但 D 值过大会导致刀轴缠草、壅土。油菜毯状苗移栽要求秧苗栽植深度为 30~50 mm,比一般油菜直播深度小,综合插秧机空间位置考虑,确定波纹圆盘回转半径为 $D=330$ mm。

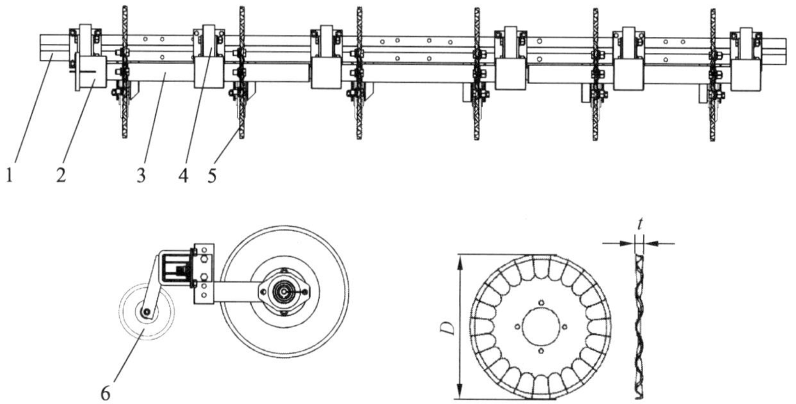

1—栽植横梁;2—马达安装座;3—万向节联轴器;4—L 型连接柱;5—波纹圆盘刀;6—整形轮

图 6-2　开沟器结构图

机具作业过程中,波纹圆盘刀由插秧机底盘提供原动力,通过液压驱动系统带动波纹圆盘主轴转动,移栽机采用 6 行同时作业,因此 1 行配置 6 个波纹圆盘刀同时开沟作业,之间通过万向节联轴器传送动力。波纹圆盘在中速转动下切断垄台上的秸秆和根茬,并且开出一条窄沟,波纹圆盘刃口锋利,破土破茬能力强,防缠草能力强,通过性好。在波纹圆盘后进行二次开沟,楔角全缘整形轮进一步挤压修整栽植缝,防止沟槽内回土,为栽插机构对缝栽插创造理想的入土条件。

6.1.3　开沟器作业性能的运动分析

波纹圆盘开沟器的运动分析:波纹圆盘刀在工作过程中除沿机器的平动外,还有绕波纹圆盘中心的转动,圆盘的运动由这两部分构成。开沟器工作时,波纹圆盘上任一点的绝对运动是前进和旋转运动的合成,轨迹曲线的形状由平动的速度和转动的速度决定,如图 6-3 所示。

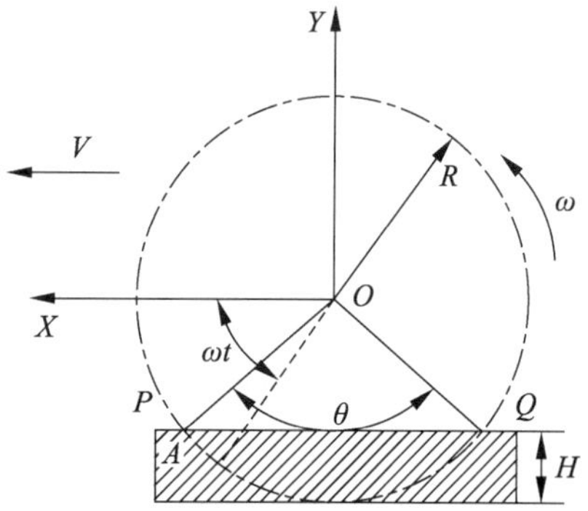

注:R 为圆盘半径,mm;ω 为圆盘转速,rad/s;V 为机具前进速度,m/s;t 为机具前进时间,s;H 为开沟深度,mm;θ 为圆盘入土角,(°)。

图 6-3　波纹圆盘前进轨迹分析示意

在坐标系 XOY 中,X 轴正向和机组前进方向一致,Y 轴正向垂直向上,点 A 为圆盘边缘上任意一点,点 A 的运动方程为

$$\begin{cases} x=R\cos\ \omega t+Vt \\ y=R\sin\ \omega t \end{cases} \tag{6-1}$$

式中：R——圆盘半径，mm；

ω——圆盘转速，rad/s；

V——机具前进速度，m/s；

t——机具前进时间，s。

点 A 的运动公式表明，圆盘的运动轨迹随着机具前进速度、圆盘转速以及圆盘半径的不同具有不同的形状和特性。

对式(6-1)进行求导，得到点 A 在 X 轴和 Y 轴方向上的分速度方程为

$$\begin{cases} V_x=\mathrm{d}x/\mathrm{d}t=-R\sin\ \omega t+V \\ V_y=\mathrm{d}y/\mathrm{d}t=R\cos\ \omega t \end{cases} \tag{6-2}$$

式中：V_x——X 方向分速度，m/s；

V_y——Y 方向分速度，m/s。

则点 A 的合速度公式为

$$V_A=\sqrt{V_x^2+V_y^2}=\sqrt{V^2+R^2\omega^2+2VR\omega\sin\ \omega t} \tag{6-3}$$

其中，$R\omega=V_p$，是点 A 的圆周速度。

令 $\lambda=R\omega/V$，代入式(6-3)中有

$$V_x=V-R\omega\sin\ \omega t=V(1-\lambda\sin\ \omega t) \tag{6-4}$$

λ 表示圆盘端点圆周速度与机具前进速度的比值，λ 的大小对开沟器的运动轨迹及工作状况有重要影响。依据 λ 的数值将波纹圆盘的运动分为 3 种情况。

① 当 $\lambda<1$ 时，即 $V_p<V$，说明不论开沟器运动到什么位置，均有 $V_x>0$，即圆盘的端点 A 的水平分速度始终与机具前进方向相同，其运动轨迹是短摆线，如图 6-4 所示。

图 6-4　λ<1 时波纹圆盘刀的运动轨迹图

② 当 $\lambda=1$ 时，在点 A 转动到沟底时，水平分速度等于 0，其运动轨迹如图 6-5 所示。

图 6-5　λ=1 时波纹圆盘刀的运动轨迹图

③ 当 $\lambda>1$ 时，即 $V_p>V$，当开沟器转到一定位置时，会出现 $V_x<0$ 的情况，此时点 A 的水平分速度与机具前进方向相反，其运动轨迹为图 6-6 所示的余摆线。

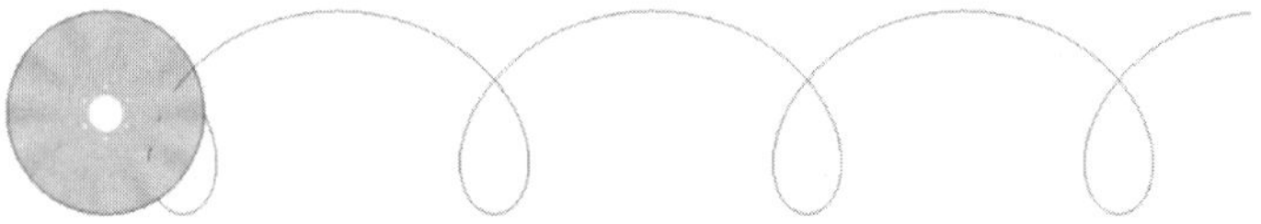

图 6-6　$\lambda>1$ 时波纹圆盘刀的运动轨迹图

当波纹圆盘刀被动开沟时，圆盘刀需要在机器前进过程中依靠土壤的摩擦阻力来实现转动，这种情况下圆盘运动过程中的最大线速度与机具前进速度之比永远小于 1，说明圆盘无法出现余摆线的情况，波纹圆盘刀的边缘处点的运动轨迹如图 6-4 所示。要想让波纹圆盘刀出现余摆线的情况，必须把波纹圆盘刀的转动变成驱动形式，使边缘处的线速度与水平运动速度之比大于 1，形成余摆线运动。余摆线运动的优点是犁刀盘能够对开沟有二次疏松作用，这样开沟器才能开出完整的沟型。

为了使波纹圆盘开沟器满足余摆线运动轨迹的设计条件，将 $\lambda>1$ 代入式(6-1)，以机具最大前进速度 $V=1.5$ m/s 求解得 $\omega\geqslant 5$ rad/s，换算成转速 $n\geqslant$ 115 r/min。由式(6-4)在机具最大前进速度下求得的圆盘转速能满足机具任何一挡前进速度对圆盘转速的要求。在保证开沟器正常入土和形成需要沟型的前提下，圆盘转速越低，机具牵引力越小，能耗越低。保持圆盘低速转动，开沟过程中产生的土壤能够累积在窄沟两侧为移栽机覆土镇压工序提供疏松土壤。综上，确定圆盘转速 n 为 115 r/min。

2015 年 10 月在扬州市江都区小纪镇宗村试验田进行了不同圆盘转速的田间开沟对比试验。试验效果如图 6-7 所示，图中 a 处、b 处和 c 处是圆盘转速分别为 75 r/min、95 r/min、115 r/min 时的开沟效果。试验结果表明，随着圆盘转速的增加，开沟质量明显提高。图 6-7 中 a 处沟型整齐度差，碎土没有完全抛出，影响秧针脱苗；当圆盘转速增加到 95 r/min 时，开沟效果没有明显改善；随着圆盘转速上升到 115 r/min，沟中碎土含量明显减少，切茬效果也很显著。

图 6-7　开沟效果田间试验

6.1.4 波纹圆盘开沟器切割土壤的仿真分析

通过开沟器的田间试验,可以从宏观上测试不同条件下开沟器的开沟效果,而利用有限元仿真分析法对开沟器工作过程进行仿真,可以从土壤的微观角度进行分析。本节的主要内容是通过有限元分析方法来模拟波纹圆盘刀开沟的过程,分析切削土壤过程中圆盘刀的受力和土壤变形情况。

开沟过程属于非线性结构冲击力学问题,土壤属于非线性力学材料,波纹圆盘刀与土壤的接触也是非线性的,因此采用非线性动力分析软件 ANSYS/LS-DYNA 对波纹圆盘刀的开沟过程进行分析。开沟器属于对称体,土壤可以认为是无限域,为了减少计算工作量,建模时将整个模型简化为三维平面对称模型,所建模型仅为实际模型的半边,并在对称平面上施加径向位移约束。波纹圆盘和土壤模型单元类型均定义为 LS-DYNA Explicit 三维实体单元 SOLID 164,土壤属于既有弹性又有黏性的弹塑性模型,在仿真中选择弹塑性模型 Plastic Kinematic。波纹圆盘为金属材料,强度远高于土壤,因此选择弹性材料模型 Rigid,各向同性。仿真模型的算法选用拉格朗日单点积分。

仿真分析结果:通过计算仿真模型,得到了开沟器作用下的土壤扰动情况、土壤在开沟器作用下的应力分布情况以及土壤在开沟器作用下的位移变化情况。

开沟器作用下的土壤扰动如图 6-8 所示。从图中可以看出,圆盘开沟器在切入土壤的过程中,土壤扰动小,土壤边界没有出现崩溃的地方,可以验证圆盘工作参数及土壤模型选择是正确的。

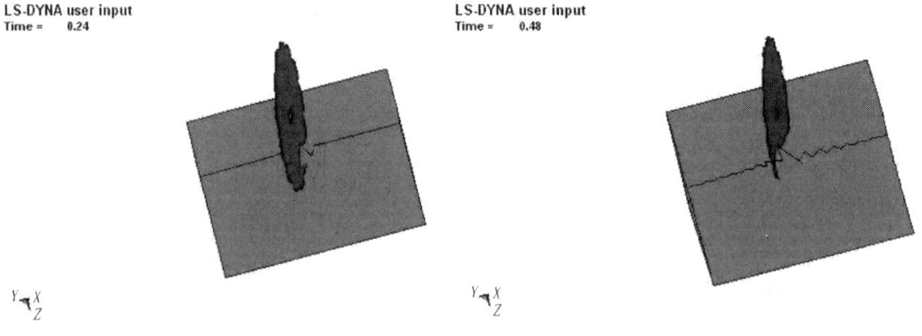

图 6-8 开沟器作用下的土壤扰动

土壤在 X、Y、Z 方向的应力云图如图 6-9 所示。从应力分布图可以看出,波纹圆盘刀片在 3 个方向上均未出现应力集中点,这表明刀片的参数设计是合理的。同时,在波纹圆盘开沟器切削土壤的过程中,3 个方向应力最大值均出现在土壤模型中,X 方向最大应力为 334.8 N,Y 方向最大应力为 467.0 N,Z 方向最大应力为 454.2 N。

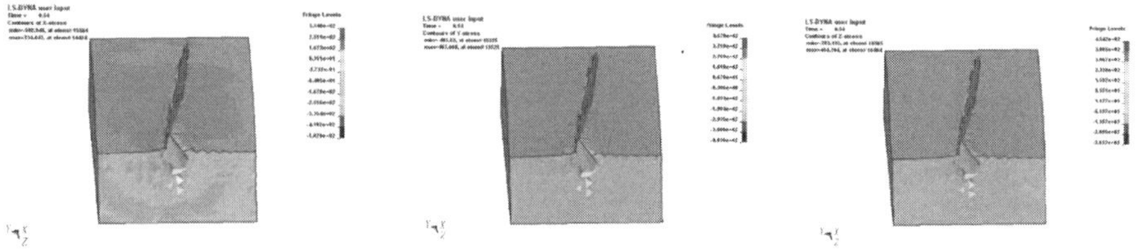

(a) X方向　　(b) Y方向　　(c) Z方向

图 6-9　土壤在开沟器作用下的应力

土壤在 X、Y、Z 方向的位移云图如图 6-10 所示。试验数据表明,X 方向的最大形变量为 42.01 mm,Y 方向的最大形变量为 65.89 mm,Z 方向的最大形变量为 57.74 mm。土壤三向形变图可以间接说明沟型尺寸,X 轴的负方向为波纹圆盘刀的前进方向,所以 Y 方向的形变反映沟宽尺寸,Z 方向的形变反映沟深尺寸,但最大形变量不能代表沟深尺寸 h 和沟宽尺寸 b。从 Z 方向的形变图可以看出,波纹圆盘刀最低端的土壤形变量基本保持在-1.3~-2.3 mm,沟深 h 稳定在 57.7~65.8 mm。由此可见,波纹圆盘开沟器开沟深度达到要求,且开沟深度稳定。

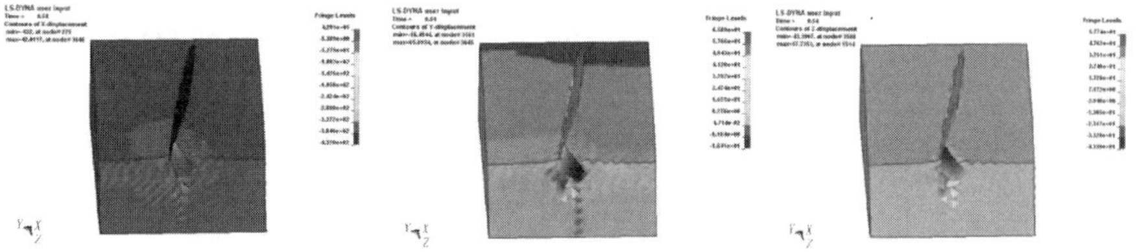

(a) X方向　　(b) Y方向　　(c) Z方向

图 6-10　土壤在开沟器作用下的位移

6.1.5　液压驱动系统设计

根据油菜毯状苗移栽机移栽要求,将传统的被动式开沟刀盘改为驱动式,通过动力传动装置驱动刀盘主动旋转,以增强开沟效果,改善作业质量。为此,需要重新设计驱动波纹圆盘开沟装置刀盘转动的液压驱动系统。根据农艺要求,油菜移栽机有 4 行移栽和 6 行移栽,因此本节分别提出了 4 行作业和 6 行作业的波纹圆盘开沟装置的刀盘液压驱动系统设计方案。

(1) 4 行作业液压驱动系统设计方案

1) 设计需求及指标

根据油菜毯状苗移栽机开沟装置的作业要求,液压驱动系统应满足以下设计指标:

① 单个刀盘驱动扭矩应达到 60 N·m,且 4 个刀盘可同时输出最大扭矩;

② 刀盘转速应可在 60~100 r/min 间调节,且 4 个刀盘转速应保持一致;

③ 应可在最高转速下达到最大扭矩；

④ 样机作业过程中驱动系统应可随时启动或停机，且样机操作人员无须离开座位即可操控；

⑤ 转速调节无须实时进行；

⑥ 系统应有保护措施，以避免出现超载熄火、空载飞车等非正常运行状态；

⑦ 系统应尽量紧凑，各元件体积、重量应尽可能小，以便于安装。

2）设计方案

针对4行同步作业的油菜毯状苗移栽机，4个波纹圆盘刀安装在同一根驱动轴上，且需要满足转速一致的要求。驱动型圆盘刀开沟装置常用的驱动方式有液压传动、机械传动和电气传动。本系统的额定输出功率约为2.56 kW，属于小功率传动，而开沟装置额定输出扭矩最高可达到240 N·m，相对较大，若采用常规电气传动（自重较大），可能需要增设末端减速器，不仅增加了系统的重量和复杂程度，而且移栽机作业时刀盘轴线距离地面仅100 mm左右，安装空间不足。由于开沟刀盘安装在可升降的栽插部件上，与底盘间的位置关系不固定，因此布置机械传动难度较大，且通过机械传动实现调速功能的结构设计方案也较为复杂。液压传动具有功率密度大、自重轻、布置灵活、调速方便等优点，能够满足油菜毯状苗移栽机的需求。虽然说液压传动的效率较低，但本系统额定功率不大，因此该问题并不突出，可以接受。

按液压系统传动效率约70%估算系统的最大输入功率，最大输入功率在移栽机底盘发动机功率余量范围之内，因此从移栽机现有的传动系统上获取动力即可，无须加装额外的动力源。动力输入部分结构示意图如图6-11所示，输出皮带轮安装在动力底盘的风扇皮带轮上，形成一套分离式双联皮带轮，通过皮带传输动力至液压泵驱动液压马达工作。液压泵通过泵安装座紧缩在原插秧机机架上。

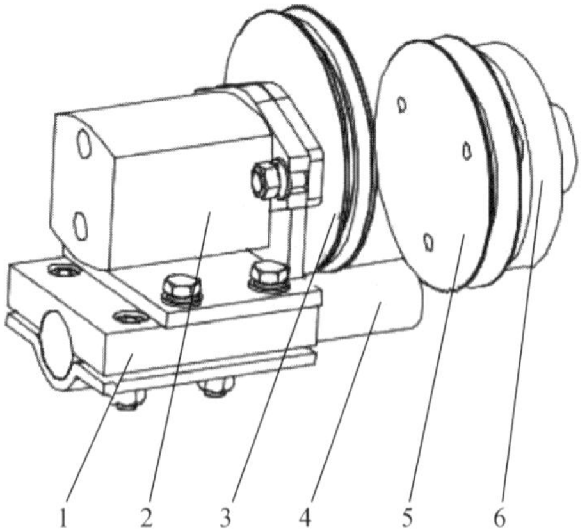

1—夹板；2—液压泵；3—输出皮带轮；4—底盘支架；5—输入皮带轮；6—风扇皮带轮

图6-11 动力输入部分结构示意图

液压传动系统的调速方法可分为节流调速和容积调速。容积调速方法效率较高,但需要采用变量泵或变量马达。变量泵及变量马达产品额定功率至少为数十千瓦,体积、重量均较大,不利于在移栽机上安装。节流调速方法虽然效率较低,但对元件没有特定要求,简单易行。节流调速又可分为进油节流、回油节流、旁路节流 3 种方式。由于回油节流会提高液压马达回油压力,影响壳体泄油,因此通常不采用。当系统中采用叠加阀组时,用叠加式节流阀组建进油节流回路比组建旁路节流回路简单得多,故本系统采用进油节流调速回路。节流调速回路的设计如图 6-12 所示。液压系统包括液压油箱,吸油过滤器,定量液压泵,由电磁换向阀、溢流阀、节流阀组成的叠加阀组,以及液压马达和回油过滤器。发动机通过带传动驱动液压泵,而液压马达直接驱动开沟圆盘轴。

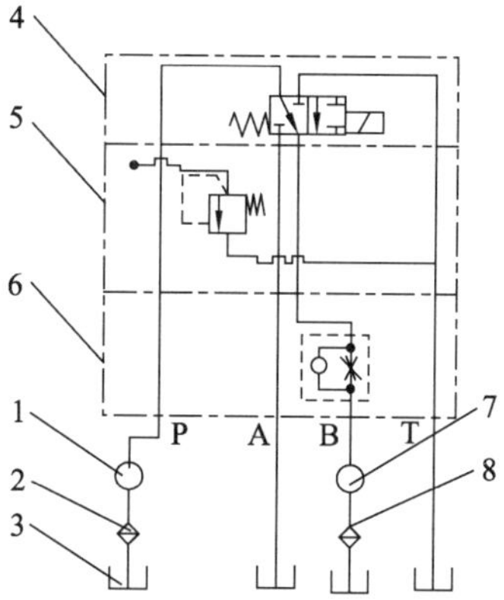

1—定量液压泵;2—吸油过滤器;3—液压油箱;4—节流阀;5—溢流阀;6—电磁换向阀;7—液压马达;8—回油过滤器

图 6-12　节流调速回路设计图

3）参数设计及元件选型

① 环境变量

马达的额定转速为

$$n_{mn} = 100\ \text{r/min} \tag{6-5}$$

马达的额定扭矩为

$$T_{mn} = 240\ \text{N} \cdot \text{m} \tag{6-6}$$

发动机额定转速为

$$n_0 = 3\ 200\ \text{r/min} \tag{6-7}$$

② 系统参数计算

额定输出功率

$$P_n = \frac{T_{mn} n_{mn}}{9\ 550} = 2.51\ \text{kW} \tag{6-8}$$

取系统额定压力

$$p_n = 10\ \text{MPa} \tag{6-9}$$

马达综合效率

$$\eta_m \approx 0.90 \tag{6-10}$$

输出额定功率时节流阀阀口全开,阻力最小。取此时叠加阀组的压力损失

$$p_v = 1\ \text{MPa} \tag{6-11}$$

系统额定压力、系统额定流量之间满足的关系为

$$P_n = (p_n - p_v) q_n \eta_m \tag{6-12}$$

则系统额定流量的表达式为

$$q_n = \frac{P_n}{(p_n - p_v)\eta_m} \approx 0.31 \times 10^{-3}\ \text{m}^3/\text{s} \approx 19\ \text{L/min} \tag{6-13}$$

③ 液压泵的参数计算与选型

根据节流调速回路的要求,选用定量液压泵,在选择液压泵参数时应在满足传动要求的条件下尽可能减小体积、重量。常用的定量液压泵包括齿轮泵和轴向柱塞泵。轴向柱塞泵可承受较高压力,容积效率高,但结构较复杂,体积、重量大。由于本系统额定压力较小,因此无须选用轴向柱塞泵,结构紧凑、成本低廉的齿轮泵更符合需要。

为减小液压泵体积、重量,应尽量提高泵转速,以便在保证流量的前提下减小泵排量。根据国家标准,微型齿轮泵最高转速n_{pmax}为 3 000 r/min,故取n_{p0} = 3 000 r/min,齿轮泵容积效率η_{pv} = 0.93,求得液压泵排量不小于

$$V_{p0} = \frac{q_n}{n_{p0}\eta_{pv}} = 6.8\ \text{mL/r} \tag{6-14}$$

查齿轮泵规格资料得 CBWmb-F7.8-AL1P1L 微型齿轮泵排量为V_p = 7.8 mL/r,符合要求。该齿轮泵额定压力 20 MPa>10 MPa,满足系统要求。故选择该型齿轮泵。

④ 液压马达的参数计算及选型

液压马达的选型要求与液压泵类似。常用的定量液压马达包括轴向柱塞马达、径向柱塞马达、齿轮马达及摆线马达。齿轮马达通常要求转速不低于 400 r/min,不合要求;相同排量下轴向柱塞马达、径向柱塞马达的重量比摆线马达大得多,故选择摆线马达。

取液压马达机械效率η_{mm} = 0.98,液压马达排量理论值为

$$V_{m0} = \frac{T_{mn}}{159(p_n - p_v)\eta_{mm}} = 171\ \text{mL/r} \tag{6-15}$$

查摆线液压马达规格资料得济宁伊顿 2K-160 摆线马达排量为 $V_m = 160$ mL/r，最接近理论值。

该摆线马达额定压力 17 MPa>10 MPa，额定转速 477 r/min>100 r/min，满足系统要求。故选择该型液压马达。

⑤ 液压阀的选型

液压系统通常将绝大部分阀类元件集成为一体以便于安装及维护。常用的集成式阀组可分为叠加阀与插装阀。插装阀通流能力可达每分钟数千至上万升，通常用于大流量及超大流量液压系统。本系统流量仅 19 L/min，无须使用插装阀，叠加阀即可满足需求。叠加阀分为六通径、十通径、十六通径等多种规格，通径越大则通流能力越强，同时体积、重量也越大。六通径阀的通流能力通常为 32~40 L/min，已满足需求，故选择六通径系列阀。

为了实现操作位置与阀组位置分离，采用电磁方向阀作为油路控制元件。为避免运行时电磁线圈发热，采用通电停机、断电运行的模式，据此选择阀芯机能，并确定电磁方向阀型号为上海立新 3WE6B-L6X/EG12NZ5L 两位四通阀。由于该阀芯机能决定叠加阀组油路中的 B 油口为工作油口，故溢流阀与节流阀应分别为 B 口溢流及 B 口调速。选择上海立新 ZDB6VB1-4X200 叠加式溢流阀及 Z2FS6B2-L4X/2Q 叠加式节流阀，所有阀的额定压力均在 20 MPa 以上，通流能力均在 32 L/min 以上，符合要求。

由于选用的 3 个液压阀只需占用一个安装位置，故选用单组油路块，并将油路块直接固定在油箱上，以便安装阀组，并减少外露的管路数量，简化系统布置。

⑥ 液压辅件的选型

液压辅件包括过滤器、液压油箱、管路等。

由于样机须在田间作业，作业环境较恶劣，为了保证液压系统稳定运行，系统中同时使用了吸油过滤器和回油过滤器。过滤器按系统流量选择即可，吸油过滤器型号为黎明液压 TF-25×60L，过滤精度为 60 μm，回油过滤器型号为黎明液压 RFA-25×20L，过滤精度为 20 μm，额定流量均为 25 L/min，符合系统性能要求。吸油、回油过滤器均直接安装在油箱箱体上。

根据液压系统散热的要求，开式回路的油箱容积应为回路每分钟流量的 2 倍左右，在本系统中即为约 38 L。由于安装空间的限制，设计油箱的尺寸为 350 mm×300 mm×200 mm，容积约 21 L。考虑到样机的主要作用是试验，不会进行长期的田间作业，散热方面的问题并不突出。另外，油箱上还布置了注油空气过滤器、液位液温计、放油塞等附件。

液压系统常用管道有硬管和软管。为了便于安装，本系统采用橡胶夹帘子线软管。

⑦ 控制电路的设计

最初的控制方案为直接用旋钮开关控制电磁阀供电，进而控制液压回路。初步试验中发现，当液压系统停机时样机熄火，开沟刀盘会突然旋转 1~2 s 后停止。分析其原因可知，熄火时电磁阀立即断电，而发动机由于惯性仍带动液压泵旋转，此时液压系统处于工作状态，因而开沟刀盘会旋转，直至发动机停止为止。由于这一现象易造成危险，有必要加以改进。原计划采用逻辑电路控制电磁阀，但因自制 PCB（印制电路板）较为困难而放弃。最后的改进方案是采用时间继电器，使电磁阀通断电比主电路延迟 1 s 左右，熄火时电磁线圈断电在发动机停转之后，即可避免上述现象。时间继电器采用富士 ST3PF 断电延时继电器，额定电压 12 V，延时时间 1~5 s 可调。

⑧ 参数核算

由于选取的元件参数与理论值不完全一致，有必要根据实际参数核算液压系统运行参数，以确保系统性能符合指标要求。

液压马达排量 $V_m=160$ mL/r，容积效率$\eta_{mv}=0.92$，机械效率$\eta_{mm}=0.98$，额定功率下叠加阀组的压力损失$p_v=1$ MPa，故有液压系统额定压力

$$p_n=\frac{T_{mn}}{159V_m\eta_{mm}}+p_v=10.6\ \text{MPa} \tag{6-16}$$

液压系统额定流量

$$q_n=\frac{n_{mn}V_m}{\eta_{mv}}=17.4\ \text{L/min} \tag{6-17}$$

液压泵排量 $V_p=7.8$ mL/r，容积效率$\eta_{pv}=0.93$，机械效率$\eta_{pm}=0.98$，故有液压泵输入扭矩

$$T_p=159\frac{p_nV_p}{\eta_{pm}}=13.4\ \text{N}\cdot\text{m} \tag{6-18}$$

液压泵额定转速

$$n_p=\frac{q_n}{V_p\eta_{pv}}=2\ 399\ \text{r/min} \tag{6-19}$$

液压泵输入功率

$$P_p=\frac{T_pn_p}{9\ 550}=3.4\ \text{kW} \tag{6-20}$$

以上各参数均在设计范围内，故系统性能满足要求，设计可行。

4）田间试验验证

2015 年 10 月至 2015 年 11 月间，安装有液压驱动开沟装置的油菜毯状苗移栽机样机先后在扬州市里下河农科所、扬州市江都区小纪镇油菜产业体系试验站、苏

州市吴江区吴江国家级现代农业示范园区、苏州市相城区望亭镇迎湖农业科技发展有限公司等地进行了试验示范作业，在稻田黏重土壤和旱地疏松土壤等多种土壤质地、高低不同的土壤含水率条件、免耕及旋耕机翻耕等多种作业前整地方式的条件下检验了开沟刀盘液压驱动系统的输出转速、输出扭矩、温升及运行稳定性等性能。

由于田间试验条件的限制及测试手段的匮乏，无法测量液压系统实际运行时的输出扭矩、输出转速等参数，可以通过仪表直接读出的参数只有系统压力及油液温度，输出扭矩可通过系统压力值大致计算，其他性能指标只能通过目测估计。试验过程中几个主要指标的表现如下：

① 在一定的土壤条件下，液压驱动系统会出现输出扭矩不足的现象。试验中发现液压系统的负载扭矩随作业条件变化幅度很大。在吴江国家级现代农业示范园区作业时，系统压力通常在 3~5 MPa 范围内波动，目测输出转速变化不明显，无过载现象。而在望亭镇迎湖农业科技发展有限公司农田内作业时，系统压力频繁达到溢流阀调定压力 10 MPa，使溢流阀开启，开沟刀盘的转速大幅降低甚至堵转。将溢流阀调定压力调节至最大值 20 MPa 后发现，样机在该处试验田中作业时液压驱动系统压力大体在 10~20 MPa 之间波动，少数情况下可以达到 20 MPa 并使溢流阀开启。据此可认为，采用节流调速的设计方案所依据的扭矩指标不能适用于移栽机作业的各种土壤条件，导致波纹圆盘的开沟性能不能满足所有可能的土壤条件的要求。

② 观察表明，无论系统工作压力如何，当液压驱动系统未过载溢流时，输出转速无明显变化，开沟刀盘工作正常，开出的窄沟宽度、深度均满足移栽作业要求；当液压系统过载溢流时，开沟刀盘转速大幅降低甚至堵转，无法正常开沟。由此说明该方案的设计转速满足样机性能要求，转速波动是系统过载的结果，转速指标无须改动。

③ 样机连续作业工况下油液温度为 30~55 ℃，随作业条件而变化；考虑到作业时气温基本在 10~20 ℃，可以认为系统温升不严重。在频繁溢流的工况下观察到油液温度相对较高，可能是溢流导致系统发热或压力升高导致泵、马达容积效率下降造成的。

④ 当液压系统压力接近 20 MPa 时，样机易出现发动机过载熄火的现象。由于在试验过程中已将发动机油门保持在最大，在液压系统输出功率无法减小的情况下液压泵输入扭矩也无法减小。因此，无法通过改进液压系统来改善发动机工况，解决途径只有设法减小开沟功耗或换用额定功率更大的发动机。

（2）节流调速系统的性能分析

1）节流调速系统的机械特性

在节流调速系统中，若不采用负载反馈等自动控制方式，则液压泵和液压马达的特性为硬特性，可近似认为其压力与流量无关。此时回路特性基本由节流阀特性决定。

节流阀孔口通常为薄壁孔口。根据流体力学相关理论，液体流经薄壁孔口的相关公式为

$$Q=C_{\mathrm{d}}a\sqrt{\frac{2\Delta p}{\rho}} \tag{6-21}$$

式中：Q——节流阀流量；

C_{d}——流量系数；

a——通流小孔截面积；

Δp——薄壁孔口节流前后压力差；

ρ——液体密度。

通过式(6-21)可以发现，节流阀流量与节流孔口面积成正比，与节流前后压力差的平方根成正比。为了简化推导过程，式(6-21)可以简化为

$$Q=k\sqrt{\Delta p} \tag{6-22}$$

其中，

$$k=C_{\mathrm{d}}a\sqrt{\frac{2}{\rho}} \tag{6-23}$$

节流阀流量是与节流孔口面积成正比，与其他运行参数均无关的系数，表示节流阀开度的调定情况。为简化计算，可以近似地认为液压泵、液压马达的机械效率及容积效率均为1，记溢流阀调定压力，即系统额定压力为p_0，则当系统压力未达到溢流阀调定值p_0时，溢流阀不开启，$q_{\mathrm{m}}=q_0$，$n_{\mathrm{m}}=\frac{q_0}{V_{\mathrm{m}}}$，$T_{\mathrm{m}}=T_1$；调速状态下（溢流阀开启时）液压系统状态方程为

$$p_{\mathrm{m}}=p_0-\Delta p=p_0-\frac{q_{\mathrm{m}}^2}{k^2} \tag{6-24}$$

由于$T_{\mathrm{m}}=p_{\mathrm{m}}V_{\mathrm{m}}$，$n_{\mathrm{m}}=\frac{q_{\mathrm{m}}}{V_{\mathrm{m}}}$，有

$$T_{\mathrm{m}}=p_0V_{\mathrm{m}}-\frac{V_{\mathrm{m}}^3}{k^2}n_{\mathrm{m}}^2 \tag{6-25}$$

式(6-25)为溢流阀开启时液压驱动系统的扭矩-转速特性公式，此时输出功率为

$$P_{\mathrm{m}}=p_{\mathrm{m}}q_{\mathrm{m}}=p_0q_{\mathrm{m}}-\frac{q_{\mathrm{m}}^3}{k^2}=p_0V_{\mathrm{m}}n_{\mathrm{m}}-\frac{V_{\mathrm{m}}^3}{k^2}n_{\mathrm{m}}^3 \tag{6-26}$$

系统效率 η 为

$$\eta=\frac{P_{\mathrm{m}}}{p_0q_0}=\frac{q_{\mathrm{m}}}{q_0}\left(1-\frac{q_{\mathrm{m}}^2}{k^2p_0}\right)=\frac{V_{\mathrm{m}}n_{\mathrm{m}}}{q_0}\left(1-\frac{V_{\mathrm{m}}^2n_{\mathrm{m}}^2}{k^2p_0}\right) \tag{6-27}$$

以上各式中$p_{\mathrm{m}}>0$，$q_{\mathrm{m}}<17.4$ L/min（即$T_{\mathrm{m}}>0$，$n_{\mathrm{m}}<100$ r/min）。

2）节流调速系统机械特性的硬度

由扭矩-转速特性公式可以求得

$$\frac{\mathrm{d}T_{\mathrm{m}}}{\mathrm{d}n_{\mathrm{m}}}=-\frac{2V_{\mathrm{m}}^3}{k^2}n_{\mathrm{m}} \tag{6-28}$$

由于n_{m}恒大于等于零，故$\frac{\mathrm{d}T_{\mathrm{m}}}{\mathrm{d}n_{\mathrm{m}}}\leqslant 0$，液压驱动系统特性曲线向下倾斜。由于刀盘切土的阻力矩随转速提高而增大，故系统满足稳定运行条件。

3）节流调速系统的调速性能

当切土阻力矩不变时，T_{m}为定值，有

$$n_{\mathrm{m}}=\sqrt{\frac{p_0V_{\mathrm{m}}-T_{\mathrm{m}}}{V_{\mathrm{m}}^3}}k \tag{6-29}$$

由于

$$\frac{\mathrm{d}n_{\mathrm{m}}}{\mathrm{d}k}=\sqrt{\frac{p_0V_{\mathrm{m}}-T_{\mathrm{m}}}{V_{\mathrm{m}}^3}} \tag{6-30}$$

是仅与T_{m}有关而与 k 无关的定值，故T_{m}不变时转速与节流阀口开度成正比。在溢流阀开启的条件下，通过调节溢流阀便可同比例地调节输出转速，故系统具有优秀的调速性能。

T_{m}增大时，$\frac{\mathrm{d}n_{\mathrm{m}}}{\mathrm{d}k}$减小。故输出扭矩越大，转速对节流阀口开度的敏感度越低。

4）节流调速系统的变工况性能

当节流阀口开度不变时，k 为定值，此时满足

$$\frac{\mathrm{d}n_{\mathrm{m}}}{\mathrm{d}T_{\mathrm{m}}}=-\frac{k^2}{2n_{\mathrm{m}}V_{\mathrm{m}}^3} \tag{6-31}$$

故输出转速受负载扭矩的影响，且转速越低，影响越大，节流阀口开度越大，影响也越大。

5）节流调速系统的输出功率及效率

对输出功率-转速特性公式求导可得

$$\frac{\mathrm{d}P_{\mathrm{m}}}{\mathrm{d}n_{\mathrm{m}}}=p_0V_{\mathrm{m}}-3\frac{V_{\mathrm{m}}^3}{k^2}n_{\mathrm{m}}^2 \tag{6-32}$$

令$\frac{dP_m}{dn_m}=0$，可得峰值功率条件方程：

$$p_0 V_m - 3\frac{V_m^3}{k^2}n_m^2 = 0 \tag{6-33}$$

记$k_c = q_0\sqrt{\frac{3}{p_0}}$，当 $k \leqslant k_c$时，峰值功率条件方程有实根

$$n_m = \frac{k}{V_m}\sqrt{\frac{p_0}{3}} \tag{6-34}$$

即

$$T_m = \frac{2}{3}p_0 V_m = \frac{2}{3}T_0 \tag{6-35}$$

上述结果表明，在溢流阀开启的工况下，无论节流阀口开度如何，系统始终在输出扭矩为最大输出扭矩的 2/3 时有最大输出功率。

最大输出功率P_{max}为

$$P_{max} = \frac{2}{3}T_0\frac{k}{V_m}\sqrt{\frac{p_0}{3}} = \frac{2}{9}k\sqrt{3p_0^3} \tag{6-36}$$

由于 $\eta = \frac{P_m}{p_0 q_0}$，当$\frac{dP_m}{dn_m}=0$ 时亦有$\frac{d\eta}{dn_m}=0$。因此，$T_m = \frac{2}{3}T_0$时系统效率亦有最大值，系统效率的最大值η_{max}为

$$\eta_{max} = \frac{P_{max}}{p_0 q_0} = \frac{2k\sqrt{3p_0}}{9q_0} = \frac{2}{3}\frac{k}{k_c} \tag{6-37}$$

根据以上推导可知，该工况下液压系统能发出的最大功率及能达到的最高效率与节流阀口开度成正比，且最高效率不超过 67%。

当 $k>k_c$时，峰值功率条件方程无实根，液压系统在$q_m = q_0$，即溢流阀不开启的工况下有最大功率及最高效率。

根据以上分析可以发现，节流调速回路可有效调节系统输出转速，但在效率方面有明显的缺陷。在调速工况下，系统最高效率仅有 67%；若为了降低输出转速而减小节流阀口开度，则效率会随之等比例地减小；由于田间条件复杂，土壤质地不均匀，输出扭矩不可能精确地维持在最大输出扭矩的 2/3，故实际运行效率显著降低。总而言之，节流调速回路运行效率不高，且调速过程会对效率产生不利影响。当实际田间作业环境比较恶劣时，有必要通过改进调速方式提高液压系统效率，以保证系统出力满足要求。

(3) 6行作业液压驱动系统设计方案

1) 设计指标与方案

6行同步作业是目前油菜移栽最常用的一种方式。但从4行作业改为6行作业时,对开沟刀盘驱动系统来说,即负载扭矩增大50%。4行作业的液压驱动系统采用的节流调速设计方案,显然已无法加大功率,因此有必要重新设计开沟刀盘驱动系统。根据试验结果估算系统参数后提出以下设计指标:

① 通过静液压传动驱动安装在同一根刀轴上的6个开沟刀盘;

② 额定输出扭矩应可达到720 N·m;

③ 输出转速应可在60~100 r/min间调节;

④ 应可在尽可能宽的转速范围下达到或接近最大扭矩;

⑤ 应尽可能沿用4行作业设计方案选用的元件,以便尽快完成改装工作;

⑥ 样机作业过程中驱动系统应可随时启动或停机,且样机操作人员无须离开座位即可操控;

⑦ 转速调节无须实时进行;

⑧ 系统应有保护措施,以避免出现超载熄火、空载飞车等非正常运行状态;

⑨ 系统应尽量紧凑,各元件体积、重量应尽可能小,以便于安装。

在4行作业液压驱动系统的设计方案中,由于设计功率不大,因此直接选择了节流调速方案。增加到6行同步作业时,设计功率达到了4行作业的3倍,因此提出改用容积调速方案。容积调速可采用变量泵调速、变量马达调速或泵、马达同时变量调速。泵、马达同时变量调速的优点是可以获得很宽的调速范围,但控制较复杂,且由于变量元件的体积、重量显著大于定量元件,采用此方法的系统通常较笨重,故不采用。变量泵调速特性为线性,便于调节,体积、重量也较小;变量马达调速可实现恒功率调速,充分利用其他元件的性能,且调速范围较大。两种方式各有优势。由于本系统的调速范围要求并不大,且希望系统能够尽量轻便,因此选择了变量泵调速。

由于液压阀、过滤器等元件的型号与流量关系较大,为减少更换元件的数量,应尽量避免增大系统流量。另外,为了减小泵与马达的体积及重量,也应尽量减小系统流量。考虑到柱塞泵及柱塞马达的额定压力通常可达到30 MPa,初步确定改进方式为将齿轮泵改为轴向柱塞变量泵,摆线马达改为径向柱塞定量马达,系统压力提升至30 MPa左右,其余元件也根据参数指标进行重新选择,相应地提高元器件的耐压程度。

2) 参数设计及元件选型

① 液压马达的选型

由于额定转速、系统流量均不变,故液压马达排量也不变,改用额定压力达到

30 MPa 的型号即可。选用北仑中瑞 ZGM05-170 摆缸式马达，排量 166 mL/r，最高压力 32.5 MPa，转速许可范围 1~650 r/min，均满足要求。

② 液压泵的选型

由于轴向柱塞变量泵的排量通常可以在 0 至最大排量的范围内任意调节，因此只需选择排量不小于 6.8 mL/r，额定压力不小于 30 MPa，最高转速不低于 2 400 r/min 的型号即可。选用金中液压 HA10V028DR/31R-PSC62N00 型斜盘式轴向柱塞变量泵，最大排量 28 mL/r，最高压力 35 MPa，手动调节排量，带限压溢流阀，均满足要求。

③ 液压阀组的改进

由于容积调速回路无需节流阀，选择的液压泵自带溢流阀，故阀组取消节流阀和溢流阀，只需保留电磁方向阀即可。4 行作业设计方案中选择的上海立新 3WE6B-L6X/EG12NZ5L 两位四通阀额定压力为 31.5 MPa，满足需求，故继续沿用，不再另行选择。

④ 参数核算

取$\eta_{mm}=\eta_{pm}=0.98$，$\eta_{mv}=\eta_{pv}=0.97$，计算得液压系统额定压力为

$$p_n=\frac{T_{mn}}{159\ V_m\eta_{mm}}=27.8\ \text{MPa} \tag{6-38}$$

液压系统额定流量q_n为

$$q_n=\frac{n_{mn}V_m}{\eta_{mv}}=17.1\ \text{L/min} \tag{6-39}$$

由于液压泵可变量，无须核算其扭矩及转速，在配套的带传动设计完成后根据传动比将泵排量调节至合适的值即可。

液压泵额定输入功率P_{pn}为

$$P_{pn}=\frac{159\ p_n q_n}{9\ 550\eta_{pm}\eta_{pv}}=8.33\ \text{kW} \tag{6-40}$$

由于原底盘配套的发动机额定功率仅 13.3 kW，预计不足以拖动改进后的液压系统，将更换发动机。

由于容积调速回路的机械特性近似为绝对硬特性，故输出扭矩与转速近似无关，在工作范围内转速与泵排量成正比，输出扭矩等于负载扭矩，无须另行计算。

系统效率 η 为

$$\eta=\eta_{mm}\eta_{mv}\eta_{pm}\eta_{pv}=0.90 \tag{6-41}$$

近似与系统工作状态无关。

6.2　覆土镇压装置的设计与参数优化

6.2.1　覆土镇压装置结构设计与工作原理

在完成开沟、切块、取苗、栽插等工序后，需要将开出窄沟两边翻出的土壤覆盖到小苗的根部，压紧土壤，提高成活率。传统的覆土镇压轮将覆土器和镇压轮组合使用，这种结构较为复杂，制造成本较高。本节设计的覆土镇压轮由支架、压缩弹簧和带倾角的轮盘组成，工作时由插秧机自重提供正压力，轮盘切面和内侧面形成切应力，起到覆土镇压功能。

覆土镇压部件结构示意图如图6-13所示，由6个镇压轮独立单元组成，相邻单元之间的水平间距为300 mm，与开沟间距对应。每个独立单元由支架、弹簧销、预紧弹簧、轮盘、角度调节器和刮土装置组成，通过夹紧螺栓固定在固定架上，改变立柱上安装孔的位置可调节镇压轮位置高低，从而改变弹簧预紧力，实现对镇压轮镇压力的调节，进一步提高覆土镇压装置对土壤的适应性。镇压轮采用纵向偏转角度的V形对称布置，开角、夹角和间距无级可调，通过锐角轮缘进行切土、侧向推土，挤压栽植缝壅土立苗。

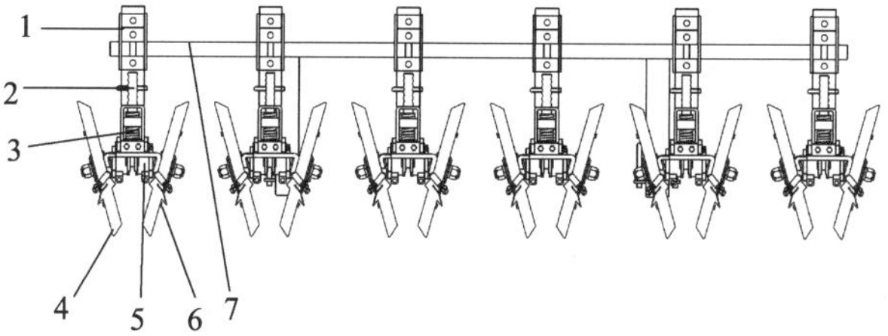

1—支架；2—弹簧销；3—预紧弹簧；4—轮盘；5—角度调节器；6—刮土装置；7—固定架

图6-13　覆土镇压部件结构示意图

6.2.2　覆土镇压装置参数设计

覆土镇压轮主要参数由轮盘直径、轮盘宽度、轮盘夹角、单轮倾角以及开距组成。镇压轮直径的确定要满足其正常转动的条件以及机具的通过性能，同时保证镇压轮在作业过程中不产生滑移现象，结合意大利Ferrari公司生产的钵体苗移栽机镇压轮尺寸参数，最终确定轮盘直径为350 mm。镇压轮宽度的大小应视开沟宽度而定，若小于开沟宽度，容易造成带苗下沉，形成沟状；若大于开沟宽度，在同样的镇压力情况下，压强减小，难以达到理想效果。结合实践经验，确定镇压轮轮盘宽度为50 mm。由理论分析可知，镇压轮轮盘夹角越大，滑移作用越强，对土壤的压紧力就越大；但夹角过大时，镇压轮与土壤接触面变小，在正压力不变的情况下，摩擦力降低,镇压轮的转动会受到明显影响。在稻板茬土壤环境下,土壤板结、流动性差,单靠镇压轮夹角很难实现沟两侧土壤向内挤压,本节通过增加镇压轮倾角形成侧向力挤压土壤,以致土壤坍塌,达到覆土作用。为避免秧苗损伤,镇压轮开距应稍大于秧苗叶片幅面直径,通过对秧苗叶片幅面直径统计后确定中心距水平。

已有旱地移栽机镇压田间试验表明,影响镇压轮镇压效果(秧苗直立度合格率、秧苗离土力)的主要因素有机具前进速度、轮盘夹角和开距等。考虑到本节增加了镇压轮倾角设计,它是镇压轮镇压力垂直和侧向分布的重要影响因素,因此选取机具前进速度、轮盘夹角、单轮倾角和开距 4 个作业参数进行三水平正交试验,以得到最佳作业参数,具体试验因素水平见表 6-1。

表 6-1 试验因素水平

水平	前进速度 x_1/(m·s^{-1})	轮盘夹角 x_2/(°)	单轮倾角 x_3/(°)	开距 x_4/mm
-1	0.8	10	40	40
0	1.0	20	45	60
1	1.2	30	50	80

6.2.3 覆土镇压装置结构参数的响应面优化试验

(1) 试验条件

试验地点在扬州市江都区小纪镇宗村,试验土壤为黄棕壤轻壤土,前茬为稻板茬田未耕,含水率 27.2%,采用 TYD-2 型土壤硬度计测量土壤贯入阻力,在 4~6 cm 深度时,土壤贯入阻力平均值为 52 N。垄宽 2.2 m,试验随机取段 10 m。

(2) 评价指标确定

评价毯状苗移栽技术的性能指标包括栽植均匀度、植株状态、栽植效率和自动化程度等。本研究针对油菜毯状苗移栽机的镇压轮进行研究分析,不涉及机具行走系统和取苗栽插机构,因此以秧苗直立度合格率和秧苗离土力大小作为评价镇压效果的重要指标。秧苗直立度是指秧苗移栽后的直立状态,毯状苗的直立度合格率 $\xi=n_1/n\times100\%$,其中 n 为投苗总数,n_1 为合格秧苗数(合格秧苗指移栽后秧苗与垂直方向夹角不超过 30°的秧苗),一般农艺要求秧苗直立度合格率应大于 60%。秧苗离土力定义为在一定范围内将秧苗拔离土壤拉力计显示数值的平均值:$\bar{F}=\sum_{i}^{n}f_i/n$。秧苗直立度合格率越高、秧苗离土力越大,镇压性能越好,为了找出主要因素及优化方案,对试验结果选用综合平衡法进行直观分析,即先分别进行单指标的直观分析,再对各指标的分析结果进行综合比较分析。秧苗直立度合格率和秧苗离土力分析结果如表 6-2 所示。

表 6-2　试验方案与试验结果

序号	前进速度 $x_1/(\mathrm{m\cdot s^{-1}})$	轮盘夹角 $x_2/(°)$	单轮倾角 $x_3/(°)$	开距 x_4/mm	秧苗直立度合格率 y_1/%	秧苗离土力 y_2/N
1	0. 8	10	45	60	83. 46	2. 85
2	1. 2	10	45	60	79. 64	2. 61
3	0. 8	30	45	60	85. 70	3. 02
4	1. 2	30	45	60	81. 16	2. 76
5	1. 0	20	40	40	76. 24	1. 75
6	1. 0	20	50	40	76. 00	1. 70
7	1. 0	20	40	80	81. 92	2. 62
8	1. 0	20	50	80	79. 84	2. 57
9	0. 8	20	45	40	76. 22	1. 74
10	1. 2	20	45	40	72. 72	1. 50
11	0. 8	20	45	80	81. 92	2. 62
12	1. 2	20	45	80	79. 24	2. 37
13	1. 0	10	40	60	84. 26	2. 86
14	1. 0	30	40	60	84. 56	2. 02
15	1. 0	10	50	60	82. 62	3. 03
16	1. 0	30	50	60	84. 28	2. 98
17	0. 8	20	40	60	80. 90	2. 37
18	1. 2	20	40	60	82. 10	2. 65
19	0. 8	20	50	60	84. 00	2. 85
20	1. 2	20	50	60	74. 86	1. 83
21	1. 0	10	45	40	72. 16	1. 68
22	1. 0	30	45	40	77. 12	1. 88
23	1. 0	10	45	80	81. 70	2. 58
24	1. 0	30	45	80	81. 96	2. 76
25	1. 0	20	45	60	86. 76	3. 33
26	1. 0	20	45	60	87. 04	3. 41
27	1. 0	20	45	60	86. 64	3. 35

(3) 试验结果分析

以 x_1、x_2、x_3 和 x_4 分别表示移栽机镇压机构的前进速度、轮盘夹角、单轮倾角和开距，y_1 表示秧苗直立度合格率，y_2 表示秧苗离土力。本试验针对多个试验因素对考查指标影响的程度进行分析，故选用 Box-Behnken 试验设计分析方法，利用 Design-Expert 软件对表 6-2 中试验数据进行多元回归拟合，并对回归模型进行方差分析。秧苗直立度合格率的回归模型：

$$y_1 = -358.16 + 273.56x_1 + 0.74x_2 + 10.33x_3 + 2.36x_4 - 0.09x_1x_2 - 2.59x_1x_3 + 0.05x_1x_4 - 83.94x_1^2 - 0.09x_3^2 - 0.02x_4^2 \quad (6\text{-}42)$$

秧苗离土力的回归模型：

$$y_2 = -63 + 35.76x_1 + 0.09x_2 + 1.8x_3 + 0.28x_4 - 0.33x_1x_3 - 10.88x_1^2 - 0.02x_3^2 \quad (6\text{-}43)$$

对秧苗直立度合格率和秧苗离土力进行方差分析，结果如表 6-3 所示。

表 6-3　方差分析结果

变异来源	秧苗直立度合格率					秧苗离土力				
	平方和	自由度	均方	F 值	P 值	平方和	自由度	均方	F 值	P 值
模型	441.30	14	31.52	26.17	<0.000 1***	7.47	14	0.53	9.35	0.000 2***
x_1	42.11	1	42.11	34.97	<0.000 1***	0.25	1	0.25	4.37	0.057 8
x_2	9.97	1	9.97	8.28	0.013 9*	0.00	1	0.00	0.05	0.823 6
x_3	5.85	1	5.85	4.86	0.047 8*	0.04	1	0.04	0.70	0.415 0
x_4	108.72	1	108.72	90.28	<0.000 1***	2.31	1	2.31	40.55	<0.000 1***
x_1x_2	0.13	1	0.13	0.11	0.748 5	0.00	1	0.00	0.00	0.963 7
x_1x_3	26.73	1	26.73	22.20	0.000 5***	0.42	1	0.42	7.40	0.019 2*
x_1x_4	0.17	1	0.17	0.14	0.715 2	0.00	1	0.00	0.00	1.000 0
x_2x_3	0.46	1	0.46	0.38	0.547 1	0.16	1	0.16	2.73	0.125 2
x_2x_4	5.52	1	5.52	4.59	0.005 4**	0.00	1	0.00	0.00	0.963 7
x_3x_4	0.85	1	0.85	0.70	0.418 2	0.00	1	0.00	0.00	0.990 9
x_1^2	60.12	1	60.12	49.92	<0.000 1***	1.01	1	1.01	17.71	0.001 2**
x_2^2	8.60	1	8.60	7.14	0.020 3*	0.22	1	0.22	3.85	0.074 6
x_3^2	24.65	1	24.65	20.47	0.000 7***	0.98	1	0.98	17.11	0.001 4**
x_4^2	223.09	1	223.09	185.24	<0.000 1***	3.95	1	3.95	69.17	<0.000 1***
残差	14.45	12	1.2			0.68	12	0.057		
总和	455.76	26				8.15	26			

注：*** 表示 $P<0.001$（极显著），** 表示 $P<0.01$（较显著），* 表示 $P<0.05$（显著）。

秧苗直立度合格率和秧苗离土力的校正决定系数 R^2 分别为 0.968 3 和 0.916 0（均>0.800），说明试验值能由该模型解释。通过对表 6-3 分析可知，秧苗直立度合格率和秧苗离土力的 P 值分别为<0.000 1 和 0.000 2，均小于 0.001，极显著，表明该回归模型具有统计学意义。

在秧苗直立度合格率试验中，自变量一次项 x_1 和 x_4 对秧苗直立度合格率的影响极显著，二次项 x_1x_3、x_1^2、x_3^2 和 x_4^2 影响极显著，x_2x_4 影响较显著，x_2^2 影响显著。在秧苗离土力试验中，自变量一次项 x_4 对秧苗离土力的影响极显著，二次项 x_4^2 影响极显著，x_1^2 和 x_3^2 影响较显著，x_1x_3 影响显著。

由表 6-3 可知，交互项 x_1x_3 对秧苗直立度合格率的影响极显著，x_2x_4 对秧苗直立度合格率的影响较显著，x_1x_3 对秧苗离土力的影响显著。分析交互因素对秧苗直立度合格率和秧苗离土力的影响，图 6-14 为交互项 x_1x_3 和 x_2x_4 对秧苗直立度合格率的影响，图 6-15 为 x_1x_3 对秧苗离土力的影响。

由图 6-14a 可知，在前进速度各水平下，秧苗直立度合格率随单轮倾角的增大均呈现先上升后趋于平稳的趋势；在单轮倾角各水平下，秧苗直立度合格率随前进速度的增加呈现先升后降的趋势。由图 6-14b 可知，在轮盘夹角各水平下，秧苗直立度合格率随开距的增加均呈微弱的先升后降趋势；在开距各水平下，秧苗直立度合格率随夹角变化不明显。由图 6-15 可知，在前进速度各水平下，秧苗离土力随着单轮倾角的增大呈先升后降的趋势；在单轮倾角各水平下，秧苗离土力随前进速度的增加呈现先快速上升后略微下降的趋势。

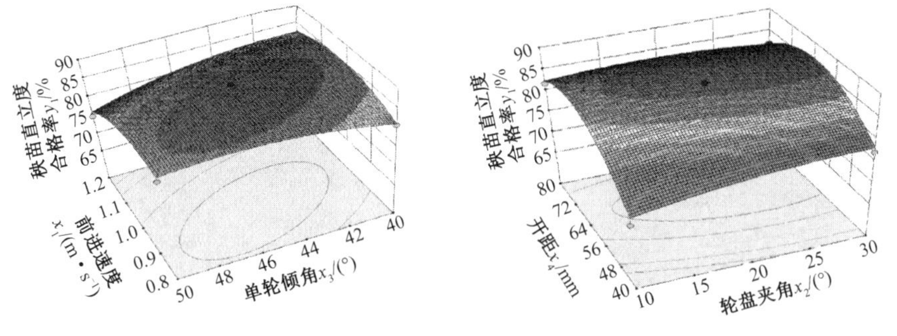

(a) 前进速度和单轮倾角对秧苗直立度合格率的影响

(b) 轮盘夹角和开距对秧苗直立度合格率的影响

图 6-14　双因素对秧苗直立度合格率的影响

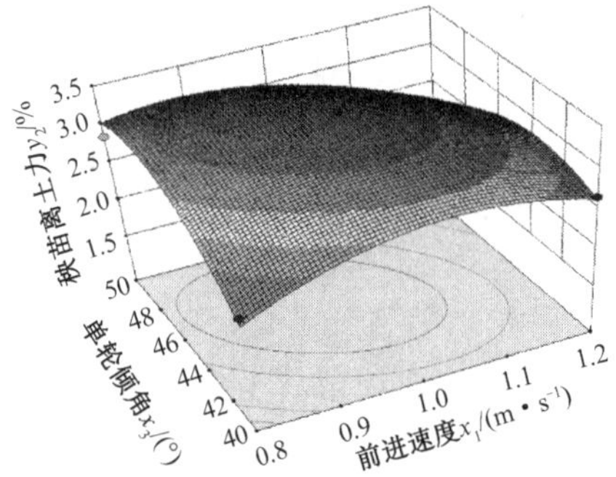

图 6-15　前进速度和单轮倾角对秧苗离土力的影响

利用 Design-Expert 软件自带的约束条件优化求解模块,可求得满足约束条件的最大秧苗直立度合格率和最大秧苗离土力的最优参数组合:前进速度 0.95 m/s,轮盘夹角 19°,单轮倾角 45.8°,开距 64.1 mm。经过一轮样机改进后,试验于 2015 年 10 月 8 日在相同地点采用相同的测试方法进行,测得秧苗直立度合格率为 86.66%,秧苗离土力为 3.31 N,将该组试验参数代入回归方程模型后解得理论秧苗直立度合格率为 87.26%,理论秧苗离土力为 3.43 N,与试验值对比绝对误差分别为 0.69%和 3.63%,表明求解的秧苗直立度合格率和秧苗离土力回归模型的精度能满足镇压机构参数优化的需要。

第 7 章　油菜毯状苗移栽机及其应用

本章对 2ZY-6 型油菜毯状苗移栽机的整机结构、工作原理进行了介绍，对油菜毯状苗移栽机的整机性能进行了检测，通过试验分别研究了油菜毯状苗移栽机在不同土壤条件（稻茬和旱茬）、不同土壤含水率以及不同机具作业效率下的性能。

7.1　油菜毯状苗移栽机结构性能

7.1.1　油菜毯状苗移栽机整机结构

油菜毯状苗移栽机主要由动力底盘、波纹圆盘切缝开沟装置、成型滚轮、旱地仿形装置、栽植装置和覆土镇压机构等部件组成，型号为 2ZY-6，具体结构如图 7-1 所示。

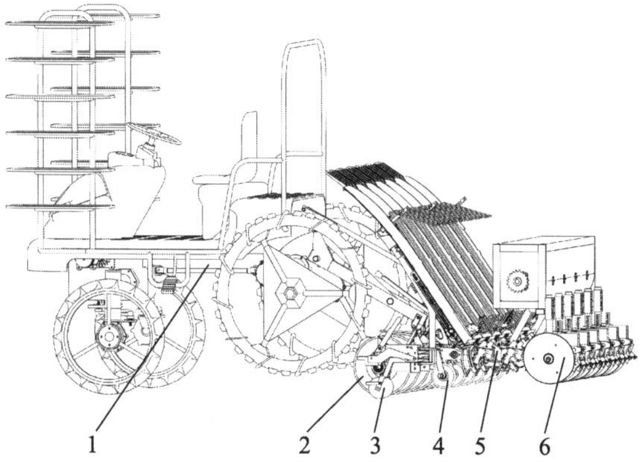

1—动力底盘；2—波纹圆盘切缝开沟装置；3—成型滚轮；4—旱地仿形装置；
5—栽植装置；6—覆土镇压机构

图 7-1　2ZY-6 型油菜毯状苗移栽机结构图

目前研制出了 2 款全自动油菜毯状苗高速移栽机，分别是 4 行宽窄行油菜毯状苗移栽机 2ZTY-4 型（基本型）和 6 行等行距油菜毯状苗移栽机 2ZYG-6 型（增强型）。增强型在基本型的基础上增设了栽植深度自动控制装置，增加了栽植行数，栽植密度由基本型的 7 400～14 800 穴/亩增加到 11 100～22 200 穴/亩。2 种型号的移栽机作业效率均为 4～6 亩/小时，比人工移栽提高工效 40～60 倍，且能够适应不同土壤条件，详细的性能参数见表 7-1。

表 7-1　油菜毯状苗移栽机的性能参数

参数	具体数值	
	2ZTY-4 型(基本型)	2ZYG-6 型(增强型)
型号		
移栽行数/行	3	6
移栽行距/mm	600-300-600	300
移栽株距/mm	100、120、140、170、220	
横向送秧量(mm)/次数(次)	12/26、14/20、23.33/12	
纵向送秧量/mm	8～17	
移栽效率(理论计算值)/(亩·小时$^{-1}$)	4～6	
移栽合格率/%	90	
立苗率/%	80	

7.1.2　油菜毯状苗移栽机工作原理

油菜毯状苗移栽机与插秧机采用相同的动力底盘，但针对油菜毯状苗移栽农艺要求，对插秧机底盘取秧进给系统进行改进，调整切块机构工作间隙、横向移箱机构参数及秧针宽度等。同时，针对油菜苗特性设计梳刷型挡秧杆，减少秧针取苗时对叶片的损伤。油菜毯状苗移栽机各工作部件的安装方式和安装位置示意图如图 7-2 所示。波纹圆盘切缝开沟装置、成型滚轮、旱地仿形装置及覆土镇压机构均通过栽植系统的栽植横梁固定连接，栽植横梁长度为 1 900 mm。为错开布置空间和防止各部件的干扰，切缝开沟器和成型滚轮置于栽植臂正前方，通过长螺栓夹板固定连接，固定座横向距离为 1 400 mm；覆土镇压轮安装在覆土镇压支架上，采用 U 型螺栓固定连接，固定座横向距离为 900 mm，每行 2 个镇压轮，呈 V 形布置，下部轮面向内侧推土压实，镇压轮上部安装弹簧。为针对不同土壤状况自动调整镇压力,覆土镇压支架前方装有镇压力调节臂,可调节覆土镇压轮在竖直方向上的位置,从而调节镇压力大小;旱地仿形装置采用固定螺栓与栽植横梁固定,相对距离为 1 700 mm。

移栽机的作业顺序是切缝开沟—切块取苗—运移栽插—覆土镇压。机具工作时,由底盘发动机提供原动力,经过液压系统驱动波纹圆盘刀盘主轴转动,在牵引力和移栽机自重的作用下,刀盘进行松土、开沟。同时,栽植系统中供苗装置通过横、纵向进给连续往取苗位置处送苗,栽植机构通过切块将苗块从秧箱中取出,并携带苗块运移到下方的推苗位置处,将苗块栽插入苗沟内,依靠土壤和苗沟壁使秧苗保持直立,通过向内侧倾斜的双轮覆土镇压部件将苗沟两边的土壤挤向秧苗周围,再压实固苗,解决了黏重土壤流动性差、立苗不可靠的问题。

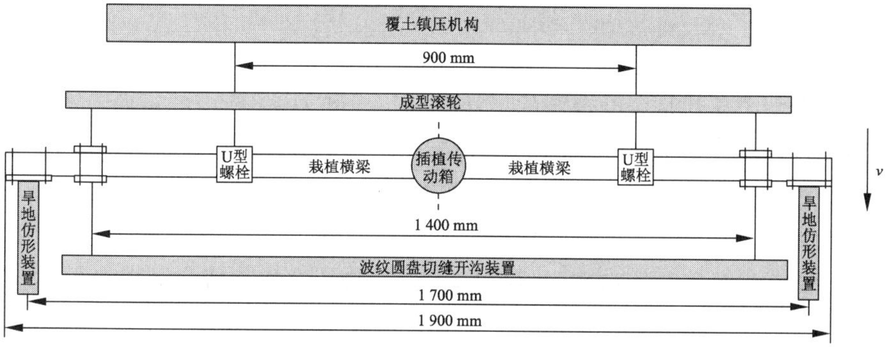

图 7-2 油菜毯状苗移栽机各工作部件的安装方式和安装位置示意图

7.1.3 田间试验

(1) 试验地点和材料

2018 年 10 月分别在安徽无为和江苏南京对前茬水稻和玉米进行了移栽机作业性能试验。试验仪器包括土壤含水率测试仪、土壤坚实度测试仪、卷尺、钢尺、角度尺和秒表等。图 7-3 是移栽机在稻茬和旱茬环境下的试验图片。

(a) 稻茬田　　(b) 旱茬田

图 7-3　田间试验照片

(2) 试验方法

油菜毯状苗移栽是一种全新的旱地移栽技术和方法,相应的试验标准尚未公布,目前可参照 JB/T 10291—2013《旱地栽植机械》、NY/T 1924—2010《油菜移栽机质量评价技术规范》和企业标准 Q/320292ABGF16—2018 规定的方法进行。试验分别在稻茬田和旱茬田两种土壤条件下分期进行,分析了不同土壤条件下的含水率和机具作业速度对露苗率、漏栽率、埋苗率、伤苗率和栽植合格率的影响,相应的指标检测方法如下:

① 露苗率:秧苗栽植穴内,秧苗基质块完全裸露在土壤外,视为露苗。在一个栽植行测定区间内通过移栽总穴数 N 中的露苗穴数N_{LM}占比来确定,露苗率以百分率计,按式(7-1)计算。

$$C=\frac{N_{LM}}{N}\times 100\% \tag{7-1}$$

其中,测定段内设计穴数 N 通过一个栽植行测定段长度 L 中理论穴距X_r的数量确定。

$$N=\text{int}\left(\frac{l}{X_r}\right)+1 \tag{7-2}$$

式中:C——露苗率,%;

X_r——理论穴距,cm;

l——一个栽植行测定段的长度,cm;

N_{LM}——露苗穴数,穴;

N——测定段内设计穴数,穴。

② 漏栽率:在试验中,根据相邻两穴的穴距(X_i)和理论穴距(X_r)之间的关系

确定漏栽穴数。当相邻两穴的穴距X_i在 $0.5X_r<X_i\leqslant 1.5X_r$范围内时，为合格穴距；当相邻两穴的穴距$X_i$在 $1.5X_r<X_i\leqslant 2.5X_r$范围内时，漏栽 1 穴；当相邻两穴的穴距$X_i$在 $2.5X_r<X_i\leqslant 3.5X_r$范围内时，漏栽 2 穴；当相邻两穴的穴距$X_i$在 $3.5X_r<X_i\leqslant 4.5X_r$范围内时，漏栽 3 穴。以此类推。

漏栽率定义为

$$L=\frac{N_{LZ}}{N}\times 100\%-K \tag{7-3}$$

式中：L——漏栽率，%；

N_{LZ}——漏栽穴数，穴；

N——测定段内设计穴数，穴；

K——秧苗空穴率，%。

③ 埋苗率：在一个栽植行测定区间内的埋苗穴数的占比即为埋苗率，以百分率计。埋苗率的计算公式为

$$M=\frac{N_{MM}}{N}\times 100\% \tag{7-4}$$

式中：M——埋苗率，%；

N_{MM}——埋苗穴数，穴；

N——测定段内设计穴数，穴。

④ 伤苗率：在一个栽植行测定区间内的伤苗穴数的占比即为伤苗率，以百分率计。伤苗率的计算公式为

$$S=\frac{N_{SM}}{N}\times 100\% \tag{7-5}$$

式中：S——伤苗率，%；

N_{SM}——伤苗穴数，穴；

N——测定段内设计穴数，穴。

⑤ 栽植合格率：在一个栽植行测定区间内，秧苗栽植的一个穴内有一株以上符合要求即为栽植合格。总穴数中栽植合格穴数的占比即为栽植合格率，以百分率计。栽植合格率的计算公式为

$$H=\frac{N_{HG}}{N}\times 100\% \tag{7-6}$$

其中：$N_{HG}=N-(N_{LM}+N_{LZ}+N_{MM}+N_{SM})$。

（3）试验结果与分析

试验前，测定未耕地土壤含水率和 50 mm 深度土壤坚实度，测定数据结果见表 7-2。

表 7-2　试验土壤状态测定

稻茬田			旱茬田		
时间	含水率/%	坚实度/N	时间	含水率/%	坚实度/N
10. 7	34. 2	172	10. 15	26. 8	146
10. 10	30. 4	189	10. 18	23. 7	154
10. 12	26. 5	202	10. 21	19. 3	161
10. 14	24. 7	223	10. 24	17. 6	164

在不同土壤含水率条件下，分别以机具作业速度0. 8 m/s、1. 0 m/s、1. 2 m/s测定露苗率、漏栽率、埋苗率、伤苗率等栽植质量数据，最后计算栽植合格率，试验结果见表7-3和表7-4。

表 7-3　稻茬田土壤条件下移栽作业质量

试验序号	土壤含水率/%	作业速度/（$m \cdot s^{-1}$）	试验结果				
			露苗率/%	漏栽率/%	埋苗率/%	伤苗率/%	栽植合格率/%
1	34. 2	0. 8	5. 17	4. 62	5. 72	3. 96	80. 53
2		1. 0	5. 83	3. 96	6. 49	3. 41	80. 31
3		1. 2	7. 48	5. 28	7. 04	3. 74	76. 46
4	30. 4	0. 8	3. 63	4. 07	5. 06	4. 40	82. 84
5		1. 0	4. 29	3. 85	4. 07	3. 74	84. 05
6		1. 2	4. 18	4. 84	5. 83	3. 96	81. 19
7	26. 5	0. 8	2. 97	3. 19	7. 37	3. 19	83. 28
8		1. 0	2. 64	3. 74	6. 05	3. 85	83. 72
9		1. 2	3. 63	5. 28	5. 61	3. 52	81. 96
10	24. 7	0. 8	2. 09	2. 86	5. 83	4. 73	84. 49
11		1. 0	2. 64	2. 09	4. 84	4. 07	86. 36
12		1. 2	2. 31	2. 64	5. 39	3. 52	86. 14

表 7-4　旱茬田土壤条件下移栽作业质量

试验序号	土壤含水率/%	作业速度/($m\cdot s^{-1}$)	试验结果				
			露苗率/%	漏栽率/%	埋苗率/%	伤苗率/%	栽植合格率/%
1	26. 8	0. 8	4. 15	3. 64	3. 89	3. 52	87. 19
2		1. 0	3. 40	3. 89	5. 03	4. 27	87. 44
3		1. 2	6. 44	5. 29	7. 30	3. 52	85. 28
4	23. 7	0. 8	2. 48	3. 86	4. 13	2. 38	87. 15
5		1. 0	1. 65	2. 57	4. 50	2. 66	88. 62
6		1. 2	1. 92	2. 11	5. 60	2. 11	88. 26
7	19. 3	0. 8	2. 94	3. 49	4. 32	2. 75	86. 51
8		1. 0	3. 03	2. 66	2. 84	2. 57	88. 90
9		1. 2	2. 48	2. 84	3. 67	3. 12	87. 89
10	17. 6	0. 8	4. 70	3. 86	5. 33	2. 57	83. 55
11		1. 0	4. 32	2. 75	4. 87	2. 29	85. 77
12		1. 2	3. 76	3. 30	4. 22	2. 75	85. 96

对试验数据进行固定因子的单因素均值分析,分析结果如图 7-4a 至图 7-4d 所示。从图中可以看出,在稻茬田环境下,在土壤含水率为 24. 7%～34. 2%下作业时,随着机具作业速度的提高,露苗率呈上升趋势,伤苗率呈下降趋势。作业速度在1. 0 m/s 时,平均漏栽率和埋苗率最低,分别为 3. 41%和 5. 36%,此时平均栽植合格率最高,达到 83. 61%。以 82%的栽植合格率作为考查稻茬田油菜移栽的农艺标准,图 7-4e 的分析结果显示,机具作业速度应限制在 1. 15 m/s 以内。

从图 7-5a 至图 7-5d 的分析结果可以看出,在旱茬田环境下,在土壤含水率为 17. 6%～26. 8%下作业时,机具作业速度对露苗率和伤苗率的影响较小,对埋苗率的影响呈正相关。机具作业速度在 1. 0 m/s 时,平均漏栽率最低,为 2. 97%,此时平均栽植合格率 87. 68%为最优水平。以 86%的栽植合格率作为考查旱茬田油菜移栽的农艺标准,图 7-5e 的分析结果显示,机具作业速度在 0. 8～1. 2 m/s 内均能满足要求。

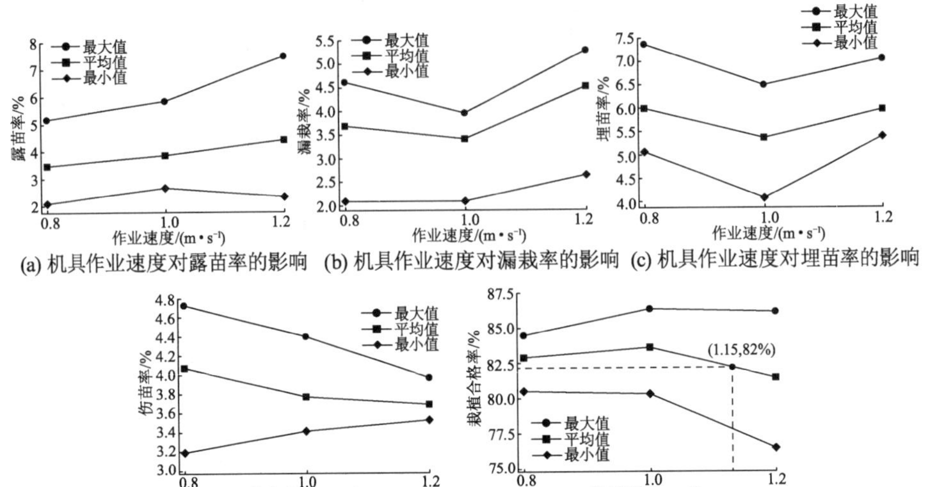

(a) 机具作业速度对露苗率的影响 (b) 机具作业速度对漏栽率的影响 (c) 机具作业速度对埋苗率的影响

(d) 机具作业速度对伤苗率的影响 (e) 机具作业速度对栽植合格率的影响

图 7-4 稻茬田环境下机具作业速度对栽植质量的影响

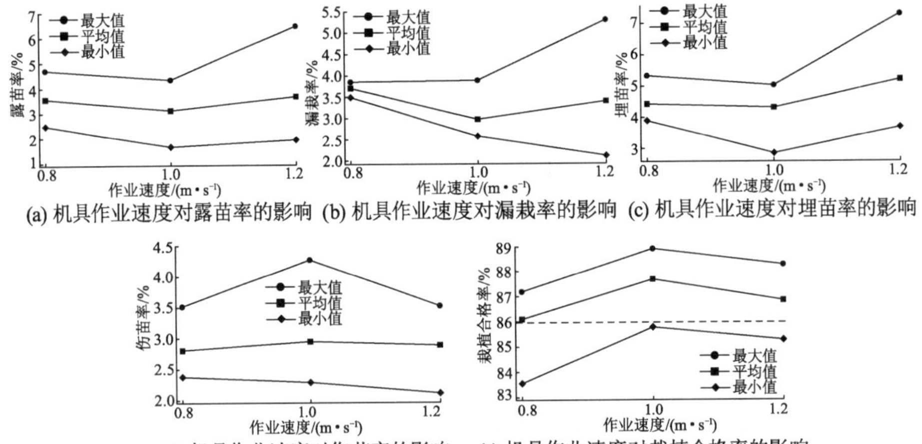

(a) 机具作业速度对露苗率的影响 (b) 机具作业速度对漏栽率的影响 (c) 机具作业速度对埋苗率的影响

(d) 机具作业速度对伤苗率的影响 (e) 机具作业速度对栽植合格率的影响

图 7-5 旱茬田环境下机具作业速度对栽植质量的影响

在稻茬田和旱茬田两种土壤环境下，土壤含水率对栽植合格率的影响结果分别如图 7-6 和图 7-7 所示。从图中可以看出，在稻茬田环境下，随着含水率的降低，栽植质量整体呈上升趋势，在 24.7%含水率时，平均栽植合格率达到 85.66%。当土壤含水率低于 30%时，均能满足稻茬田油菜移栽农艺标准。在旱茬田环境下，油菜移栽的栽植合格率随着土壤含水率的降低呈先升后降的趋势，在 23.7%含水率时，平均栽植合格率最高，达到 87.01%，随着含水率降低至 17%，栽植合格率降至 84%以下。

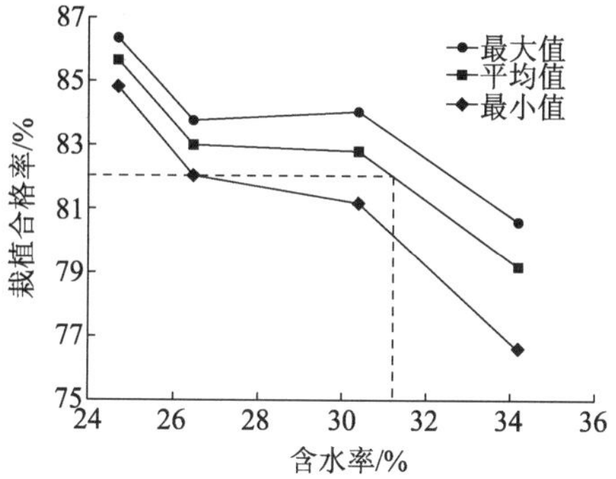

图 7-6　稻茬田环境下含水率变化对栽植合格率的影响

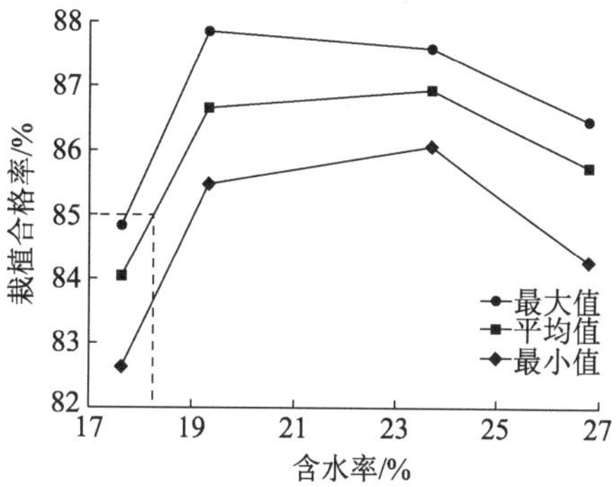

图 7-7　旱茬田环境下含水率变化对栽植合格率的影响

7.2　油菜毯状苗移栽机应用

7.2.1　机械移栽的油菜毯状苗的育苗技术要点

采取提高密度、化控、控肥等措施，形成矮壮、高密度、能提、卷而不散的毯状苗，满足移栽机快速高效栽插对秧苗的要求。

秧盘和基质准备：育苗盘采用水稻育苗的硬盘，基质选用油菜专用基质。基质湿度控制在相对含水量的 65%~75%，以手抓成团，齐胸落地即散为宜。装盘前在育苗硬盘底部铺 1 张宽度和秧盘差不多、长度略长于秧盘长度的塑料薄膜，一头抵着秧盘底端，另一头长出 3~4 cm。将准备好的基质装入硬盘，压平，土面略低于硬盘盘口。

种子处理：播种前用烯效唑、硫酸镁、氯化铁、硼酸、硫酸锌、硫酸锰混合液拌种，一般 100 mL 可以拌 2.5~3.0 kg 种子，注意拌种均匀。待种子晾干后备用。

精量播种：用油菜精量播种器在装好基质的秧盘上播种，1 张秧盘上约播 400 穴，每穴播 2~3 粒种子。

适墒盖土：播种后用过筛的细土或基质进行盖种，厚度为 2~3 mm。如果盖得太厚，种子在顶土过程中下胚轴拉长，容易形成高脚苗。

叠盘保湿：将播种后的秧盘 40 盘一叠整齐堆放在室内，让其暗化出苗，最上面摆 2 个空盘，下面那个空盘放 1 张塑料纸，防止水分散失太快。

补水摆盘：待种子发芽，芽头露出 1~2 mm 便可摆盘。将秧盘一张张整齐摆放在阳光充足、灌排水方便的苗床上。苗床要先将表土整碎整平，并按要求开沟。如果感觉基质偏干，可以适当补点水。

覆盖出苗：摆好盘之后要用无纺布覆盖，既保湿，又能防止烈日晒伤嫩芽。

揭盖控水：约 2 d 后 2 片子叶长出来便可以揭开无纺布。出苗阶段要保持表土层湿润。浇水时可用洒水壶轻轻洒水，不能冲垮表土层。如遇大雨要适当遮盖。出苗后适当控水，以不发生萎蔫为宜。

苗期追肥：出苗期追施尿素 0.5 g/盘，一叶一心期施尿素 1 g/盘，之后施肥依苗而定。施用时可将尿素溶于水中进行喷施。在苗期常会发生菜青虫、蚜虫等危害，要及时进行防治。

适龄移栽：秧苗以四叶期移栽为宜，在正常播种的条件下，一般秧龄控制在 25~30 d，秧苗太小，移栽后不易成活，死苗多；秧苗过大易形成超龄苗，移栽后发棵缓慢。如苗体偏大，可用烯效唑 100 mL 喷 50~100 盘进行化控。

7.2.2 油菜毯状苗机械化移栽的技术要点

油菜毯状苗机械化移栽技术采用化控技术培育高密度油菜毯状苗，利用配套的油菜毯状苗移栽机进行大田移栽作业，通过增加移栽密度、提高基肥比例、早施苗肥、冬前化控等措施促进机栽油菜早发，并形成壮苗越冬。具体的技术要求如下：

移栽时间和移栽密度：适宜移栽时间为 9 月 20 日—10 月 30 日。移栽密度为每亩 7 000~8 000 穴，每穴 2 株。作业时采用宽窄行移栽，宽行 60 cm，窄行 30 cm，边行 50~70 cm，株距 16~18 cm。其他的行株距和种植密度有待进一步试验验证。

栽前准备：油菜毯状苗移栽时叶龄 5~8 叶，绿叶数仅 3 叶左右，针对移栽时绿叶数少的问题，创制了活棵促进剂，在油菜移栽前喷施，补充赤霉素和 N、P、K、B 等营养元素，促进新根发生，缩短缓苗期；机具的调试和作业参照乘坐式水稻插秧机。移栽后，土壤墒情差时应及时灌水，等土壤吸足水后排除多余积水。

肥料运筹：采用前足、中控、后重的施肥模式，前足促早发，中控防无效生长，后重促进高效分枝生长和角果形成。总体要求是施足基肥，早施苗肥，推迟施用薹肥。总施氮量控制在每亩 16~18 kg，基肥占总施氮量的 50%左右，另外施磷肥和钾肥各 4~5 kg，硼砂 0.75~1 kg。苗肥在油菜移栽后（或移栽时）施用，占总施氮量的 20%。薹肥用量占总施氮量的 30%，在油菜落黄后施用（即在薹高 20~30 cm 前后，如前期生长旺，可到初花期施用）。

田间管理：冬季田间管理要做好清沟理墒、沟系配套工作。12 月上旬每亩喷施 15%的多效唑 60~80 g，以促进油菜形成壮苗，提高菜苗的抗寒能力。

病虫草害综合防治：病害以防菌核病为主，初花期和盛花期分 2 次进行防治。虫害以防蚜虫、菜青虫为主。杂草防除：一是土壤封闭，移栽前用乙草胺或金都乐进行土壤封闭处理；二是化除，单子叶杂草用精稳杀特或盖草能在杂草 3 叶期之前处理，双子叶杂草用高特克等防除。杂草化除在冬前完成，冬季人工清除田间杂草。

7.3 油菜毯状苗移栽效果比较

油菜毯状苗机械化移栽技术的应用研究先后在江都、宝应、海门等地开展，主要是对不同耕整地方式、不同种植方式的产量进行了对比试验，并开展了土壤特性检测试验等工作。

7.3.1 不同移栽作业条件下的产量和移栽效果比较

移栽油菜是为了解决长江流域地区中茬口播种油菜过迟或阴雨天过长导致油菜无法及时播种以及生长期不足等问题。前茬作物主要以水稻为主，茬口类型主要有大豆茬、籼稻茬和粳稻茬等。为了对比在不同茬口类型的田间移栽油菜后的产量，于2016年在高淳和浦口两个试验田进行了籼稻茬、粳稻茬和旱茬3种茬口类型的油菜毯状苗移栽产量对比试验，试验结果如表7-5所示。从试验数据中可以看出，油菜毯状苗移栽机在不同的前茬作物田间均能获得不错的产量，最高田块产量达2 845.5 kg/hm^2，平均产量2 651.5 kg/hm^2。从移栽时机具的作业性能可以看出，油菜毯状苗移栽机在稻茬田和旱茬田上均有不错的移栽作业效果，栽后油菜立苗性好。

表7-5 不同移栽作业方式的油菜毯状苗移栽产量

茬口类型	试验地点	面积/hm^2	油菜品种	移栽日期	移栽密度/（万穴·hm^{-2}）	株数/（株·hm^{-2}）	折合实际量/（kg·hm^{-2}）
籼稻茬	高淳	5.00	宁杂1818	10.24	10.5	144 555	2 448.0
粳稻茬	高淳	3.55	宁杂1818	11.3	10.5	188 130	2 661.0
旱茬	浦口	7.07	宁杂1818	10.13	10.5	210 915	2 845.5

2015—2018年期间，在江苏、安徽、四川、湖南、湖北、天津等多个试验示范点进行了不同茬口类型的油菜毯状苗机械移栽经济效益对比试验（图7-8至图7-11）。分别在耕整地后的稻茬田、耕整地后的旱作茬田和青菜、芹菜等旱作田3种条件下移栽，试验结果见表4-4。从表中可以看出，油菜毯状苗移栽在不同田间条件下均取得显著的节本增产效果。

图 7-8　稻茬田耕后移栽

图 7-9　稻茬田黏重土壤移栽

图 7-10　稻茬田全秸秆还田移栽

图 7-11　全量秸秆粉碎还田免耕移栽

7.3.2　毯状苗机插、机械直播、人工移栽方式的产量和经济效益对比

为在品种相同、地力水平接近的前提下，比较不同种植方式下油菜籽产量构成因素的差异，2016 年在南京高淳试验田进行了毯状苗机插、人工移栽、机械直播 3 种油菜种植方式的产量和经济效益对比试验。在产量对比试验中，从株数、每株角果数、每角粒数和千粒重 4 个方面比较 3 种种植方式下的油菜籽产量。从表 7-6 的试验结果中可以看出，产量潜力最大的是毯状苗机插技术，分别比人工移栽、机械直播增产 2.87%、14.21%。与人工移栽技术相比，毯状苗机插技术最大的增产因素是移栽密度大幅提高，株数大约是前者的 2 倍，1 hm^2 角果数增加 4.42%；与机械直播技术相比，毯状苗机插技术在每株角果数上优势略大，增加 26.11%，1 hm^2 角果数增加 11.84%。如果移栽期间气候理想，后期管理进一步到位，毯状苗机插的株数能达到 22.5 万株/hm^2以上，增产的幅度会更大。

表 7-6　3 种油菜种植方式的产量比较

种植方式	株数/(株·hm^{-2})	每株角果数/个	每角粒数/粒	千粒重/g	理论产量/(kg·hm^{-2})
人工移栽	100 725	448.7	19.6	3.3	2 921.93
机械直播	207 870	203.0	18.9	3.3	2 631.86
毯状苗机插	184 350	256.0	19.3	3.3	3 005.76

3 种油菜种植方式的种植成本和经济效益对比试验的结果如表 7-7 所示。从表中可以看出,3 种种植方式下,就种植成本而言,人工移栽是最高的,其次是毯状苗机插,机械直播成本最低。种植成本中的人工费比重,人工移栽最高,占 64. 3%;毯状苗机插介于二者之间,占 28. 3%;机械直播最低,占 21. 7%。种植成本中的机械作业费,由于毯状苗机插可以实现全程机械化,包含机械整地、开沟、移栽以及收获,所以其机械作业费用相对机械直播在整地环节略有提高,而人工移栽技术的机械作业水平相对较低,费用也较少。因此,机械化作业在节省用工方面非常显著。就产量水平而言,毯状苗机插最高,其次是人工移栽,机械直播产量较低,如果以单价 3. 5 元/kg 计算,毯状苗机插的产值最高。扣除成本后,毯状苗机插净收入为 2 570. 160 元/hm^2。

表 7-7　3 种油菜种植方式的种植成本和经济效益比较

种植方式	产量/($kg \cdot hm^{-2}$)	产值/(元 $\cdot hm^{-2}$)	成本/(元 $\cdot hm^{-2}$)				净收入/(元 $\cdot hm^{-2}$)
			物质费	人工费	机械作业费	合计	
人工移栽	2 921. 93	10 226. 755	1 950	5 400	1 050	8 400	1 826. 755
机械直播	2 631. 86	9 211. 511	2 400	1 500	3 000	6 900	2 311. 510
毯状苗机插	3 005. 76	10 520. 160	2 250	2 250	3 450	7 950	2 570. 160

2015 年以来,在江苏、安徽、四川等省开展了多点对比试验,进行了油菜毯状苗机械移栽与同期直播产量对比,试验数据见表 7-8。试验结果表明,采用油菜毯状苗移栽技术与同期直播油菜相比增产幅度为 19. 39% ~ 65. 22%,平均在 30%以上。

表 7-8　油菜毯状苗机械移栽与同期直播产量对比

地点	品种	前茬	移栽时间	测产时间	测产产量/kg	同期直播产量/kg	增产比例/%
宝应	宁杂 1818	玉米	2014. 10. 14	2015. 5. 23	270. 20	180	50. 11
江都小纪	宁杂 1818	水稻	2014. 10. 18	2015. 5. 23	298. 12	180	65. 22
芜湖无为	浙油 50	水稻	2015. 10. 28	2016. 5. 24	192. 00	135	42. 22
含山铜闸	浙油 50	水稻	2016. 11. 2	2017. 5. 26	157. 60	132	19. 39
含山陶厂	沣油 737	水稻	2016. 11. 1	2017. 5. 26	197. 80	132	49. 84
平均					223. 14	151. 8	45. 36

移栽油菜不同时期的长势如图 7-12 至图 7-15 所示。

图 7-12　移栽油菜活棵后长势

图 7-13　移栽油菜冬前长势

图 7-14　移栽油菜抽薹期长势

图 7-15　移栽油菜角果成熟期长势

7.4　毯状苗机械移栽技术应用前景

我国食用植物油自给率不足 35%,进口依赖度高,发展油料生产提高自给率具有重要的战略意义。油菜是我国主要的油料作物,提供了 55%以上的国产食用植物油。油菜毯状苗机械移栽技术的出现,一是突破了稻茬田旱地移栽所受黏重土壤条件的限制,二是解决了传统旱地移栽作业效率低的问题。本节重点概述了毯状苗机械移栽技术的应用前景,分析了该项技术在冬闲田利用和多种作物适用性两方面的优势以及今后的发展方向。

7.4.1　冬闲田利用

冬闲田主要是指秋收后至次年春播前未实行种养而抛荒的耕地。由于南方各地气候差异大,再加上耕作制度多样,耕地冬季闲置的时间长短不一。长的可达 8 个月,如江西、湖北等省的一季稻区从 9 月底一直到翌年 5 月底;较短的也有 3 个月,如江西、湖北等省的双季稻区从 11 月底到翌年的 2 月底。近 20 年以来,伴随着我国经济结构的调整以及农村劳动力的转移,越来越多的农户放弃了秋播耕种,导致土地在秋收之后直至第二年播种前这段时间被大量闲置。多地调研结果表明,长江中下游地区冬闲田比例高达 45%~49%,逐年增加的冬闲田已成为影响粮食安全和农业生态环境的潜在威胁。我国作为人口大国,粮食安全始终是维护社会稳定的头等大事,也是社会经济增长的基石。故此,加强冬闲田的有效开发利用,尤其是在南方冬春季水热资源较为丰富的地区,对于保障我国粮食安全具有重大意义。

油菜作为我国主要的越冬作物,不与粮食争地的优势非常明显。通过大力发展油菜产业,可以充分利用现有的冬闲田,提高土地利用率。此外,油菜也是良好的用地养地作物,尤其是目前广泛推广的稻油轮作模式,可提高水稻单产 6.3%左右,促进了农田生态系统的良性循环。目前,我国有大量的冬闲田尚待开发利用,调查数据显示(表 7-9),我国南方的冬闲田面积达到 1 亿多亩,仅湖北、湖南、四川、江苏、江西、安徽六省的冬闲田面积就多达 542 万 hm^2,其中可用于种植油菜的冬闲田约有 300 万 hm^2,整个长江流域可用于种植油菜的冬闲田多达 400 万 hm^2,足见扩大油菜种植面积有较大发展空间。

表 7-9　我国南方主要地区冬闲田基本情况

地区	冬闲田总面积/万亩	目前不宜开发利用的面积/万亩	目前可以开发利用的面积/万亩	适合冬种的作物种类	种植油菜的面积潜力/万亩
江苏	90	55	35	油菜、大麦、盐蒿、蔬菜	25
安徽	659	189	470	小麦、油菜、蔬菜等	135
浙江	400	100	300	油菜、马铃薯、小麦、大麦、蚕豆、豌豆、绿肥、蔬菜	50
湖北	500	250	250	油菜、小麦、马铃薯	200
湖南	1 828	178	1 650	蔬菜、绿肥、青饲料、马铃薯	180
江西	1 000	400	600	油菜、绿肥、马铃薯、蔬菜、小麦	400
广西	1 136	421	715	蔬菜、马铃薯、绿肥、油菜、玉米、食用菌	310
广东	3 046	2 095	951	马铃薯、番薯、甜玉米、蔬菜、绿肥等	10
重庆	1 530	1 000	530	油菜、蚕豆、豌豆、秋马铃薯、小麦、蔬菜、绿肥	100
四川	1 100	800	300	马铃薯、油菜、蔬菜等	100
云南	813	0	813	大(小)麦、油菜、马铃薯、蚕豆、蔬菜和绿肥	300
福建	606	336	270	马铃薯、油菜、烟草、蔬菜、紫云英、食用菌等	105
贵州	420	160	260	油菜、马铃薯	180
合计	13 128	5 984	7 144		2 095

我国长江流域冬闲田成因主要包括4个方面。一是基础设施差，主要表现为水利设施陈旧或缺失，基本处于“旱难灌、涝难排”的境地；道路年久失修，农机无法进地作业，导致人工成本高、比较效益低。二是土地条件差。有些冬闲田分布在低洼冷浸田、丘陵岗地和沿海滩涂，种植一般作物成苗难、产量低。三是茬口衔接矛盾。在稻—稻—油三熟制地区，油菜直播不易获得理想产量和效益，而育苗移栽费工又费时，农民宁愿选择冬季空闲；水稻籼改粳后，稻田腾茬时间推迟到11月中下旬，致使油菜比适宜播栽期推迟20 d以上，导致冬季作物产量低而不稳，农户积极性不高。四是扶持政策乏力。近几年，国家对农业补贴的力度在不断加大，但对南方冬种作物生产的扶持政策却较少，如冬种油菜每亩只有10元良种补贴，而小麦除了良种补贴外，还有粮食直补和农资综合补贴；在机播机收补贴方面，油菜也大大低于小麦，降低了农民种植油菜的积极性。

机械化程度低、茬口紧张是造成南方冬油菜比较效益低的主要原因。据统计，2012年我国油菜机播比例只有15%，大量的人工成本挤占了油菜的种植效益，导致农民改种其他作物或撂荒。油菜的种植方式主要是直播和育苗移栽，机械直播是最省工节本的办法，但随着茬口的推迟，直播油菜的产量水平迅速下降。长江中游的双季稻区和长江下游的一季晚稻区水稻收获基本都在10月25日以后，油菜直播要到10月底至11月初才具备条件，获得高产非常困难。育苗移栽是解决稻茬田冬油菜茬口不足问题的有效办法。但人工育苗移栽用工量多，劳动强度大，生产成本高，在农村劳动力日趋紧张的情况下，已很难适应生产要求。常用的旱地移栽机械，如钳夹式移栽机、带式栽植机、吊篮式移栽机、导苗管式移栽机及挠性圆盘移栽机等，不适应稻茬田油菜移栽要求，存在两大问题：一是对黏重土壤、秸秆还田的田间条件不适应；二是移栽机作业效率低，替代人工效果不明显。在此现状下，油菜毯状苗移栽技术的出现破解了稻茬田油菜移栽的适应性差、作业效率低两大技术难题，不仅大幅度提高了移栽作业效率，降低了作业成本，而且与同期直播油菜（茬口紧张，生长期不足（稻—油，稻—稻—油）地区）相比，产量大幅度提高，接近人工大苗移栽产量。油菜毯状苗移栽颠覆了现有的开沟或挖穴的旱地移栽原理，走农机与农艺结合的技术路线，变培育大苗为小苗，可以提高机器携带菜苗的方便性；变裸苗为规格化的毯状苗，能够增强苗与机器的协调性；变落苗回土移栽为切块取苗对缝插栽，突破了传统旱地移栽机效率难提升的瓶颈，栽植频率可达到300次/（分·行），是世界上最先进的全自动旱地移栽机栽植频率的1.8倍以上，是人工移栽的32~48倍，是链夹式移栽机的9~13倍。该技术为我国扩增油菜种植面积特别是冬闲田利用，提供了新的有效技术途径，在长江流域油菜产区具有比较广泛的推广应用价值。如果按照越冬油菜总面积的50%来计算，大约有4 500万亩适宜于推广油菜毯状苗高效移栽技术。该技术的推广应用，有望将油菜籽总产量由目前的 1 300 万 t 增加到 3 000 万 t，带动农民增收 240 亿元以上。

7.4.2　适用于多种作物移栽

油菜毯状苗移栽机采用的取-送-栽一体化栽插系统，不受限于移栽田间环境的差异，且移栽机的株距、取苗量、栽植速度等移栽作业参数方便调节，可根据不同作物的移栽作业要求进行改变，具有很强的通用性，不仅能够移栽油菜，还适用于青菜、芹菜、芥菜、羊草等多种作物移栽。对于其他作物，在土壤条件好时，可以获得更好的移栽效果。毯状苗机械移栽为油菜及多种蔬菜旱地移栽开辟了新的技术途径。今后，毯状苗移栽技术将会适用于更多作物，成为一种通用性的旱地移栽技术。

参考文献

[1] Hu Q, Hua W, Yin Y, et al. Rapeseed research and production in China[J]. The Crop Journal, 2017, 5(2): 127–135.

[2] Fu D H, Jiang L Y, Mason A S, et al. Research progress and strategies for multifunctional rapeseed: A case study of China[J]. Journal of Integrative Agriculture, 2016, 15(8): 1673–1684.

[3] 谷晓博,李援农,黄鹏,等.种植方式和施氮量对冬油菜产量与水氮利用效率的影响[J].农业工程学报,2018,34(10):113–123.

[4] Li X Y, Zuo Q S, Chang H B, et al. Higher density planting benefits mechanical harvesting of rapeseed in the Yangtze River Basin of China[J]. Field Crops Research, 2018, 218: 97–105.

[5] 付宇超.油菜基质块苗力学特性研究与移送机构设计[D].北京:中国农业科学院,2017.

[6] 于修刚,袁文胜,吴崇友.我国油菜移栽机研发现状与链夹式移栽机的改进[J].农机化研究,2011,33(1):232–234,239.

[7] 吴崇友,王积军,廖庆喜,等.油菜生产现状与问题分析[J].中国农机化学报,2017,38(1):124–131.

[8] 张剑华,刘翠莲,王颖,等.油菜全程机械化生产技术示范与研究[J].湖北农业科学,2017,56(13):2419–2422,2523.

[9] 赵志国.稻板田油菜移栽机技术研究进展[J].安徽农业科学,2011,39(11):6364–6365.

[10] Karlen D L. Suggested strategies to attract reviewers for *Soil & Tillage Research* submissions[J]. Soil and Tillage Research, 2014, 144: 228–231.

[11] 吴崇友,吴俊,张敏,等.油菜毯状苗机械移栽技术研究[J].中国农机化学报,2016,37(12):6–10.

[12] 于修刚.链夹式稻板田油菜栽植系统的分析与优化[D].北京:中国农业科学院,2010.

[13] 崔巍,颜华,高希文,等.旱地移栽机械发展现状与趋势[J].农业工程,2015,5(2):15–18.

[14] Gutiérrez C, Serwatowski R, Gracia C, et al. Design, building and testing of a transplanting mechanism for strawberry plants of bare root on mulched soil[J]. Spanish Journal of Agricultural Research, 2009, 7(4): 791-799.
[15] Edathiparambil V T. Development of a mechanism for transplanting rice seedlings[J]. Mechanism and Machine Theory, 2002, 37(4): 395-410.
[16] Ryu K H, Kim G, Han J S. AE—automation and emerging technologies: Development of a robotic transplanter for bedding plants[J]. Journal of Agricultural Engineering Research, 2001,78(2):141-146.
[17] 胡先朋.油菜钵苗移栽机分苗装置设计与试验[D].武汉:华中农业大学,2016.
[18] 周海燕,杨炳南,颜华,等.旱作移栽机械产业发展现状及展望[J].农业工程,2015,5(1):12-13,16.
[19] Mazzetto F, Calcante A. Highly automated vine cutting transplanter based on DGNSS-RTK technology integrated with hydraulic devices[J]. Computers and Electronics in Agriculture, 2011, 79(1): 20-29.
[20] Nagasaka Y, Umeda N, Kanetai Y, et al. Autonomous guidance for rice transplanting using global positioning and gyroscopes[J]. Computers and Electronics in Agriculture, 2004, 43(3): 223-234.
[21] 何少明.四行油菜移栽机拨苗机构的设计与试验研究[D].长沙:湖南农业大学,2016.
[22] 汪鹏飞.旱地钵苗移栽机栽植机构的设计与分析[D].石河子:石河子大学,2017.
[23] 韩长杰,徐阳,张静,等.半自动压缩基质型西瓜钵苗移栽机的设计与试验[J].农业工程学报,2018,34(13):54-61.
[24] 夏广宝,韩长杰,郭辉,等.全自动移栽机械关键部件研究现状及发展趋势[J].农机化研究,2019,41(2):1-7,14.
[25] 何亚凯,颜华,崔巍,等.蔬菜自动移栽技术研究现状与分析[J].农业工程,2018,8(3):1-7.
[26] Satpathy S K, Garg I K. Effect of selected parameters on the performance of a semi-automatic vegetable transplanter[J]. AMA, Agricultural Mechanization in Asia, Africa and Latin America, 2008, 39(2): 47-51.
[27] Tsuga K. Development of fully automatic vegetable transplanter[J]. Japan Agricultural Research Quarterly, 2000, 34(1): 21-28.
[28] Dihingia P C, Kumar G V P, Sarma P K, et al. Hand-fed vegetable

transplanter for use with a walk-behind-type hand tractor[J]. International Journal of Vegetable Science, 2018, 24(3): 254-273.
[29] Parish R L. Current developments in seeders and transplanters for vegetable crops[J]. Hort Technology, 2005, 15(2): 346-351.
[30] 王洪波.番茄自动移栽机栽植机构的设计与试验[D].泰安:山东农业大学,2018.
[31] 纪海鹏.旋轮线行星轮系全自动油菜钵苗移栽机机构设计及优化[D].哈尔滨:东北农业大学,2015.
[32] Kumar G V P, Raheman H. Automatic feeding mechanism of a vegetable transplanter[J]. International Journal of Agricultural and Biological Engineering, 2012, 5(2): 20-27.
[33] 张照.油菜钵苗移栽机关键部件设计与试验[D].武汉:华中农业大学,2017.
[34] 徐振兴.油菜机械化生产现状问题对策[J].南方农机,2016,47(10):6-7,10.
[35] 吴明亮,官春云,沈宇峰,等.南方稻田油菜全程生产机械化的思考[C]//中国作物学会.作物多熟种植与国家粮油安全高峰论坛论文集,2015:54-58.
[36] 向伟.油菜移栽机栽植孔成型机构试验研究[D].长沙:湖南农业大学,2014.
[37] 袁文胜,吴崇友,于修刚,等.粘重土壤条件下油菜移栽机械化研究前景初探[J].中国农机化,2011(1):69-71,77.
[38] 许博,廖庆喜,王洋,等.油菜纸钵苗移栽机气动插入式取苗过程分析与试验[J].华中农业大学学报,2018,37(6):119-129.
[39] 向伟,吴明亮,官春云,等.油菜钵体苗移栽栽植孔成型机设计与试验[J].农业机械学报,2017,48(10):40-48,58.
[40] 廖庆喜,胡先朋,张照,等.油菜移栽机分苗装置分苗过程与钵苗钵体完整性分析[J].农业工程学报,2015,31(16):22-29.
[41] 刘明峰.油菜钵苗移栽机双五杆栽植机构设计与试验[D].武汉:华中农业大学,2015.
[42] 罗江河.油菜移栽机栽植机构的设计与试验研究[D].长沙:湖南农业大学,2014.
[43] 尹大庆,张烁,辛亮,等.玉米钵苗顶出式有序分秧机构设计与试验[J].农业工程学报,2018,34(9):68-74.
[44] 金鑫,姬江涛,刘卫想,等.基于钵苗运动动力学模型的鸭嘴式移栽机结构优化[J].农业工程学报,2018,34(9):58-67.
[45] 刘洋,毛罕平,王涛,等.吊杯式移栽机构中番茄穴盘苗运动分析优化与试验

[J].农业机械学报,2018,49(5):143-151.
[46] 陈建能,夏旭东,王英,等.钵苗在鸭嘴式栽植机构中的运动微分方程及应用试验[J].农业工程学报,2015,31(3):31-39.
[47] 袁文胜,金诚谦,吴崇友,等.链夹式移栽机立苗机理分析与试验[J].中国农业大学学报,2015,20(6):277-281.
[48] 王英,陈建能,吴加伟,等.用于机械化栽植的西兰花钵苗力学特性试验[J].农业工程学报,2014,30(24):1-10.
[49] 刘洪利,张伟.玉米植质钵苗运动轨迹及落地形态的研究[J].黑龙江八一农垦大学学报, 2016,28(3):124-128.
[50] 向伟,吴明亮,庞晓远,等.油菜钵苗物理机械特性试验研究[J].农业工程,2013,3(5):17-20.
[51] 刘明峰,胡先朋,廖宜涛,等.不同油菜品种适栽期机械化移栽植株形态特征研究[J].农业工程学报,2015,31(增刊1):79-88.
[52] 刘姣娣,曹卫彬,田东洋,等.基于苗钵力学特性的自动移栽机执行机构参数优化试验[J].农业工程学报,2016,32(16):32-39.
[53] 王苏飞.油菜毯状苗切块插栽机理研究与参数优化[D].北京:中国农业科学院,2016.
[54] 赵敏,卢青,张耘祎.油菜毯状苗机械化移栽技术及应用[J].江苏农机化,2016(4):18-20.
[55] 李忠范,高文森.应用数理统计[M].北京:高等教育出版社,2009.
[56] 钱定华,张际先.土壤对金属材料粘附和摩擦研究状况概述[J].农业机械学报,1984(1):69-78.
[57] 张学礼,胡振琪,初士立.土壤含水量测定方法研究进展[J].土壤通报,2005,36(1):118-123.
[58] 吴俊,汤庆,袁文胜,等.油菜毯状苗移栽机开沟镇压部件设计与参数优化[J].农业工程学报,2016,32(21):46-53.
[59] 汤庆,吴崇友,袁文胜,等.油菜毯状苗高速移栽机覆土镇压装置结构设计[J].中国农机化学报,2016,37(3):20-22,33.
[60] 吴俊,吴崇友,袁文胜,等.适宜稻板田油菜免耕移栽的开沟器设计[J].农机化研究,2015,37(12):156-159,171.
[61] Guo L S, Zhang W J. Kinematic analysis of a rice transplanting mechanism with eccentric planetary gear trains[J]. Mechanism and Machine Theory, 2001, 36(11-12): 1175-1188.
[62] Liu J D, Cao W B, Tian D Y, et al. Kinematic analysis and experiment of plan-

etary five-bar planting mechanism for zero-speed transplanting on mulch film [J]. International Journal of Agricultural and Biological Engineering, 2016, 9(4): 84-91.

[63] Ye B L, Yi W M, Yu G H, et al. Optimization design and test of rice plug seedling transplanting mechanism of planetary gear train with incomplete eccentric circular gear and non-circular gears[J]. International Journal of Agricultural and Biological Engineering, 2017, 10(6): 43-55.

[64] Bae K Y, Yang Y S. Design of a non-circular planetary-gear-train system to generate an optimal trajectory in a rice transplanter[J]. Journal of Engineering Design, 2007, 18(4): 361-372.

[65] 陈丽果.高速水稻插秧机分插机构的仿真分析与优化设计[D].镇江:江苏大学,2016.

[66] 张敏,周长省,吴崇友,等.椭圆齿轮行星系分插机构运动轨迹分析与仿真[J].农机化研究,2011,33(1):92-94,99.

[67] 李增刚.ADAMS 入门详解与实例[M].北京:国防工业出版社,2006.

[68] Rong B,Rui X T, Wang G P. New efficient method for dynamic modeling and simulation of flexible multibody systems moving in plane[J]. Multibody System Dynamics, 2010, 24(2): 181-200.

[69] Jin X, Pang J, Ji J T, et al. Experiment and simulation analysis on high-speed up-film transplanting mechanism [J]. International Agricultural Engineering Journal, 2017, 26(3): 105-112.

[70] 孙良,祝建彬,张国凤,等.水稻插秧机异形非圆锥齿轮宽窄行分插机构研究[J].农业机械学报,2015,46(5):54-61.

[71] Jin X, Li D Y, Ma H, et al. Development of single row automatic transplanting device for potted vegetable seedlings[J]. International Journal of Agricultural and Biological Engineering, 2018, 11(3): 67-75.

[72] Li X Q, Ma L, Xiong S, et al. High-speed camera analysis of seed corn ear bare hand threshing[J]. International Agricultural Engineering Journal, 2017, 26(1): 60-67.

[73] Wang J W, Tang H, Wang J F, et al. Measurement and analysis of restitution coefficient between maize seed and soil based on high-speed photography[J]. International Journal of Agricultural and Biological Engineering, 2017, 10(3): 102-114.

[74] 彭旭,宋建农,皇雅斌,等.蔬菜钵苗在导苗管中的动力学分析[J].农机化研

究,2006,28(8):54-56,59.
[75] 周德义,孙裕晶,马成林.移栽机凸轮摆杆式扶苗机构设计与分析[J].农业机械学报,2003,34(5):57-60.
[76] Hibbeler R C.动力学[M].第 12 版. 北京:机械工业出版社,2014.
[77] 洪嘉振,刘铸永,杨长俊.理论力学[M].第 4 版. 北京:高等教育出版社,2015.
[78] 中华人民共和国工业和信息化部.旱地栽植机械:JB/T 10291—2013[S].北京: 机械工业出版社,2014.
[79] 辛明金,邬立岩,宋玉秋,等.VP6 型水稻插秧机作业质量试验研究[J].中国农机化学报,2016,37(4):19-23,48.
[80] 李华,曹卫彬,李树峰,等.2ZXM-2 型全自动蔬菜穴盘苗铺膜移栽机的研制[J].农业工程学报,2017,33(15):23-33.
[81] 王永维,何焯亮,王俊,等.旱地蔬菜钵苗自动移栽机栽植性能试验[J].农业工程学报,2018,34(3):19-25.
[82] 吴腾,胡良龙,王公仆,等.步行式甘薯碎蔓还田机的设计与试验[J].农业工程学报,2017,33(16):8-17.
[83] 唐燕海.蔬菜钵苗吊杯式栽植器参数优化与性能试验研究[D].杭州:浙江大学,2016.
[84] 周志强.油菜毯状苗机械化育苗、移栽试验推广[J].农业装备技术,2021,47(1):26-28.
[85] 夏景霞.水稻钵体毯状苗机插秧技术应用分析[J].江苏农机化,2020(6):26-29.
[86] 汤庆,吴崇友,吴俊,等.油菜旋耕移栽联合作业机穴距电液比例控制系统研究[J].农业机械学报,2020,51(10):61-68.
[87] 秦辉.油菜种植技术的应用与推广分析[J].农业科技通讯,2020(7):226-227.
[88] 任志端. 四夹片式钵苗移栽夹取装置的设计及分析[D].石河子:石河子大学,2020.
[89] 张宇,张含笑,冷锁虎,等.油菜毯状苗适宜播期研究[J].中国油料作物学报,2020,42(2):210-215.
[90] 曹金华,冯云艳,冷锁虎,等.油菜毯状苗适宜移栽密度研究[J].中国油料作物学报,2020,42(2):223-229.
[91] 张仕林,赵武云,戴飞,等.全膜双垄沟起垄覆膜机镇压作业过程仿真分析与试验[J].农业工程学报,2020,36(1):20-30.

[92] 祝华军,田志宏,楼江.影响农户油菜种植面积的因素研究——来自湖北省1 189个农户的实证[J].中国农机化学报,2019,40(12):217-223,230.
[93] 黎子明,王伟雄,李秀梅.油菜机械化现状及对策探讨[J].南方农机,2019,50(20):26,70.
[94] 农业农村部农机推广总站.冬油菜区油菜全程机械化生产模式[J].农机科技推广,2019(9):7-10.
[95] 李大洲,高刚毅.油菜机械化生产技术在丘陵地区的应用[J].广东蚕业,2019,53(9):65-66.
[96] 刘洋. 蔬菜穴盘苗移栽苗钵破损机理及栽植器成穴运动优化与试验[D].镇江:江苏大学,2019.
[97] 张含笑,林参,左青松,等.种植密度和施肥量对油菜毯状苗生长的影响[J].作物学报,2019,45(11):1691-1698.
[98] 汤军,夏其彬,鲁继红,等.不同耕作播种方式对双季稻区油菜产量和土壤性状的影响[J].农业科技通讯,2019(6):103-105.
[99] 杨林辉. 甘蓝钵苗移栽精准取苗与高效栽插机构的研究[D].洛阳:河南科技大学,2019.
[100] 肖名涛,肖仕雄,孙松林,等.油菜钵体苗移栽机构研究现状与发展趋势[J].农机化研究,2019,41(12):1-6.
[101] 刘萍.浅析油菜生产机械化现状及其优化对策[J].种子科技,2018,36(12):18.
[102] 张青松,廖庆喜,肖文立,等.油菜种植耕整地技术装备研究与发展[J].中国油料作物学报,2018,40(5):702-711.
[103] 周晚来,王朝云,易永健,等.我国水稻机插育秧发展现状[J].中国稻米,2018,24(5):11-15.
[104] 陈巧敏,张文毅,祁兵.中外插秧机历史与技术发展历程[J].农机质量与监督,2018(6):10-12,14.
[105] 陈巧敏,祁兵,张文毅.水稻插秧机技术发展历程与展望[J].中国农机化学报,2018,39(6):1-6.
[106] 许博. 油菜钵苗移栽机苗床整理及配套装置设计与试验[D].武汉:华中农业大学,2018.
[107] 华琛. 自动移栽机移箱系统设计及运动控制技术研究[D].镇江:江苏大学,2018.
[108] 李泽华,马旭,李秀昊,等.水稻栽植机械化技术研究进展[J].农业机械学报,2018,49(5):1-20.

[109] 冯倩南. 油菜毯状苗育苗基质优化研究[D].扬州:扬州大学,2018.

[110] 张永松. 基于夹钵式水稻钵苗移栽机构的优化设计与试验[D].杭州:浙江理工大学,2018.

[111] 谢永刚. 四川丘陵山区油菜生产全程机械化现状与对策分析[D].雅安:四川农业大学,2017.

[112] 廖庆喜,雷小龙,廖宜涛,等.油菜精量播种技术研究进展[J].农业机械学报,2017,48(9):1-16.

[113] 郭慧,陈志,贾洪雷,等.锥形轮体结构的覆土镇压器设计与试验[J].农业工程学报,2017,33(12):56-65.

[114] 刘欣. 水稻钵苗夹持取苗装置设计与研究[D].长沙:湖南农业大学,2017.

[115] 张含笑. 油菜毯状苗壮苗促控措施及其效应研究[D].扬州:扬州大学,2017.

[116] 辛亮. 斜置回转式水稻宽窄行钵苗移栽机构机理分析与性能研究[D].哈尔滨:东北农业大学,2017.

[117] 赵淑红,刘宏俊,谭贺文,等.丘陵地区双向仿形镇压装置设计与试验[J].农业机械学报,2017,48(4):82-89.

[118] 陈震.江苏省油菜生产机械化进展与加快发展建议[J].江苏农业科学,2016,44(11):402-404.

[119] 左青松,刘浩,蒯婕,等.氮肥和密度对毯状苗移栽油菜碳氮积累、运转和利用效率的影响[J].中国农业科学,2016,49(18):3522-3531.

[120] 徐礼森. 不同机栽方式对水稻群体特征及产量的影响[D].合肥:安徽农业大学,2016.

[121] 杨洪观. 水稻植质钵育栽植机取推秧机理及性能试验研究[D].大庆:黑龙江八一农垦大学,2016.

[122] 刘磊.安徽油菜生产现状与制约因素对策[J].安徽农学通报,2016,22(10):61-62,64.

[123] 李茂. 面向高架栽培的草莓穴盘苗自动移栽系统开发[D].镇江:江苏大学,2016.

[124] 张敏,张文毅,纪要,等.基于虚拟响应面分析的水稻插秧机分插机构参数优化与试验[J].中国农业大学学报,2016,21(1):114-121.

[125] 李革,应孔月,张继钊,等.基于秧针静轨迹的分插机构非圆齿轮求解[J].机械工程学报,2016,52(1):64-71.

[126] 贾洪雷,郭慧,郭明卓,等.行间耕播机弹性可覆土镇压轮性能有限元仿真分析及试验[J].农业工程学报,2015,31(21):9-16.

[127] 吴玉珍,张建明,谢巧泉,等.苏州市油菜毯状苗机械化生产技术初探[J].安徽农业科学,2015,43(30):74-77.
[128] 蒲明辉,宋金环,卢煜海,等.水稻插秧机移箱机构中螺旋轴的分析与改进[J].农机化研究,2015,37(11):37-41.
[129] 王寅,鲁剑巍.中国冬油菜栽培方式变迁与相应的养分管理策略[J].中国农业科学,2015,48(15):2952-2966.
[130] 付磊. 水稻钵苗移栽机移箱机构的设计与试验研究[D].延吉:延边大学,2015.
[131] 刘洪利. 玉米钵育移栽机开沟覆土镇压装置设计与试验研究[D].大庆:黑龙江八一农垦大学,2015.
[132] 袁瑞强. 高速水稻钵苗移栽机分秧装置运动学分析与优化设计[D].长春:吉林大学,2015.
[133] 李丽. 水稻钵苗移栽机构的优化设计及试验研究[D].杭州:浙江理工大学,2015.
[134] 李革,应孔月,郑峰君,等.基于无函数表达节曲线的非圆齿轮分插机构设计与试验[J].农业工程学报,2014,30(23):10-16.
[135] 于晓旭,赵匀,陈宝成,等.移栽机械发展现状与展望[J].农业机械学报,2014,45(8):44-53.
[136] 白晓虎,林静,吕长义,等.免耕播种机圆盘破茬刀工作性能分析与试验[J].农业工程学报,2014,30(15):1-9.
[137] 韩绿化. 蔬菜穴盘苗钵体力学分析与移栽机器人设计研究[D].镇江:江苏大学,2014.
[138] 牛钊君. 玉米植质钵育移栽机秧箱机构的设计与试验研究[D].大庆:黑龙江八一农垦大学,2014.
[139] 尹大庆. 玉米钵苗移栽有序顶出式分秧机构的机理与试验研究[D].大庆:黑龙江八一农垦大学,2014.
[140] 王积军,熊延坤,周广生.南方冬闲田发展油菜生产的建议[J].中国农技推广,2014,30(5):6-8.
[141] 陈阳. 水稻机插秧苗营养及其生长特性研究[D].北京:中国农业科学院,2014.
[142] 金鑫. 蔬菜穴盘苗自动移栽技术与装置的研究[D].北京:中国农业大学,2014.
[143] 李复辉. 高速插秧机旋转前插式分插机构的研究[D].淄博:山东理工大学,2014.

[144] 郭占斌.水稻植质钵育高速栽植机改进设计与性能试验研究[D].大庆:黑龙江八一农垦大学,2014.

[145] 代丽,孙良,赵雄,等.基于运动学目标函数的插秧机分插机构参数优化[J].农业工程学报,2014,30(3):35-42.

[146] 张敏,周长省,张文毅.相位不同椭圆齿轮行星系分插机构运动分析[J].中国农机化学报,2014,35(1):141-144,120.

[147] 张继钊.基于秧针静轨迹的旋转式分插机构逆向求解[D].杭州:浙江理工大学,2014.

[148] 王林伟.非圆齿轮行星系水稻钵苗移栽机构的参数优化与设计[D].杭州:浙江理工大学,2014.

[149] 徐磊.高速水稻插秧机移箱机构性能仿真研究及改进[D].南宁:广西大学,2013.

[150] 彭涛.步行式插秧机分插机构的优化设计[D].哈尔滨:东北农业大学,2013.

[151] 郑建.旋转式水稻钵苗移栽机构创新设计与产品参数化设计研究[D].杭州:浙江理工大学,2013.

[152] 黄小艳.旋转式水稻钵苗移栽机构的参数优化与设计[D].杭州:浙江理工大学,2013.

[153] 张尧锋.油菜全程机械化生产配套技术研究与示范[D].杭州:浙江大学,2012.

[154] 原新斌.顶出式水稻钵苗有序移栽机的改进研究[D].杭州:浙江理工大学,2011.

[155] 汤修映,侯书林,朱玉龙,等.油菜移栽机械化技术研究进展[J].农机化研究,2010,32(4):224-227.

[156] 吴崇友,夏晓东,袁文胜,等.我国油菜生产机械化技术的发展历程[J].农业开发与装备,2009(10):3-6.

[157] 秦春芳.油菜种植与收获机械化操作规范[J].农机科技推广,2009(6):37-38.

[158] 吴崇友,易中懿.我国油菜全程机械化技术路线的选择[J].中国农机化,2009(2):3-6.

[159] 徐飞军,李革,赵匀.水稻插秧机移箱机构的发展研究[J].农机化研究,2008,30(5):1-4.

[160] 李耀明,徐立章,向忠平,等.日本水稻种植机械化技术的最新研究进展[J].农业工程学报,2005,21(11):182-185.

[161] 杨文珍,杨友东,张毅,等.高速水稻插秧机四轴移箱机构原理设计[J].中国农机化,2005(5):67-69.
[162] 宋建农. 水稻钵苗行栽机的试验研究[D].北京:中国农业大学,2005.
[163] 包春江,李宝筏.日本水稻插秧机的研究进展[J].农业机械学报,2004,35(1):162-166.
[164] 包春江,李宝筏,包文育,等.水稻钵苗空气整根气吸式有序移栽机的研究[J].农业工程学报,2003,19(6):130-134.
[165] 李革,赵匀,俞高红.椭圆齿轮行星系分插机构的机理分析和计算机优化[J].农业工程学报,2000,16(4):78-81.
[166] 蒋耀.我国水稻种植机械化的发展趋向[J].农业工程学报,1989,5(1):76-85.
[167] 伊藤尚胜,清水修一,和田俊郎,等.移植机的苗移植机构[P].中国专利:ZL99118740.7,2000.5.
[168] Chen D J.A study on the rearward separate-planting mechanism of rice transplanter[J]. Journal of Jinhua College of Profession and Technology, 2001, 1(4): 1-3.
[169] Mao H P, Ding W Q, Liu F, et al. Structure design and simulation analysis on the plug seedlings automatic transplanter[C]//IFIP Advances in Information and Communication Technology, Computer and Computing Technologies in Agriculture IV, 2011, 344: 456-463.
[170] 徐向宏,何明珠.试验设计与 Design-Expert、SPSS 应用[M].北京:科学出版社,2010.
[171] 中华人民共和国国家质量监督检验检疫总局,中国国家标准化管理委员会. 水稻插秧机　试验方法:GB/T 6243—2017[S]. 北京:中国标准出版社,2017.
[172] 中华人民共和国国家质量监督检验检疫总局,中国国家标准化管理委员会.水稻插秧机　技术条件:GB/T 20864—2007[S]. 北京:中国标准出版社,2007.
[173] 吴俊,俞文轶,张敏,等.2ZY-6 型油菜毯状苗移栽机设计与试验[J].农业机械学报,2020,51(12):95-102,275.
[174] 蒋金琳,龚丽农,王明福. 免耕播种机单体工作性能试验研究[J]. 农业工程学报,2000,16(5):64-66.
[175] 张喜瑞,何进,李洪文,等. 免耕播种机驱动圆盘防堵单元体的设计与试验[J].农业工程学报,2009,25(9):117-121.

[176] 范旭辉,贾洪雷,张伟汉,等. 免耕播种机仿形爪式防堵清茬机构参数分析[J].农业机械学报,2011,42(10):56-60.
[177] 侯守印,陈海涛,史乃煜,等.双自由度多铰接仿形免耕精量播种单体设计与试验[J].农业机械学报,2019,50(4):92-101.
[178] 贾洪雷,郑嘉鑫,袁洪方,等.仿形滑刀式开沟器设计与试验[J].农业工程学报,2017,33(4):16-24.
[179] 赵淑红,蒋恩臣,闫以勋,等.小麦播种机开沟器双向平行四杆仿形机构的设计及运动仿真[J].农业工程学报,2013,29(14):26-32.
[180] 王磊,廖宜涛,张青松,等.油麦兼用型精量宽幅免耕播种机仿形凿式开沟器研究[J].农业机械学报,2019,50(11):63-73.
[181] 赵淑红,刘宏俊,谭贺文,等.丘陵地区双向仿形镇压装置设计与试验[J].农业机械学报,2017,48(4):82-89.
[182] 曾德超. 机械土壤动力学[M].北京:北京科学技术出版社,1995.
[183] 中国农业机械化科学研究院.农业机械设计手册[M].北京:中国农业科学技术出版社,2007.